大上 丈彦 著
OHGAMI TAKEHIKO

森皆 ねじ子 絵
MORIMINA NEJIKO

ワナにはまらないベクトル行列

オオカミ流 高校数学再入門

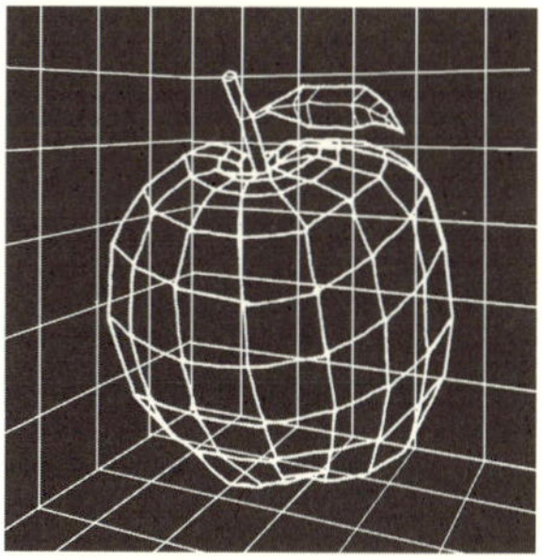

技術評論社

・本書は大上丈彦著『4次元の林檎』（荒地出版社）を全面的に加筆修正し、再編集して、装いもあらたに復刊したものです。

まえがき

本書は筆者の予備校講師時代の授業ノートを元にした一般向けのベクトル・行列の学び直し書籍である。一般向けにするには数式を減らすのが普通なのだが、

本書では数式を削らずに

むしろ増やして、式変形を追えるようにしてある。もちろんいちいち自分で式変形をしてみる必要などなく、適当に読み飛ばせばいい。つーか基本は読み飛ばしてくれ。本書のような本は勢いでパーっと読んだほうがいいんだよ。その方が頭に概念が作られる。でもでも！　ときどきは自分の手を動かす必要が生じたりするかもしれない。数学の本を読んでいてわからなくなったときには

自分自身で式をいじってみるってのが鉄則

だ。そんなときに式変形が省略されていると、自己解決できなくなるからね。一説には数式が1本出てくると読者が半分になるとか言われているので、本書にとってあなたはとても貴重な存在である。

世の中にベクトル・行列を扱った本は無数にあるが、本書は「普通の高校数学カリキュラムとは違う段取りで」解説しようというものだ。「違う段取り」ってところに意味があり、既存のカリキュラムを否定するわけではない。数学という山の、登山ルートが複数あってもいいだろう。実際の山でも

登りやすいルートが誰にとっても一番とは限らない。

大多数にベストな登山ルートが誰にとってもベストではないんだ。険し

い道のりが好きな人もいるし、他人とは違った登り方を好む人もいる。新しい登山道を見つけるのもそれはそれで楽しい。それに、

学生は、登山ルートを固定されている

ので、その不自由さを打破したいという気持ちもある。高校生には中間試験や期末試験があり、それがなかなか軽視できない。中間試験や期末試験は、良く言えば「範囲を限定して勉強量を減らし」、「スモールステップで成果と達成感を積み上げる」という

お勉強の王道

とも言える作戦ではあるが、悪く言えば「学ぶ順序、学ぶタイミングの強制」でもある。それに合わない学生は、吹きこぼれるか落ちこぼれる。授業時間を退屈に過ごすか、自分を卑下して脱落していく。

いやあ、おそらく教科書はベストな登山ガイドで、中間試験や期末試験はベストな登山ルートなんだよ。周到に準備して、抜けがなく組み立てて、段階をおって上達する。実際に筆者が本書を書いてみて、それはあらためて本当に感じた。教科書はよくできている。本書のように勢いに任せて説明を始めると、途中で「あっ、あれを説明してない」とか「やばい、難しくなりすぎた」とか、明らかにトラブルの多い登山になる。

でもね。

教科書は一番歩きやすい道のはずなんだけど、学生は文句を言いやがる。親の心子知らずというか、親の心なんてわかるわけないというか、まあ、筆者もそうだった。その道しか知らないんだから文句を言うのは当然だし、他の道を教えてもいないのに「文句言うな」も理不尽だ。だったらダメもとで違う道を教えたらどうか。悪路を通ればもとの道の良さにも気づく。だから頑張って普通と違う段取りの入門を書いてみた。

そもそも万人向けの説明というものはない。ある説明が理解されなか

ったとき、大声で同じ説明を繰り返したところで意味はないだろう。読書百遍意自ずから通ずというが、実際は百回を待たずに嫌いになるだけである。1つの説明がうまく通じなかったときに必要なのは、違う角度からの説明である。普通の説明で通じないなら、そこでアイディアを絞り出さないといけない。悩める子羊の数だけ、アイディアが必要。それは仮に高校数学といった、語り尽くされたような分野であってもだ。

教えるというのは創造的な仕事

なのだ。自分がわかっていることを、聞き手にもわかるように、どの部分を、どう切り出して、どの順序で、どう話すか。

説明には多様性あるべき

である。

しかし、多様な説明を「本」というかたちにするのは正直言って別の難しさがある。読者が求めているのは、自分にわかる説明1本である。たくさんの説明を全て理解する必要などない、どれかで理解できればいいのだ。多くの人に読まれることを前提に執筆するならば、なるべく万人受けする解説を書きたいのが人情だろう。数学の場合、それは教科書と同じになる。どうしたもんか。

まあ、そのへん筆者は考えないことにした。参考にしたのは歴史小説だ。歴史小説は歴史の全部を語っていない。小説『武田信玄』は時間的にも空間的にも中途半端である。でも、武田信玄の一生を語るという点では中途半端ではない。また、歴史の年表は無機質的だが、歴史小説は人間の匂いがする。歴史小説は

「人が歴史を作る過程を実況中継」

したものなんだからアタリマエだよね。もちろんその実況中継は架空（フィクション）のものである。でも、架空ではあっても、ありそうな話のはずだ。史実と史実をつなぐ妥当性がなければ読者はついてこない。数学にこれをあてはめると、1つは、普通の分野の区切り（「ベクトル」とか「指数」と

か）にあてはめると中途半端になるとしても、全体として話がある程度まとまっていれば、それはそれでいいじゃないか、ということ。もう1つは、数学を「作る過程を実況中継する」ということ。この2つをおさえれば、一冊の本として形になると思ったんだ。そうして本書はできあがった。

歴史小説だけを読んで歴史の試験に臨む人がいないように、本書も、本書だけを頼りに試験に臨むような使い方はしないで欲しい。本書は全く網羅的ではない。その代わり、本書に触れたことで、読者が少しでも数学のことを「人間くさい学問」だと思ってくれて、できれば好きになってもらえれば、筆者としてこれほど嬉しいことはない。

大上丈彦

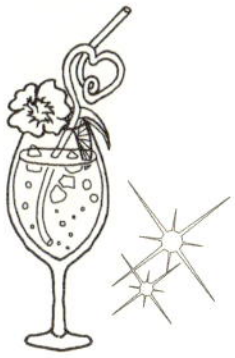

ワナにはまらないベクトル行列　もくじ

Chatpter 1
組立除法で代入計算
～ 特別な算数、自然な数学

Chatpter 2
数と法則はもちつもたれつ
～ 指数と対数を使って

Chatpter 3

ベクトルと行列は特別じゃない

〜 もっと世界を拡げよう

うひひ

Chapter1

組立除法で代入計算
～特別な算数、自然な数学

計算用紙は
いっぱい用意してね!!
印刷ミスした紙の裏
とかでいいからさ!!
むしろ
うら紙の方が
いいアイディアが
出たりして♡
お絵描きでも
まっ白な原稿用紙より
うら紙の方がいい絵が
描けたりします
よくあることです

Section 1.1
この章でやること

　この章では、「多項式の計算を簡単にやる」という目標のもと、組立除法を使って多項式$f(x)$に簡単に代入計算ができる、という話をしようと思う。そうは言っても、

それだけなら3ページで終わる話だ。

説明をちゃんと書こうとすると長くなるんだよな。というか、あとから読み返すと、余計な話も結構書いているような気もして申し訳ないのだが、いや、そういうムダに見えるところにも意味があるんだよ、たぶん、きっと。ま、皆さんは、本章を読み終わった段階で「3ページ分」の知識が増えればそれでいいのだ。

Section 1.2

多項式の計算を簡単に

10%–90% の法則

プログラミングの世界では「10%−90% の法則」ということがよく言われる。これは「プログラム全体の 10% の部分が処理時間の 90% を費やしている」というものだが、この手のことはコンピュータプログラムだけでなく、実際いろいろなところにあてはまる気がする。例えば、「世界人口の 10% が世界の富の 90% を独占している」とか、「クラスの 10% の人が、イベントの 90% を仕切っている」とか、「全鉄道路線の 10% を 90% の人が利用している」とか、身近なところでは、「机にいろいろモノが載ってるけれど、実際に使ってるのは 1 割くらい」などとなるだろう。そこから得られる教訓は、

ある重要な部分を高速化できると、効率が格段に良くなることがある

である。したがってプログラミングでは、一番ループが回る場所を見つけて、そこを少しでも高速化できないかと考えるわけだ。このあたり日常生活にもわりと応用可能で、例えば「よく使う道具」を「毎回探したり」していないか。逆に、めったに使わないものが「すごく使いやすい場所」を陣取ったりしていないか。効率を見直すとき、やみくもに手をつけるのではなく、まずは「現状がどうなっているか」を把握することだ。そして一番繰り返される部分をまず高速化することである。

さてそれでは数学だ。数学にもいろいろあるが、本書はいちおう、数学のレベル的に高校生くらいを想定しているので、とくにことわらない限り多項式は実数係数、試験／問題といえば大学入試、そういったくらいの心持ちで読んでいってもらいたい。ではそのあたりのレベルの数学で大きな割合を占める「繰り返し作業」は何か。筆者は

単純な代入計算や式変形

ではないかと思う。代入計算や式の変形は必ず出てくるし、まず避けては通れない。それに筆者は正直言って、

代入計算とか、やりたくない。

めんどくさいし、それに、勝って当たり前の勝負ってつらいんだよね。格下相手の試合はたいへんだ。勝って当たり前だし、負ければ汚点。リスクしかない。チャンピオンを防衛するのって、たいへんなことだったんだね。闘うなら強い敵の方がいい。勝てば嬉しいし、負けても諦めがつく。負けたら策を練って再チャレンジだ。でもまあ、逃げてばかりもいられないので、

めんどくさいことは知恵で解決

しよう。というわけで、高速化のターゲットはまずはこいつである。

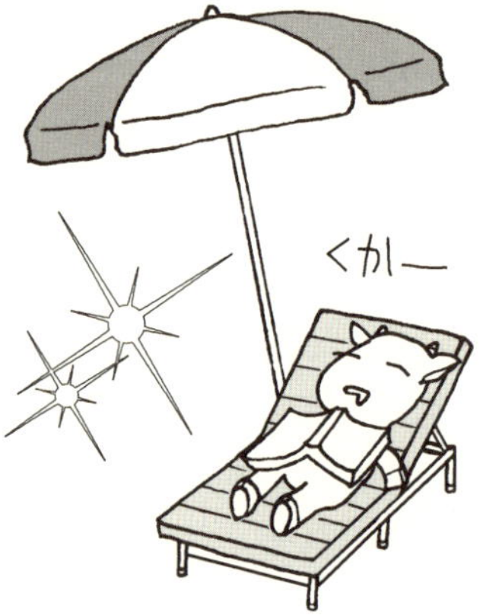

ワナベクnコマ劇場（nは自然数）

経済学の世界ではこれもパレートの法則といいます
パレートさんは80:20（はちじゅうたいにじゅう）ってことにしているがまぁ同じことだ
パレートさんはイギリスの経済学者な
パレートの法則
一部の要素が全体の数字のうちかなりの部分を生みだしている。
例
・全商品のうち20%の商品の売上が全売上の80%を占める。
・全顧客のうち20%の客が80%の売上を占めている。よって顧客サービスはその20%の客に向けたものにすると効果的。
・ちゃんと働いているアリって実は全体の20%くらい。彼らが巣にとって必要な仕事の80%をこなしている。
・勉強の成果の80%は勉強時間のうちの20%で作り出している。
でもその80%だってサボってるわけじゃないんだ
有益な20%を生み出すために必要なバッファなんだよ
あマンガ読んでる
ぎくり
ざんぷ
今は80%の時間の方です!!
これから20%の集中した時間にするの!!
ハイハイ
やれやれ

代入を疾(はや)くしよう

次のような、単純な代入計算は「組立除法」という技を使うことで劇的に簡単にできる。ただその理由を説明すると、少し話が長くなる。長い話は飽きるので、飽きられる前に技を見せておくことにする。

例題

> **$f(x) = x^2 - 5x - 1$ のとき、$f(2)$ を求めよ。**

何らかの問題に取り組めば、随所にこのような必要は生まれることだろう。左辺の「$f(x)$」は、x が変数[注1)]だということを教えてくれている。$f(2)$ を求めろと言われたら、右辺の x を全部2に置き換えればよいので、$2 \times 2 - 5 \times 2 - 1$ を計算すればいいだけだ。簡単だ。

しかし、めんどくさい。

いやほんと、筆者はこういう計算キライなんよ。つい脳はもっと難しいことを考えるためにあるんだよ、と言いたくなる。ま、実際には「もっと難しいこと」なんて考えないんだけどさ。

ともかくだ、これを簡単に求めるにはどうするか。組立除法で次ページのように求めるのが私の解決法だ。

注1) コンピュータ用語では、引数（ひきすう）という。x という文字自体には意味がなく、ここにあてはめるんだよ、という目印にすぎない。

$f(x)=x^2-5x-1$ のとき $f(2)$ はなーに？

ふつうに代入

$f(2)=2^2-5\times2-1=4-10-1=\underline{-7}$ → これ答え(＊)

組立除法

① x^2-5x-1 をまずは

1　−5　−1 とバラす

② これに 2 を代入するってことで右肁に

1　−5　−1 ⌊2 ← こう書く　キュッ

③ 1　−5　−1 ⌊2

下一行ぶんあけて線を引く　キュッ

④ 1　−5　−1 ⌊2

最初の左はしの数字はそのまま落とす

1 ← ココ！

⑤ 1　−5　−1 ⌊2

☆

①

ココとココをかけて (1×2＝2だ!!) ♪

答えをココ☆に書く

⑥ 1　−5　−1 ⌊2

　　2

1　−3

タテに足す！

⑦ 1　−5　−1 ⌊2

　　2　☆

1　−3

ここの数字と肩の数字をかけ算する (−3×2＝−6ね)

で、ココ☆に書く

⑧ 1　−5　−1 ⌊2

　　2　−6

1　−3

タテに足す！

⑨ 1　−5　−1 ⌊2

　　2　−6

1　−3　−7

商　余り

終わり。ここが2を代入した結果になる

$f(2)=\underline{-7}$ ですー

普通に代入した答え(＊)と一緒になったね!!

このように、魔法のように代入結果が求まる。えっ、なんかめんどくさそう？　あまり手間が変わらないじゃないかって？　それは組立除法に慣れていないからだよぅ。慣れれば圧倒的に疾いはず。もう一問やってみてよ。

例題

$f(x) = x^3 + 2x^2 - 3x - 2$ のとき、$f(2)$ を求めよ。

桁揃えを間違えてはいけない。計算用紙のスペースを広く使って、隣の桁と混ざってしまわないようにしよう。

$f(x) = x^3 + 2x^2 - 3x - 2$ のとき、$f(2)$ はなあに？

ふつうに代入　$f(2) = 2^3 + 2 \times 2^2 - 3 \times 2 - 2 = 8 + 8 - 6 - 2 = 8$

このくらいならまだふつうに代入した方が早いですねー
ま そのうち な

組立除法

① 係数だけを抜き出す

$f(x) = \boxed{}x^3 + 2x^2 - 3x - 2$

→ 1　2　−3　−2

② 肩に「代入しろ」って言われた数字を書く

$\lfloor 2$

③ 1　2　−3　−2　$\lfloor 2$

1行ぶんあけて線をひく

④ 1　2　−3　−2　$\lfloor 2$

1　左はしはそのまま降ろす

⑤ 1　2　−3　−2　$\lfloor 2$

　　[2]

1

ここと ここをかけ算した数字を[ココ]に書く

⑥ 1　2　−3　−2　$\lfloor 2$

　　2　タテに

1　4　足す！

⑦ 1　2　−3　−2　$\lfloor 2$

　　2　[8]

1　4

ここと ここをかけて[ココ]に書く

⑧ 1　2　−3　−2　$\lfloor 2$

　　2　8　タテに足す！

1　4　5

⑨ 以後くり返し

1　2　−3　−2　$\lfloor 2$

　　2　8　10

1　4　5　8

ここの数字が答え

⑩ 1　2　−3　−2　$\lfloor 2$

　　2　8　10

1　4　5 ｜ 8

商（1　4　5）　余り（8）

ここに棒を書いておこう
つまり8が答えってことですね

このようにサクっと求まる。

例題

$f(x)=x^5-5x^3-2x-1$ のとき、$f(-2)$ はなあに？

ここらへんはペンと計算用紙を手元において
手を動かしながら読もうネ!!

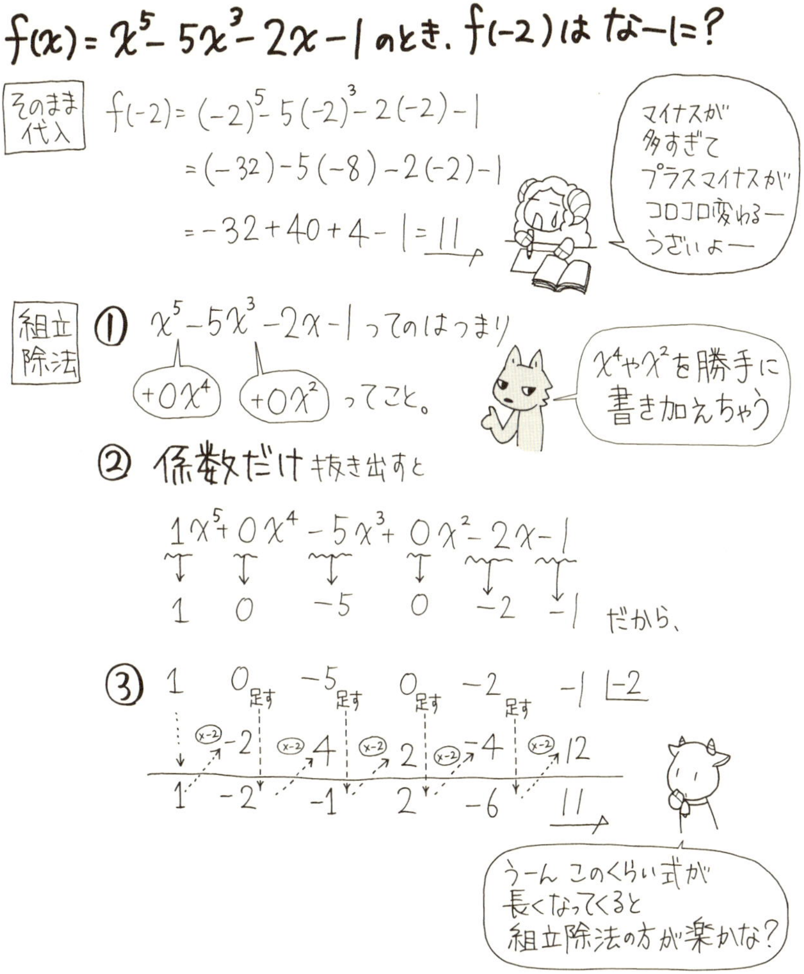

$f(x)=x^5-5x^3-2x-1$ のとき、$f(-2)$ は なーに？
そのまま代入
$f(-2)=(-2)^5-5(-2)^3-2(-2)-1$
$=(-32)-5(-8)-2(-2)-1$
$=-32+40+4-1=11$
マイナスが多すぎてプラスマイナスがコロコロ変わるーうざいよー
組立除法
① x^5-5x^3-2x-1 ってのはつまり
$+0x^4$ $+0x^2$ ってこと。
x^4 や x^2 を勝手に書き加えちゃう
② 係数だけ抜き出すと
$1x^5+0x^4-5x^3+0x^2-2x-1$
1 0 −5 0 −2 −1 だから、
③ 1 0 −5 0 −2 −1 | −2
足す
(×−2)
−2 4 2 −4 12
1 −2 −1 2 −6 11
うーん このくらい式が長くなってくると組立除法の方が楽かな？

ここで使っている技の名前は「組立除法」である。「除法」とはつまり「割り算」のこと。割り算の技を「代入結果を求める」ために使っているのだが、これってどういうつながりなのだろうか。これを説明するのは、前述のとおり

結構、遠い道のり

である。難しいわけではないと思うが、ただ、遠い。だから、代入結果

を求め方の理論的根拠を追求する話はいったん忘れて、次に進もう。

展開を疾くしよう

今度は多項式の「展開」である。多項式の展開はごく基礎的な数学の技術だが、意外に面倒だし間違えやすい。これについてももっと疾く簡単にできないかと考えてみる。

例題

$(3x+8)(3x+2)$ を展開せよ。

普通の人は、3 かける 3 で $9x^2$、3 かける 2 と 3 かける 8 で…$30x$、8 かける 2 で 16、と「暗算」して $9x^2+30x+16$ を導き出すだろう。もちろんそれで間違いではないが、

それって結構ストレスじゃない？

例えば「38 × 32」を計算しろと言われたら、みんなどうする？　筆算しない？　インドの魔術やソロバンの魔法を覚えている人はこんな計算ものともしないと思うし、速算法を使う手もある[注2)]けれど、少なくとも筆者は一般の 2 桁どうしの掛け算を手計算で間違いなくやりたいときは、筆算を使わないと自信がない。あらためて言うまでもないと思うが、筆算は次ページのように行う。

注 2)　十の位が同じで一の位が足して 10 になるものの掛け算は簡単にできる。$(10a+b)\times(10a+(10-b))=(100\times a(a+1))+b(10-b)$、つまり、$38\times32$ では $3\times(3+1)=12$ と $8\times2=16$ をつなげて 1216 と答えればよい。

▼38×32 の筆算（10 進数）

［文科省（MKS）的筆算］

```
    3 8
 ×) 3 2
 ------
    7¹6
 1 1²4
 ------
 1 2 1 6
```

どーでもいいけど「大事な」
繰り上がりが小さくメモって感じで
さらに暗算ってハードル高い…

［オオカミ改良版］

```
    3 8
 ×) 3 2
 ------
    1 6
      6
  2 4
  9
 ------
 1 2 1 6
```

何段も使って書くとすこし
わかりやすいかな

ここで例にあげた 38 × 32 だが、実は例題の $3x+8$ と $3x+2$ に、よく対応している…って、まあ、2桁だとあまりハッキリしないんだよな。もう少し桁を多くした方がわかりやすいかも。例えばさ、「10 進数で 771771」とは、こういう意味だ。

$$7\times10^5+7\times10^4+1\times10^3+7\times10^2+7\times10^1+1\times10^0$$

「8 進数で 771771」という数を 10 進数で表すと（ややこしいな…）、

$$7\times8^5+7\times8^4+1\times8^3+7\times8^2+7\times8^1+1\times8^0$$

になる。つまり、多項式 $7x^5+7x^4+x^3+7x^2+7x^1+1$ の x に 10 を入れれば 10 進数、8 を入れれば 8 進数、16 を入れれば 16 進数になるということがわかる。言ってみればこの多項式は「x 進数で 771771 を表したもの」と考えることもできる。

で、38 と 32 はそれぞれ

$3\times10+8$

$3\times10+2$

の意味である。これはそれぞれ

$3x+8$

$3x+2$

とよく対応しているだろう。

数値と多項式の対応と聞くと、慣れていない人はきっと変な感じがするだろう。多項式は、空を流れる雲のように、眺める人の心のもちようでいろいろなものと見ることができるのだが、ここでは数値との類似点に注目して、「多項式とは数値の一般形で、多項式を特別なカタチにしたものが、我々が日常目にする数値である」と考えるわけだ。このように考えれば数値と多項式は

遠く離れた存在ではない

といえる。だから、多項式を扱う技術と数値を扱う技術は遠く離れたものではない。今回は算数で習った「筆算」を多項式に使おうと思っているわけだ。

算数の技術を多項式に持ち込もうとする場合には、「算数ならではのルール」つまり「10進数ならではのルール」を外してやる必要がある。具体的には、10進数では10（と、さりげなくゼロ）を基準に、10を超えたら繰り上がり、ゼロより小さくなったら繰り下がりが発生したが、x進数（＝ここでは多項式のこと）では繰り上がりや繰り下がりの基準が不明（xだ）なので、どちらも考えなくてよい。10を超えても負になっても、そのままそれを書けばいい。小学生を悩ます繰り上がりと繰り下がりがないなんて、ああ大人はラクだなあ。ただし「桁そろえ」だけはゴチャゴチャにならないようにしっかりやる必要がある。ねじ子画伯のマンガとともにそのやり方（31ページ）を説明しよう。

えっ多項式と10進法が同じ!?
なに言ってるんですか 10進法ってふつうの数字のことですよね？
そうだよ
例えば今日のヤギの財布の中身 五千三百七十二円
あっ
10
これは10進法でこうって言えるだろ？
$5372円 = 5 \times 10^3 + 3 \times 10^2 + 7 \times 10^1 + 2 \times 10^0$
これはある意味、こういう
えふえっくす
$f(x) = 5 \times x^3 + 3 \times x^2 + 7 \times x^1 + 2 \times x^0$
のxに10を入れただけ、とも言えるんだ
つまり
「○△□☆」っていう
10進法の数字は
$f(x) = ○x^3 + △x^2 + □x + ☆$と
対応している。
このxに10を入れたら○△□☆になるよネ

前ページからのつづき〜→

ただしあくまで財布の中のおこづかいなので
〇や△や□や☆に
マイナスや
小数点や
√ルートとかの無理数や
虚数 i とか
は入れられない。
そりゃーそうでしょ
現金ですし
入れられるのは
0〜9までの整数
つまり
0・1・2・3・4・5・6・7・8・9の計10コしか入れられないんだ
$f(x)=5x^3+2x^2+7x+2$
これって実はきゅうくつで f(x) なら
〇や△や□や☆に何でも入れられる
マイナスでも虚数でもOK
汎用性が高い
その分わかりにくくなるけどな
リアルな感覚からはどんどんかけ離れていくな
ですねー

前ページからのつづき〜→
①マイナスができない、小数点もだめ。
②10以上になっちゃいけない
というルールが
10進法の○△□☆にはある。
つまり0〜9しか入れらんない。
これはみかんやリンゴの数を
数える上では
ひどく当たり前のことだが
筆算する上では
10以上になればくり上がり
0未満になったらくり下がり
が必ず
必要に
なる。
17
+) 4
21
マル!
コレ!
17
+) 4
1 11
バッ!ってことになってる
こう
書いたら
ダメー!

くり下りの例
1を借りてくる
1へらす
13−7=6
くり上りの例
はみ出る2
ここで足す!
1×7+2
この計算小学校で習いました♪
できます!♡
必ずやり方を丸暗記させられるよな
これって実はすごく難しい。
いや難しいからこそ丸暗記でいいんだと思う
原理を考えはじめたらきりがないからな
実は小学校の算数の課程ってすごいことやってたんですね
そうだろそうだろ?

$(3x+8)(3x+2)$ を展開してみよう！

普通にごりごり開く

$$f(x)=(3x+8)(3x+2)=3x\times3x+3x\times2+8\times3x+8\times2$$

こうかけて

$$=9x^2+6x+24x+16=9x^2+30x+16$$

筆算でやると……

① **係数のみ** 出す

$(\textcircled{3}x+\boxed{8})(\textcircled{3}x+\boxed{2})$

```
 3  8
 3  2
```

② こんなんを書く

```
    3  8
×)  3  2
--------
```

キュッ

あれ？ふつうの掛け算の筆算と同じ？

③

```
    3  8
×)  3  2
--------
      16
```

かける

何ケタの数でもケタは**そのまま**書いちゃう くり上がりとか気にしない

④

```
    3  8
×)  3  2
--------
    6  16
```

かける

小学校でならった**筆算**と同じようにやっていく

⑤

```
    3    8
×)  3    2
----------
    6 [ ] 16
```

ここにスペースをきちんとあけるのがポイント!! 本当は6と16なんだけど、適当に書くと61と6に見えたり616に見えちゃって計算ミスの元になります。

⑥

```
    3  8
×)  3  2
--------
    6  16
   24
```

かける

⑦

```
      3  8
×)    3  2
----------
      6  16
 9 [ ] 24
```

ここスペースをあける！

⑧

```
      3   8
×)    3   2
-----------
      6  16
  9  24
-----------
  9  30  16
```

ふつーに足す。

⑨ 9　30　16

↑ここ　↑ここ　↑ここ

2乗　**1乗**　**0乗**

(x^2) (x^1) (x^0) にあたる

⑩ 答えは

$$9x^2+30x+16$$

になります

どうだろうか。「暗記・暗算」のストレスが少ないので、筆者はこのやり方が好きだ。では次。

例題

$(3x+2)(5x-1)$ を展開せよ。

x 進数の 32 と、x 進数の「下 2 桁目が 5、下 1 桁目が -1」の掛け算と考えよう。繰り上がりと繰り下がりがない代わりに、桁揃えをきちんとして筆算しよう。

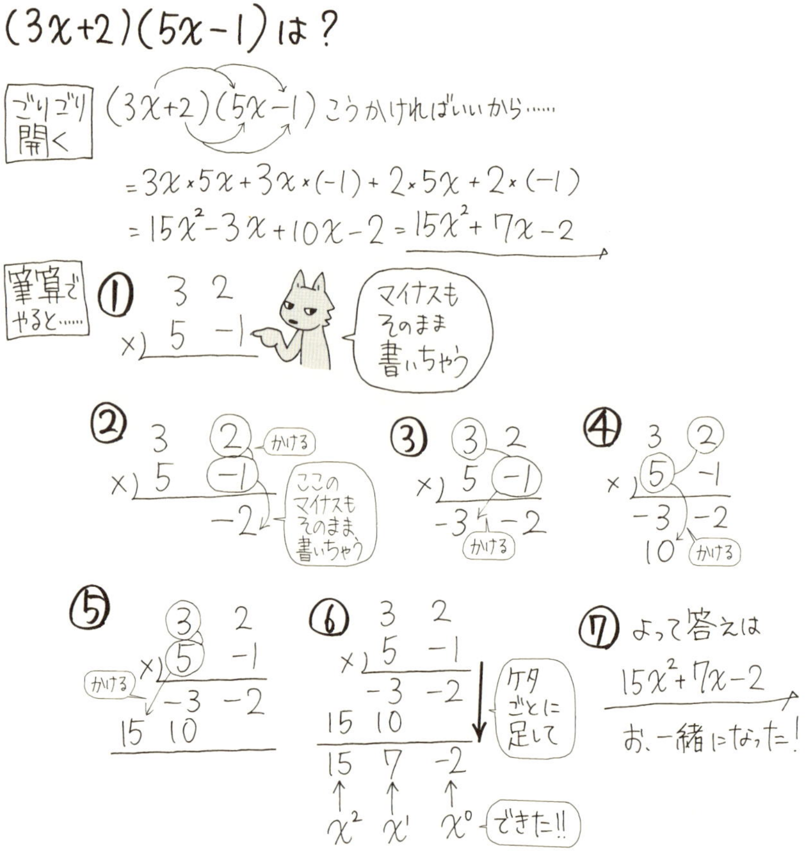

(3x+2)(5x−1)は？
ごりごり開く
(3x+2)(5x−1) こうかければいいから……
=3x×5x+3x×(−1)+2×5x+2×(−1)
=15x²−3x+10x−2=15x²+7x−2
筆算でやると……
① 32 ×) 5 −1
マイナスもそのまま書いちゃう
② かける
ここのマイナスもそのまま書いちゃう
③ かける
④ かける
⑤ かける
⑥ ケタごとに足して
15 7 −2
x² x¹ x⁰ できた!!
⑦ よって答えは
15x²+7x−2
お、一緒になった！

もう1問やってみる。

例題

$(x^2+1)(3x-4)$ を展開せよ。

最初の x^2+1 は、x 進数で「101」である。下2桁目がゼロになると気づければよし。あとはやはり桁揃えをきちんとして、繰り上がりと繰り下がりは考えずに計算すればよい。

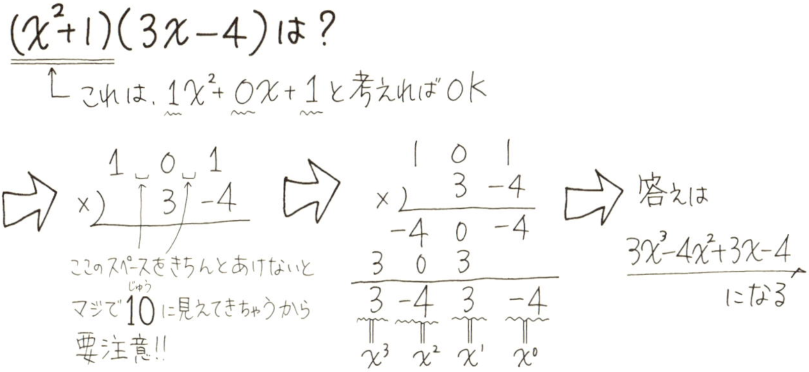

(x²+1)(3x−4)は?
これは、1x²+0x+1と考えればOK
ここのスペースをきちんとあけないと
マジで10(じゅう)に見えてきちゃうから
要注意!!
答えは
3x³−4x²+3x−4
になる

そんなわけで、ここでは掛け算を行っているが、もちろん足し算や引き算もできる。そしてもちろん、繰り上がりや繰り下がりはない。ただまあ、繰り上がりと繰り下がりがなければ足し算や引き算は楽勝なので、

筆算の必要さえないかも

しれない。実際私も多項式の足し算や引き算は、あまりわざわざ筆算したりはしないなあ。筆算が一番使えるのはやはり掛け算=「展開」ではないだろうか。答案の見栄えを考えると、計算用紙でサササっと求めて転記すればよろしかろう。

例題

x についての整式 $P(x)$ を二乗すると $P(x)^2 = x^{10} + 2x^9 + 3x^8 + 4x^7 + 5x^6 + 6x^5 + 5x^4 + 4x^3 + 3x^2 + 2x + 1$ となった。整式 $P(x)$ を 1 つ求めよ。　　（2008 京都高校生数学コンテスト）

なんかややこしそうだけど、でもこれを「2 乗して 12345654321 になる数はなんじゃい」って問題だと思えばそれほど難しくはない[注3)]んじゃないか。111111 に相当する $x^5 + x^4 + x^3 + x^2 + x + 1$ が答えになるね。

多項式を多項式で割る

多項式の足し算、引き算、掛け算ときたので、次は割り算である。多項式を多項式で割るとはなかなかぎょうぎょうしいが、賢明な読者諸氏は「もしかしたら、10 進数とあまり変わらないんじゃないの」と思ってくれているかもしれない。そうそう、そうなんだよ。だからまずは準備として 10 進数をよく考えておく。

ある割り算で商と余りが求められるとすると、式変形としては

（割られる数）＝（割る数）×（商）＋（余り）

となる。10 進数では例えば 13 ÷ 7 ＝ 1 余り 6 なら

$$13 = 7 \times 1 + 6$$

である。ここで 13 を 7 で割る例を出したが、13 と 7 であることにとくに理由はない。どうせだから 6 で割ったり 5 で割ったり、いくつか並べて書いておこう。

$$13 = 7 \times 1 + 6$$
$$13 = 6 \times 2 + 1$$

注 3）　ルートを手計算で開く方法はある（開平法）が、そんなことをしなくても、$11^2 = 121$, $111^2 = 12321$ の類推で $111111^2 = 12345654321$ を導くのはそれほど難しくはないんじゃない？

$$13 = 5 \times 2 + 3$$
$$13 = 4 \times 3 + 1$$

次は多項式。$f(x)$ をとりあえず一次式 $x - \alpha$ で割ることを考える。$f(x)$ を $x - \alpha$ で割って商と余りを求めるとすると、

$$f(x) = (x - \alpha) \times (\text{商}) + (\text{余り})$$

という式変形になるはずだ。つまり、与えられた $f(x)$ をこのカタチになるように変形できれば「多項式を多項式で割った」ことになる。

10進数の場合、掛け算（や足し算、引き算）では特別ルールとして「繰り上がり、繰り下がり」があったが、割り算にも特別のルール「余りは除数を超えない、0または正の整数」がある。例えば「13わる7」は「1あまり6」が正解で、「0あまり13」や「2あまり−1」は間違いだ。しかし、その間違い回答も

$13 = 7 \times 0 + 13$

$13 = 7 \times 2 + (-1)$

という式変形には疑問はない。つまり、この「余り」に関するルールは

言葉の問題

なのである。日本語における「余り」とは、「お菓子をみんなに配ったけど全員には行き渡らないぶんが残っちゃった」という感じだろう。「全員には行き渡らないぶんが残っちゃった」をルールにすると「除数を超えない、0または正の整数」になるんだよね。日常生活のための、実用的なルールであるということは、

つまり、論理的な理由はないということ

だ。多項式の割り算を考えるときは、多項式なりのルールを考える必要がある。それでは多項式の場合の「余り」はどう考えたらよいだろうか。実は多項式の場合にも「多項式なりの、実用的なルール」がある。それは「余りは、割る式よりも次数を低くする」というものだ。なぜこれが多項式の場合の実用的なルールかというと、割り算は「問題を分割して、簡単にするための1つの手段としてよく使われる」からである。数学で

も社会問題でも、いろいろな問題がゴチャっと集まっていると手のつけようがない。ゴチャゴチャと複雑なものは、バラしてシンプルに。複雑な問題へのアプローチの基本である。数学においては、$f(x)$を例えば

$$f(x)=(\text{割る式})\times Q(x)+R(x)$$

のように変形すると、少しは理解が深まるかもしれないし、ときどき良いことが起こるかもしれない。「かもしれない」という曖昧な言い方で申し訳ないが、「必ず理解が深まる」とは言えないので許して欲しい。実際これから紹介しようとする手法も「ときどき良いこと」のうちの1つである。$f(x)$を、なんとか次数を下げて、わかりたいのである。複雑なものを、単純なものの組み合わせに変えて理解する。どうせなら、より易しくよりシンプルに。だから「割る式の次数より$R(x)$の次数が小さく」なるように変形するのが良いだろう。

このパターンの式変形は問題解決の常套手段なのだが、だいたい「よく使う技」には名前がついているもので、この変形パターンについて「ある式の次数より$R(x)$の次数が小さいとき、$Q(x)$を商、$R(x)$を余りと呼ぶ」と決まっているわけだ。$R(x)$をゼロにできるとき、その変形をとくに「因数分解」という。因数分解ができればさらにわかりやすくなるので、できるものなら$R(x)$をゼロにする変形を見つけたいが、因数分解は簡単にできるとは限らない。割り算はその意味では次善の策である。ともかく、筆者が「多項式の割り算」というときは、「式変形」と「それによってもともとの問題（ここでは$f(x)$）がわかりやすくしたいという気持ち」がセットになっているんだよね。式の変形には無限の可能性があり、どういう変形もそれはそれで正しい。粘土でいろいろなものが作れるけれど、ある特別なかたちのときだけ、粘土は「ねんど」ではなく「恐竜」や「飛行機」になるのと同じで、ある特別な式変形を「割り算」だの「余り」だのと言っているわけである。

なんかどうでもいいことをゴチャゴチャ書いただけのような気もするけど、読者の皆さんはきっとわかってくれたよね。もう一度、今まで書いてきたことを整理しておく。降べきの順に整理した多項式というのは、各係数を「桁」と考えると、n進数の表現とほぼ同等になる。ただし通

常 n 進数の「桁」はゼロから $n-1$ までだが、多項式の場合には「桁」に入るものは実数でよい[注4)]。10 進数を

$$13 = 7 \times 1 + 6$$

と変形することと、多項式を

$$f(x) = (x - \alpha) \times (\text{商}) + (\text{余り})$$

と変形することに本質的な違いはないのだが、10 進数の場合には、余りが「0 から割る数まで」になるよう調整するのが「10 進数なりの特別な、実用的なルール」である。多項式の場合は「桁」に負数を許していることもあり、10 進数と同じルールをあてはめるのは適切ではない。どのようなものが「多項式なりのルール」として適切かを考えると、そもそも割り算が「問題を分割して解きやすくするために」使われる技術であることから、多項式の場合の「余り」は「割る式よりも次数が低くなる」ことをルールとするとうまくいくことが多いのでそのように決まっている、ということである。

多項式の割り算の筆算

それでは多項式の割り算を「筆算で」やってみよう。多項式の割り算は「余りの次数が、割る式よりも低くなる」ようにする。これを筆算に使えるように言い直すと、「ムリヤリにでも最高次の数を消すように、商をたてていく」になる。やってみよう。

例題

$(x^3 - 3x + 1)$ を $(x - 1)$ で割るとどうなるか。

注 4)　本書では、基本、実数の世界で考えますよ。

$(x^3-3x+1)\div(x-1)$ は？いくつ？

ひえ〜一気に難しい〜!!

$+0x^2$ がここに入ってると考えて……

係数は x^3+0x^2-3x+1

1　0　−3　1 だね！

こっちは $x-1$

1　−1 だ！

①
```
1 -1 ) 1   0   -3   1
```
こう書いて……

②
```
          1
1 -1 ) 1   0   -3   1
☆      1  -1
```
まずここを立てて ここ☆とかけ算で、答えをここに書く

わり算の筆算みたいだネー

③
```
          1
1 -1 ) 1   0   -3   1
       1  -1
      ----------------
           1
```
ここは引く!!

0から−1をひくんだから1だねー

④
```
          1
1 -1 ) 1   0   -3   1
       1  -1
      ----------------
           1   -3
```
そしてここはただ降ろす

⑤
```
          1    1
1 -1 ) 1   0   -3   1
☆      1  -1
      ----------------
           1   -3
           1   -1
```
また1が立つ ここ☆とかけて 答えをここに書く

⑥
```
          1    1
1 -1 ) 1   0   -3   1
       1  -1
      ----------------
           1   -3
           1   -1
          -----------
               -2
```
引く

⑦
```
          1    1    2
1 -1 ) 1   0   -3   1
       1  -1
      ----------------
           1   -3
           1   -1
          -----------
               -2   1
```
またここはただ降ろして……

⑧

```
        1  1 (-2)   ← ここを立てる
(1 -1) ) 1  0  -3  1
         1 -1
         1  -3
         1  -1
            -2  1
ここに書く  -2  2
```

ここと かけて

⑨

```
        1  1  -2
1 -1 ) 1  0  -3  1
       1 -1
          1  -3
          1  -1
             -2  1
             -2  2
                -1
```

引く。ラスト!! おつかれさま!

⑩

```
        [1  1  -2]  ← これが商（しょう）。
1 -1 ) 1  0  -3  1
       1 -1
          1  -3
          1  -1
             -2  1
             -2  2
                -1  ← これ．余（あま）り。
```

これで割った。

⑪ 小学生みたいに**商とあまり**の式で書くと こーなります

$$\Rightarrow (x^3-3x+1) \div (x-1) = (x^2+x-2) \text{あまり} -1$$

「あまり」って概念自体が小学校だけですよね……
うん 中学ではあまり使わないねー
そもそも÷という記号もあまり使わないよーな……
ん? ダジャレか?

ちなみに中学以降ではこう書きます

$$(x^3-3x+1) = (x-1)(x^2+x-2)-1$$

こっちにもってくる!

あっ ちがう ちがうんです
これは アクシデンタルな ダジャレだよう〜

10進数の割り算とはちょっとだけ感覚が違うと思う。10進数の場合には「負」が出てこないようにいろいろ気を遣うわけだけれど、多項式の場合には負数は問題なく、その代わり、最高次数が消えるように気を遣う。10進数の割り算と多項式の割り算を比べても仕方のないことだけれど、筆者としては、繰り下がりがないぶんだけ多項式の割り算の方がラクなんじゃないかなと思う。

剰余定理の意味

多項式の割り算を筆算でやってみたが、実際にそれが必要になる場面はあまり多くはないので、多項式の掛け算＝展開ほどは嬉しくないだろう。ただ、もう忘れちゃったかもしれないが、ここまできてようやく「代入計算は組立除法を使って簡単に求められる」ということに話をつなげることができる。

ここで、剰余定理という定理を紹介しなくてはならない。小難しいことはあまり書きたくないが、とりあえず剰余定理とはこういうものだ。

［剰余定理］「$f(x)$を$(x-\alpha)$で割った余りは$f(\alpha)$」である。

「定理」とは「こうなるものだ」という数学における金言格言である。一般に、当たり前のことを言った金言格言というのはあまり嬉しくなく、ある程度の「意外性」がないと、あまりありがたみがない[注5)]。「木登りは、降りる直前こそ気をつけろ」という格言がある。これは、高いところで気をつけるのは当たり前、地上が近づいたときこそ気が緩んで危ない、という、人間の心理をついた格言であるが、この「降りる直前」ってのが「意外性」であり、この格言のありがたみである。日常の金言格言には理由があるものもないものもあるが、数学の「定理」には必ず「意外性」と「理由」がある。

おっとここでちょっと嘘ついた。「定理には意外性がある」なんてことを、数学の先生とかに講釈たれないでね。この本に書いてありますとか言って先生に見せたら、たぶんその本は捨てられるからね。だいたい

注5)　というか、ありがたみがないお言葉は金言格言にはならないと考えると、金言格言とはすべからく意外性があるものかもしれないが。

そんなことが「正式に」決まってるわけないでしょ。そのあたり察してくれ、頼む。ええと、読者が数学をどう思ってるかは知らんけど、世間の風潮は数学が好きとか言うとどんな変態かと思われるわけだよ。ただ、好きとか面白いとかは「そのものの持つ面白さをどれだけわかることができるか」に依存するわけで、この定理ってヤツは数学の面白さのもとの１つだと思うんだ。

うーん、われながら、何を言ってるかよくわからんな。もう少し説明する。数学の本や論文は、作者がいて、伝えたいことがあって、そしてはじめてできあがる。それは１つの物語と言ってもいい。物語の面白さとはなんだろう。もちろんいろいろな面白さがあると思うが、意外性というのは古今東西、物語の面白さの基本である。日常の大部分を占める「普通のコト」は小説にはならない。何か特別なこと・意外なことが起きてはじめて物語が生まれ、読者の興味がわく。わかりにくいが数学も実はそうで、数学で「定理」が出てきたらそれはだいたい、数学の論文なり本なりを書いた作者が、読者につきつけた意外性なのである。言ってみれば、定理が出てきたらそれは

主人公の探偵が、「犯人は君だ」と意外な人物を指さした場面

である。野球なら「ここは敬遠だろ」という状況で「あえて勝負！」にいった場面である。映画ならそこでジャジャーンとBGMが鳴るところである。映画は監督がBGMをつけてくれるけれど、本なのでBGMは読者自身に任されている。つまり、ここで頭のなかにBGMを流せる人が、数学の本の読み方をわかっている人で、数学の面白さを味わえる人というわけだ。だいたいやね[注6)]、点が入りにくいからサッカーがつまらないとか、得点が入らないと盛り上がらないからホームランが出やすいバットに変えるとか、抜いたり抜かれたりが少ないからF1がつまらないとか、

そういうもんじゃねぇだろ。

0対0だって、面白い試合はある。その0対0が、息詰まる投手戦なのか、

注6）　ここで筆者としては評論家の竹村健一氏な気分なのだが、まあ、ご年配の人にしかわからないネタだよな。

攻撃がヘボで点数が入らないのかで話は全然違うだろう。まあ実際、プロモーターからみてどちらが儲かるのかはよくわからん。パカスカ点数が入るようにして、馬鹿でも勝敗がわかるようにした方がいいのかね。でも個人的には、それをすると「戦略」を破壊してしまうと思うんだ。運がいい方が勝つゲーム、略して「運ゲー」、それって面白いの？　いやもちろん個人の好みはあるだろう。ただ筆者は自分も他人も、できれば実力での勝ち負けがいい。運ゲーが悪いわけじゃない。実力に劣るチームが運ゲーに持ち込んで勝利を狙うというのは大事な戦略だ。そう、

面白さとは「戦略」だと、個人的には思う。

飲み屋でオジサンがテレビに向かって、「オイ、なにやってんだ、ここは選手交代だろ！」と声を上げる、なーんてのは、最近はあまり見かけなくなった気がするが、これは、言ってみれば監督気分で戦略を楽しんでいるんだよね。戦略は、普通は、わかりにくい。アタリマエだ。わかりやすい戦略は敵に読まれて役に立たない。フィールドに立っている選手の心理もわからない。あとで雑誌のインタビューででも見るしかない。でも、わからないから予測するのは楽しい。知識があれば予測の精度もあがる。運だけで点数を取り合う試合はすぐに飽きるが、戦略を予測する楽しみは尽きることがない。スター選手がいなくても、いや、いない方がむしろ戦略の妙で勝つ気持ちよさを味わうことができる。つまりだ、スポーツの試合は、試合の前に監督はどうするかなと戦略を予想して、試合を見て、試合後のインタビューだの取材記事を読む、という一連の流れで楽しむものである。そういう「楽しみ方」を、初心者に教えるのって大事なことだろう。ポカスカ得点が入れば初心者は面白がって客が増えるだろう、という発想は

観客や選手をバカにしている。

ましてや全然関係ないタレントに歌わせてとりあえず空席を埋めるような、そういう「本来の面白さを破壊する行為」をすれば、最終的にはコアなファンまで離れてしまい、その文化自体が崩壊するだろう。

　というわけでだな、いつのまにか数学の話がスポーツの話になってしまっていたりするわけだが、スポーツも映画も数学も同じなんだよ。何

かを観て、面白いと思えるかどうか。やってみて面白いと思えるかどうか。自分にとって面白くないものも世の中にはきっとたくさんあるだろう。傍から見て「つまらなそうなもの」を、「面白そう」にしている人がいたらそれは

自分には面白いと思えるための知識が足りていない

ということである。わかっている人には「面白さ」が見えているんだ。そして、ようやく数学に話を戻すけど、数学の場合、定理ってのは作者の１つの「勝負球」なのだ。「ほらどうだ、この事実で驚け！」という作者のメッセージを感じよう。楽しむためにはノッてあげなければならない。「ええっ、あの人が犯人だなんて！　な、何を根拠にそんなことが言えるんですかっ」と驚いてあげよう。そのあとはきっと探偵の語りである。定理のあとには、その理由が書かれているだろう。多くの場合、その理由もおそらくは難しいものではない。なぜなら、話を盛り上げるには「意外なだけ」ではだめだからだ。

「意外だけれど、説明を聞けば確かにそうだと納得」

することが重要である。誰もが知っている、でも、結びついていない事実をつなげた推理を披露するのが名探偵じゃないのか。ヒーローが追い詰められて絶対に助からない、という場面から

「何かしらんけど奇跡が起こって助かりました」で観客は納得するか？
いや、しない（反語）

まあねー、ときどきあるよねー、そういう話。「二度と会えなくなる」ことと引き換えに最強の敵をようやく倒し、ついうっかり感動で泣きそうになっていたら、「お星様にお祈りしたら帰ってこられたクル～」というオチでテレビにリモコンを投げつけそうになったことがあるが、科学でそんなことをしたら誰にも相手にされなくなるだろう。うまい語り手は、あらかじめこっそりと、ヒントとわからないようなヒントを客に与えておく。物語ではそれを伏線という。数学は真なるエンターテイメントではないから、作者の技巧的な伏線はないかもしれないが、しかし、科学には様々な知識が不思議につながって人智を超えたドラマが生まれ

る話がいくらでもある。それはスポーツも同じだろう。伏線はあらかじめ神様が仕組んでくれているのだ。

このような事情があるので、ここからが筆者が言いたいことだが、

「定理」を読んでわけがわからなくても、そこで本を投げ出すな！

定理とは「犯人は君だ！」なのである。定理のあとに説明がある。定理だけを見ると、とても突飛に見えるかもしれないし、わけのわからない記述に見えるかもしれないが、それはむしろ当然なのだ。必ず次を読むことである。映画やドラマは一般の人が観に来るから、わりと親切に、怖い時には怖い映像、ヒーローが登場するときはカッコいい音楽で盛り上げてくれる。しかし数学にはそれがない。だから敷居は高いのだが、とりあえずここはひとつ、「定理」というのは作者の提示した意外性の目印だと思って、「定理」にめげない心を養って欲しい。そして！　将来的には

定理の「突飛さ」を楽しんで欲しい。

定理のあとにある説明を読んで、「ああっ、気が付かなかった、なるほど！」となって欲しいのだ。これが数学の楽しみ方だ。

しかしまあ、そうはいってもね、数学の物語の作者はいろいろいるわけで、定理に意外性を込めない人もたくさんいるわけよ。だから、ここまで筆者が書いてきたことは、正しいとは言いがたい。でもね、正しいことしか書かないというのは、作者にとっては安全だけど、読者のためにはならんわけで、よって、筆者はあえて「いいかげんなこと書いてる」という汚名は着るので、そのぶん読者の皆さんは、少しでも数学の楽しみ方のコツを身につけて欲しいと思うわけよ。読者の皆さんは今後も何度も「定理」ってものに遭遇すると思うけど、「定理」を見たら、名探偵登場のBGMや推理を披露する前のアイキャッチ[注7)]を響かせて欲しいのよ。そういう抑揚を見抜けないと、数学の本はのぺっとしたつまらないものになってしまうし、逆に、そういう抑揚が見抜けると、数学の本はとてもエキサイティングだ。ぜひ皆さんも「難しそうな定理」が出

注7）　CMに入る直前に流れる短い曲。

てきたら「ええっ、あの人が犯人だったなんて」という気持ちになって欲しい。頼んだよ。ちなみに物語の作者自身が「これを定理と呼ぶには意外性に乏しいな」と思うときは「定理」とは言わず「系」とか「補題」などと

少し遠慮した言い方

をしてくるときもある[注8)]。そういうときは、やはりそれなりに作者の気持ちを感じるようにしてもらいたい。

さて、なんだっけ。あっそうそう剰余定理。

［剰余定理］「$f(x)$ を $(x-\alpha)$ で割った余りは $f(\alpha)$」である。

この定理は「$f(\alpha)$」を求める代わりに「$f(x)$ を $(x-\alpha)$ で割った余り」を求めても同じだと読める。「えーっ、なんでその2つが一緒になるの？」というのが、この定理の持つ「意外性」で、作者が読者に期待する反応というヤツだ。とりあえずこの定理を信じれば、「余りを求める」という方法と「代入結果を求める」という方法は「どちらが簡単か」で選択すればいいということになる。もちろん筆者は今、「代入計算するよりも割り算した方が疾い場面が多いよ」ということを言いたいわけなので、筆者の主張はこの剰余定理が理論的根拠である。

ではなぜ「余り」と「代入結果」が同じになるのだろうか。これまで「多項式を多項式で割る」ということをやってきたが、「割る」というのはつまり式変形である。例として適当な多項式 $f(x)=x^3+2x^2-3x-2$ を適当にいろいろと割り算してみる。

$$x^3+2x^2-3x-2=\underline{(x-1)}(x^2+3x)-2$$
$$x^3+2x^2-3x-2=\underline{(x-2)}(x^2+4x+5)+8$$
$$x^3+2x^2-3x-2=\underline{(x-3)}(x^2+5x+12)+34$$
$$x^3+2x^2-3x-2=\underline{(x-4)}(x^2+6x+21)+82$$
$$x^3+2x^2-3x-2=\underline{(x-5)}(x^2+7x+32)+158$$

これは式変形だから、

注8）　わかると思うけど、このあたりも筆者の主観・筆者の感覚だからね。定理や系や補題はどれも本質的には一緒のもの。

全部、本質的に同じ式

である。この事実をよく覚えておいてもらいたい。

ここで、この$f(x)$に2を代入して$f(2)$を求めることを考えよう。$f(x)$に2をブチ込めばいいのだが、上記の$f(x)$は全部同じだということを強調しておいたはずだ。どの式に代入しても結果は同じ。だから、計算がラクになりそうなものに代入してやればよいのである。ではどれがラクになりそうか。勘のいい人はやらなくてもわかるだろうが、誰でもやってみればすぐわかる。2を代入するならやはり選ばれるのは

$$f(x) = \underline{(x-2)}(x^2+4x+5)+8$$

だろう。なんといっても下線部がゼロになるから、そのあたりが全部ゼロになって、答えはすぐに8とわかる。では$f(3)$なら？

$$f(x) = \underline{(x-3)}(x^2+5x+12)+34$$

と変形されている式を選べばよいだろう。もちろん$f(3)=34$とすぐにわかる。よーするに、3を代入したいなら、$(x-3)$をもとに変形したものを使えばいい。αを代入したいなら、$(x-\alpha)$で変形したものを使えばいい。$f(x)$にαを入れたら、$(x-\alpha)$のまわりはすべてゼロになって「余り」だけが残る。

これが剰余定理の真相

である。

いざ組立除法

組立除法は、

「多項式$f(x)$を$(x-\alpha)$で割る」という作業を激烈疾くやる方法

である。「割り算の筆算」を用いてもいいが、組立除法は伝統的で古典的な手法で、覚えておいて損はない。もう一度この章の前半でやった代

入の計算を見直しておいて欲しい。

剰余定理は我々に

$f(\alpha)$ は $(x-\alpha)$ で割った「余り」でも求められるよ

と教えてくれているわけだが、これだけでは剰余定理のありがたみはわかるまい。組立除法と一緒に使えば、$f(\alpha)$ がたちどころに求まる。そうすれば剰余定理がメチャメチャ生きる。皆さんもぜひ剰余定理と組立除法のコンボ技で「何度も出てくる代入計算」を高速化して、数学のプチストレスを軽減して欲しい。

▼組立除法を代入計算に使う

$f(x)=x^3+2x^2-3x-2$ で
$f(2)$ を求めたい

$f(x)$ を $x-2$ で割った余りは $f(2)$
(剰余定理)

組立除法は $f(x)$ を $x-\alpha$ で割る速算法。
$x-\alpha$ で割るときに

1	2	-3	-2	α
	α			
1				

ここに α と書く

ということは…

$f(\alpha)$ を求めたいなら、そのまま右上に
α を書いて、組立除法!

$f(x)=x^3+2x^2-3x-2$ で $f(2)$ は?

1	2	-3	-2	2
	2	8	10	
1	4	5	(8)	

これが $f(2)$ だ!

組立除法は特定の
パターンのときに使える
「割算の筆算」
なのだ!

よい技は盗み、悪い技は捨てろ

第１章では「剰余定理 ＋ 組立除法のコンボは最高！」みたいな感じで説明してきたけれど、どんなやり方をしようが正解はないので、「俺はやっぱり、きちんと代入して計算するよ」という人もいていいだろう。また、筆者は「桁さえ揃えれば、係数だけを書いて筆算できるよ。こっちの方が簡単だからみんなやろうよ」と言っているわけだが、「私はやっぱり、多項式は x とか x^2 とかを書かないと落ち着かないワ」という人も多い。なにより多くの教科書は x^2 などを書く方式を採用している。

とりあえず比較してみよう。

▼整式のかけ算

$(x^2-4x+5)(x^2-2)=x^4-4x^3+3x^2+8x-10$　の計算

［文科省（MKS）的筆算］

$$
\begin{array}{rrrrrr}
 & x^2 & -4x & 5 & & \\
\times) & x^2 & & -2 & & \\
\hline
 & x^4 & -4x^3 & 5x^2 & & \\
 & & & -2x^2 & 8x & -10 \\
\hline
 & x^4 & -4x^3 & 3x^2 & 8x & -10
\end{array}
$$

［オオカミ的筆算］

$$
\begin{array}{rrrrrr}
 & & 1 & -4 & 5 & \\
 & \times) & 1 & 0 & -2 & \\
\hline
 & & -2 & 8 & -10 & \\
1 & -4 & 5 & & & \\
\hline
1 & -4 & 3 & 8 & -10 &
\end{array}
$$

最初はこれでいいんだよ
えー
教科書にこんな筆算の方法を書くわけにはいかんだろ
何回もくり返し書くうちに
「何度もxを書くのめんどくさいなーー」
「あれ？ x書く必要なくね？」
！
……と気付けばいい
それは手で順番を見せられてかつ口で説明できる教員の特権だろう
教科書の仕事じゃない
つまりお前らががんばれ
まぁそうだな
えーそなの？

まあね、筆者のようなよくわからない人の方法より、教科書のほうが信用できるよね。とまあ、ヒガミ根性っぽい記述はさておくとしても、読者の皆さんの事情は筆者にはわからないわけでね。読者の皆さんには暗算が得意な方もいらっしゃるだろう。鬼の注意力の持ち主もいらっしゃるだろう。教科書と違った方法が許せない方もいるだろうし、もしかすると「教科書と違ったやり方で回答すると減点する」ような数学の先生に担当されている方もいるだろう。個々人それぞれに事情と特徴があるのだから、筆者のオススメを見て、

よい技は盗み、悪い技は捨てて

もらえばよいのだ。

取捨選択は読者の仕事である。物を盗むのは良くないが、技を盗むのはおおいに結構。そのあたり貪欲に、うまくスキルアップしてもらいたい。「取捨選択をしようとしない」のは良くない。教科書に載っている方法とそうでない方法を、自分にとっての損得を考えて選ぶのならいいが、「なんでもかんでも教科書のとおり」ではだめだ。まあ、筆者は学生時代はどちらかというと「意地でも教科書と違うやり方で」の派閥だったわけだが、今から考えるとどちらにしても両極端は良くないね。

超従順も超不真面目も、方法論に柔軟性がないという点では同じ

なのだから。方法論に柔軟性がないと、壁にあたったときに困ることになる。そして数学でもなんでも、ある程度難しいことというのは、一度も壁にあたらず上達するなんてことはあり得ない。

ある程度経験が積み上がってくると、それだけで保守化して、柔軟性が失われてしまう。

それは高校生だって例外ではない。

小学校から始めた算数は、高校生になればもう 10 年以上やっているこ

とになる。上達というのはムダの切り捨てのことなのだが、ムダの中には可能性もあるので、可能性を切り捨てているとも言える。つまり、

上達すると、固くなる。

だから常に、柔軟な考えを心がけないといけない。もちろん筆者も例外ではない。他人に偉そうに言ってる場合じゃない。一緒に頑張りましょう。例えば本書のやり方が、皆さんの頭を少しでも柔らかくすることに貢献できれば幸いである。

Chapter2

数と法則はもちつもたれつ〜指数と対数を使って

公式なんてみんな最後はただの

計算に便利な

道具と

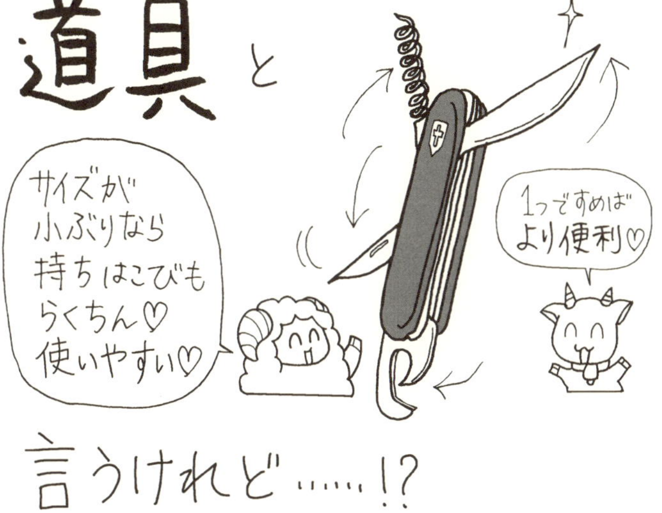
サイズが
小ぶりなら
持ちはこびも
らくちん♡
使いやすい♡
1つですめば
より便利♡

言うけれど……!?

Section 2.1

この章でやること

この章では「数」と「法則」が「もちつもたれつ」の関係にある、ということを説明していきたい。「もちつもたれつ」は、なんとなく悪者な響きのある単語だが、わざとこれを使った。

ある料亭、行燈の火が揺れている。

越後屋「粗悪品を売る店があり、領民が困っておりまする」
悪代官「おぬしの店は客をとられているわけじゃな」
越後屋「手前どもは品質を重んじておりまして」
悪代官「で、粗悪品を禁じる触れを出せと、そういうわけじゃな」
越後屋「領民は喜ぶでしょう」
悪代官「それでおぬしの店の売上は戻るかのう」
越後屋「いえ売上などは二の次。城下の平穏が第一でございまする」
悪代官「ふむぅ。領民が困っておるというのでは捨ておけんな。その代わり、わかっておるな…」
越後屋「もちろんでございます…」

いやあ、こういうベタな悪だくみのある時代劇はいいよね。よーするに都合のいい法律を作ってズルいことするって話だけど、この手のことはけっこう

現代だってあるかもよ。

数学にだってあるくらいなんだから。

さて、ここでは「法則」と「数」の関係について考えていきたいと思う。…と抽象的に書いていっても

何を言ってるかサッパリわかるまい

と思うので、指数と対数を題材にその話をしていこうと思う。

本書の読者さんは指数と対数をすでに習ってる人も多いと思うが、いちおう「最初に指数と対数を習う気分で」…いや違うな、「最初に指数と対数を習っている人を、上から眺めている気分で」本書を読み進めていただけると良いと思う。物語や小説を読むときは、登場人物それぞれ「どこまでが既知で、どこからが未知」ということをわかっていないとわけがわからなくなる。「彼はこう思っているけど彼女はこう思っていて、そしてすれ違ってしまう」というのが小説の基本パターンだろう。しかしそれは小説だけではない。数学だって、「教科書はこういうことを伝えたいのだけど、学生さんはそうは思わず、すれ違ってしまう」ということはよくある。物語や小説の作者や読者は、一段上の立場から「彼と彼女の気持ちを知っていて、彼と彼女がどうなるか」を追っているはずで、筆者は本書の読者には

数学で、そういう立場に

立ってもらいたいのだ。これが「最初に指数と対数を習っている人を、上から眺めている気分で読んで欲しい」などという不思議な要求の本意である。というわけで、高校生が初めて本格的に指数と対数を習うときにひっかかりやすいワナを考えながら、法則と数の関係について考えていこう。

Section 2.2
指数の法則

原始的な指数の定義

まずは「指数の法則」から。

指数とは3×3×3×3を3^4と書くとか、そういう話である。

これをとりあえずここでは「原始的な指数の定義」と呼ぶことにしよう。こうしたルール自体は、教えれば小学生でもわかる。常識的な指数である限り、全く難しくはない。「常識的な指数」と書いたが、これは今だけの言い回しなので、安易には使わないように。ここでは「肩に乗る数字（指数のこと）としては、1以上の整数であるべき」という意味に解釈して欲しい。自分で書いておいてナンだが、だいたい「常識」なんてものは基本的に局所的で、昨日の常識と今日の常識は違うかもしれないし、あなたの常識とわたしの常識も違うだろう。だから「常識的な指数」なんて言い回しは普通は使っちゃいけないんだ。でもここで「常識」を使っているのは、結構数学の議論にも「常識」が顔を出すからである。ともかく現時点での「常識」は「肩に乗る数字は、1以上の整数であるべき」ということだ。

さてここで！

「常識」を分析したあとで考えるのは

「じゃあ非常識なことしたらどうなるの」

である。これはコンピュータでも機械でも、新しいシステムを設計したら必ずチェックすることだ。身内だけが使うものならある程度は「常識的な使用」を期待してもいいのかもしれないが、それでもやはり、ちょっとしたミスが致命的な事故になると困るので、それなりの対策は必要である。ましてや不特定多数の人が使うようなものは

ワナベクnコマ劇場（nは自然数）

指数（しすう）ってなあに？
もちろん指の数のことではありません
初期ミッキーマウスの指は4本
ディズニーリスペクトの手塚治虫先生もアトムの指を4本に描いていました
これは当時のアニメ技術では5本の指をアニメーションで動かすと残像が残って6本に見えたからと言われている
へー
経済の世界では指数は指標（index number）と同じ意味で使われています
不快指数
高いー
これ
じめじめだ
数学の世界では
コレがついてる
こーゆーもののことを指す
指数「関数」と言ったら
ここが→変わる！
ここは固定！
変数のxとかになる
こんなののことです

人間不信になるくらいの「悪意」を想定

しないといけない。皆さんも子どもの頃に、自動販売機のボタンを2個同時に押したらどうなるかな～、みたいなことをやったことはないか。たぶんきちんと、どちらかの商品が出てくるはずで、2つ出てくるなんてことはないはずだ。自販機メーカーは当然そういう非常識なことをやられても正しく動作するようなシステムを設計している。他にも、ゲームソフトで「あるタイミングでリセットする裏ワザ」とかあるでしょ。システムの抜けを突くような行為は、電話のタダがけとか、有料放送のタダ見とか、まあだいたい「悪いこと」も多かったりして、筆者はそういう悪いことを肯定するわけではないが、でもね、やっぱりモラルで予防する前にきちんとシステムで予防するのがシステム屋の仕事じゃないかな、と思うわけだ。非常識を考えるのは悪いことばかりではない。その昔、ヒーローと言えば「強い男」が常識だった。そこで、「弱い男」がヒーローになったらどうなるか、「女の子」が変身したらどうなるか。そうやって非常識を考えることで新しいエンターテイメントは作られていく。なかなかいきなり「全く新しいこと」は作れない。既存の「常識」をまず分析して、そこからの差別化を考えていくのが1つの「新しいものを創るための方法論」だろう。

非常識は未来の入口

である。「非常識」を創造のきっかけにするという方法論は

科学技術も例外ではない。

肩に乗るのは「1以上の整数」というのが常識ならば、それ以外はどうだろうか。もちろん「原始的な指数の定義」からは「肩に乗るのは1以上の整数」という結論しか出てこない。作戦は

指数の定義自体を変える

ことである。定義は「どう決めるか」の問題なのだから、

みんなが納得さえすれば

どういうふうに決めたって構わない。例えば、「整数でない指数」や「負の指数」に対して、「3を4回掛けたあと、5回足すのを$3^{4.5}$のように書く」、「3を4回足すのを3^{-4}と書く」という新しい定義はどうだろう。まあ、こういうしょーもない定義で「みんなが納得」するのかというと疑問だし、読者の皆さんは見た瞬間に両方とも

ダメ筋じゃん

とわかってしまうかもしれないが、少し話につきあってもらいたい。とにかくこのような定義でも「小数の指数」や「負の指数」も定義できたことになる。こうした新しい定義で大事なことの1つは、

既存の定義も含まれる

ようにすることだ。なかなか既存のものを変えるってのは大変なことで、これまでに出版された本や論文、「あれ、お父さんは昔こう習ったけど、今は変わったのか？」を含めて、それこそ「常識」の壁は厚く、簡単に「変わりました〜」ですむ話ではない。これが「みんなの納得が得られる」最低条件である。また、数自体の含有関係を保持する必要がある。整数は小数に含まれるので、例えば3^4と$3^{4.0}$が違う値になるような定義はよろしくない。筆者が今適当に作った「3を4回掛けたあと、5回足すのを$3^{4.5}$のように書く」は

実はそのあたり、うまくいっている。えへへ。

しかし、この定義ではうまくいかないことがある。指数法則である。指数法則というのは、指数を含んだ式の計算ルールのことであるが、例えば、$3^4 \times 3^5 = 3^{4+5}$である。定義に戻って考えれば、「3を4回掛けたもの、と、3を5回掛けたもの、を掛ければ、結局全部で3を9回掛けたことになるよね」という意味で、

考えれば、分かる

と思える。「原始的な指数の定義」から当然に導かれる指数法則を、「原

始的な指数法則」とよぶことにしよう。ここではとりあえず

・原始的な指数法則（1）「$3^4 \times 3^5 = 3^{4+5}$ みたいなの」
・原始的な指数法則（2）「$(3^4)^5 = 3^{4\times 5}$ みたいなの」

の２本としておく。

原始的な指数法則は、定義から考えればすぐに導くことができる。(1) は「同じ数字（ここでは3）のべき乗であれば、掛け算は『肩の数字の足し算』になる」と言い換えれば、それが法則になるだろう。(2) も指数をいったん掛け算に書き直せば「肩の数字を掛け算すれば個数になる」とすぐわかる。

▼原始的な指数法則

(1)

$$3^4 \times 3^5$$

$$= \underbrace{\underbrace{3 \times 3 \times 3 \times 3}_{4\,個} \times \underbrace{3 \times 3 \times 3 \times 3 \times 3}_{5\,個}}_{9\,個\,=\,4+5}$$

$$= 3^9$$

$$3^m \times 3^n$$

$$= \underbrace{\underbrace{3 \times 3 \times \cdots 3}_{m\,個} \times \underbrace{3 \times 3 \times \cdots \times 3}_{n\,個}}_{m+n\,個}$$

$$= 3^{m+n}$$

(2)

$$(3^4)^5 = (3 \times 3 \times 3 \times 3)^5$$

$$= \underbrace{\overbrace{(3 \times 3 \times 3 \times 3)}^{4\,個} \times \overbrace{(3 \times 3 \times 3 \times 3)}^{4\,個} \times \cdots \times (3 \times 3 \times 3 \times 3)}_{5\,個}$$

$$= \underbrace{3 \times 3 \times 3 \times 3 \times \cdots \times 3 \times 3}_{20\,個}$$

$$= 3^{20}$$

$$(3^m)^n$$

$$= (\underbrace{3 \times 3 \times \cdots \times 3}_{m\,個})^n$$

$$= \underbrace{3 \times 3 \times \cdots \times 3}_{m \times n\,個}$$

$$= 3^{mn}$$

さて、先ほど筆者が適当に作った「3を4回掛けたあと、5回足すのを$3^{4.5}$などと書く」という定義は、足し算が邪魔してこの「原始的な指数法則」を満たさない。

だ・か・ら、この定義はダメ

なのだ。

読者の皆さんはオリジナルの

・小数点を受け入れ可能で、

・「原始的な定義」とぶつからず、

・「原始的な指数法則」を満足するような、

新しい指数の定義が思いつくだろうか。できればちょっと考えてみて欲しいが、まあたぶんみんなやらないよね。いいよいいよ、筆者の失敗例を参考にしてよね。でも習うばかりが数学ではないよ。理科のように「実験」してもいいんだよ。教科書には「成功例」が載っている。テキトウにやったら99%失敗するだろう。ただ、理科実験の失敗と違って、数学では失敗しても毒ガスを発生したり爆発したりはしない。何かを「失敗するためにやる」のは馬鹿らしいことにも思えるが、失敗から学ぶものは多いので、失敗するとわかっていてトライしてみることに意味がないわけではない。さっきの話で、筆者がテキトウに作った定義は「原始的な指数法則」を満たさないからダメだったよね。何回かやってみればわかるが、だいたいは

「『原始的な指数法則』を満たす」というのが難しい

から失敗する。いくつかの条件を全て満たすものを探すときには、最初に「一番厳しい条件」でフィルタリング（絞り込み）をするのが条件にあうものを早く見つけるコツなので、考え方としては、

指数の法則を満足するようなもの

をまず考えていくのが効率が良さそうである。そこでこれから、「原始的な指数法則」を満たす「新しい指数の定義」を作っていこう。おそらく皆さんはもうすでにその「新しい指数の定義」を習って知っていることと思うが、もう少し「知らないつもり」で話につきあって欲しい。

新しい指数の定義は、法則から「作られる」

前述のとおり、新しい定義を考えるときに、おそらく一番難しいのは「原始的な指数法則を満たす」というところである。だから、「指数法則を満たすようなものは何か」というところから考えていく。

原始的な指数法則（1）「$3^4 \times 3^5 = 3^{4+5}$」

この法則にしたがって掛け算をしている限りは、肩の数字は足し算になり、肩に乗る数字が「1 以上の整数」という常識の範囲を逸脱しない。しかし、我々は

足し算といえば引き算、掛け算といえば割り算

がそれぞれ対応することをすでに知っている。掛け算を考えたら、次は割り算でしょう。というわけで、指数の割り算についてはどうなるか。$3^6 \div 3^2 = 3^{6-2}$は、約分をイメージすれば理解できる。つまり「割り算のときは、肩の数字の引き算になる」という話は、原始的な指数の定義からでも、法則として導かれる。しかし、今のところ、ゼロ乗や負数乗は「原始的な指数の定義」では定義されていない。定義されていないものが出てくると困るので、法則のほうに注釈をいれることになる。次のように。

$3^m \div 3^n = 3^{m-n}$　「ただし $m > n > 0$（m, n は整数）」

しかし実際には$m \leqq n$であっても、割り算自体ができないわけではない。

$$3^4 \div 3^4 = \frac{3 \times 3 \times 3 \times 3}{3 \times 3 \times 3 \times 3} = 1$$

これはちょっと驚いて欲しいところである。だって「指数法則ではできないこと」を「我々はできてしまう」わけだよね。逆に言えば、指数法則というか「指数のシステム全体」に不備というか穴というか「改良の余地がある」ということで、これは「新しい定義を考えるヒント」になる。つまり、新しい定義を見つけるためには、「原始的な指数法則を満たすようなものを考える」というよりは、「原始的な指数法則にさりげなく含まれている条件を外すことを考える」のが方法論なのだ。

ゼロ乗と負数乗を定義する

では「原始的な指数の法則」でのお約束をあえて破って、

$$3^m \div 3^n = 3^{m-n} \quad 「ただし\ m > n > 0\ (m, n\ は整数)」$$

に、あえて $m = n$ をいれちゃおう。すると、

$$3^m \div 3^m = 3^{m-m} = 3^0$$

となり、3^0 などという変な数が出てくる。「同じ数での割り算」なのだから、

3^0 を何らかの数と決めるとすれば、1にするのが妥当

ではないか。$2^3 \div 2^3$、$5^7 \div 5^7$ などを考えると、「ゼロ乗」は全て1にするのが妥当ではないかと思える[注1)]。

また、この流れでいくと、$m < n$ のとき、例えば $m = 4, n = 6$ ではどうだろうか。

$$3^4 \div 3^6 = 3^{4-6} = 3^{-2}$$

これの左辺だけを見ると、

$$3^4 \div 3^6 = \frac{3 \times 3 \times 3 \times 3}{3 \times 3 \times 3 \times 3 \times 3 \times 3} = \frac{1}{3 \times 3}$$

となる。3を4回掛けたもの、を、3を6回掛けたもの、で割れば、分母が「3を2回掛けたもの」になるよな。わかるだろ。で、これと 3^{-2} をじーっと見つめると、

注1)　ここでスルドイ人は「あれ 0^0 はどうなるんだろう」と思うかもしれないが、答えは「決まっていない」で、基本的には「定義されない」でよいと思う。筆者は「定義されない」と思っていたのだが、調べてみると違う主張が出てきたりして「あれ？　どれが正しいんだ？」となり、結局 wikipedia に「複数の説がある」とあって納得した。wikipedia かよと言われそうだが、本だとかえって作者の主張だけしか載ってなかったりするのでこういうときに wikipedia は役に立つ。ゼロ乗はもともと $a^3 \div a^3 = a^0$ のようにしてできたことを考えると、「$0^3 \div 0^3$」の段階でゼロで割ってることになるので、通常は「定義されない」が妥当と思うのだが、プログラム言語では実用上の都合で「0^0 を1」としたりするんだね。数学に限ったことではないが、「アタリマエと思っていたこと」が「実はわかってない」とか「実は決まってない」ってこと、意外によくあるんだよな。

3^{-2}を何らかの数と決めるとすれば、$\frac{1}{3^2}$にするのが妥当

と思えないか。マイナスになった分は分母に回るのである。今はとりあえず3のべき乗で考えているが、2でも5でも、他の数でも、同様に考えられる[注2)]。

このようにして

- ゼロ乗は1
- 負数乗は、3^{-2}なら$\frac{1}{3^2}$のこと

という案がでてきた。

あれ？　今何やってるんだっけ？　そうそう、「指数法則を満たす、新しい指数の定義」を探しているんだったよね。「指数法則を満たす」というのが一番むずかしいので、逆に、「原始的な指数法則」から考えてみていたんだった。

そのために「原始的な指数法則」に「非常識な値」を入れて、新しい世界を創造するきっかけを作ろうとしていたんだよね。もともとの「原始的な定義」ではゼロ乗や負数乗は定義されていないのだから、「原始的な定義」とはぶつからない。「原始的な指数法則」をもとに作ったのだから「原始的な指数法則」にはぶつからない。つまり、このゼロ乗や負数乗は、

世間が納得する「新しい指数の定義」の候補

といえるのだ。

注2)　ゼロの負数乗は分母にゼロがくることになるので「定義されない」でよい。0^xは$x>0$ならゼロでよい。0^0がどうなるかは前の脚注参照。

有理数乗を定義する

ここまで「原始的な指数法則（1）」を使って、ゼロ乗や負数乗の指数の定義を提案してきたが、今度は「原始的な指数法則（2）」から新しい定義を提案することを考えよう。

・原始的な指数法則（2）「$(3^4)^5 = 3^{4\times5}$ みたいなの」

原始的な指数法則（2）は「原始的な指数の定義」から作られているものなので、指数は原則として「1以上の整数」になるはずだが、前項と同様に、

その制限をとりあえず外して

考えることで新しい指数の定義のあたりをつけよう。例えば

$$(2^{\square})^2 = 2$$

という式があったとする。左辺に原始的な指数の法則（2）をあてはめれば、

$$(2^{\square})^2 = 2^{\square\times2}$$

になる。つまり

$$2^{\square\times2} = 2$$

だ。等号を成立させるために2の肩を揃えることを考えると、□は$\dfrac{1}{2}$にしたくならない？　そして一方で、

$$(\triangle)^2 = 2$$

という式を見たら、△は何って答える？　$\sqrt{2}$でしょう。まあ変態的に$-\sqrt{2}$と答える人もいるかもしれんし、

それをもとに理論を構築してもいいかも

しれないが、筆者は面倒なので考えない。ともかく、

・$(2^{\square})^2 = 2^{\square \times 2} = 2$ なら、□は $\dfrac{1}{2}$

・$(\triangle)^2 = 2$ なら、△は$\sqrt{2}$

この２本の整合性をとるためには「$2^{\frac{1}{2}} = \sqrt{2}$」と考えるのが最も妥当だろう。

もう少し具体例で考えてみる。

$3^{\frac{1}{4}}$ は何か。

$$(3^{\frac{1}{4}})^4 = 3$$

で考えればいい。

$$(\square)^4 = 3$$

だったら、□はなんだ？ $\sqrt[4]{3}$ と考えるのが妥当だろう。

$5^{\frac{2}{3}}$ は何か。とりあえず、$5^{\frac{1}{3}}$ から。

$$(5^{\frac{1}{3}})^3 = 5$$

を作って、

$$(\square)^3 = 5$$

を考えると、□は $\sqrt[3]{5}$。

$$5^{\frac{2}{3}} = (5^{\frac{1}{3}})^2$$

なんだから、$5^{\frac{1}{3}}$ が $\sqrt[3]{5}$ だったら、

$$5^{\frac{2}{3}} = (\sqrt[3]{5})^2$$

と考えるのが妥当。

というわけで、「$3^{\frac{n}{m}} = (\sqrt[m]{3})^n$ みたいな感じ」という新しい指数の定義が提案された。先のゼロ乗、負数乗とあわせて考えると、有理数の指数はこれですべて網羅されたことになる。

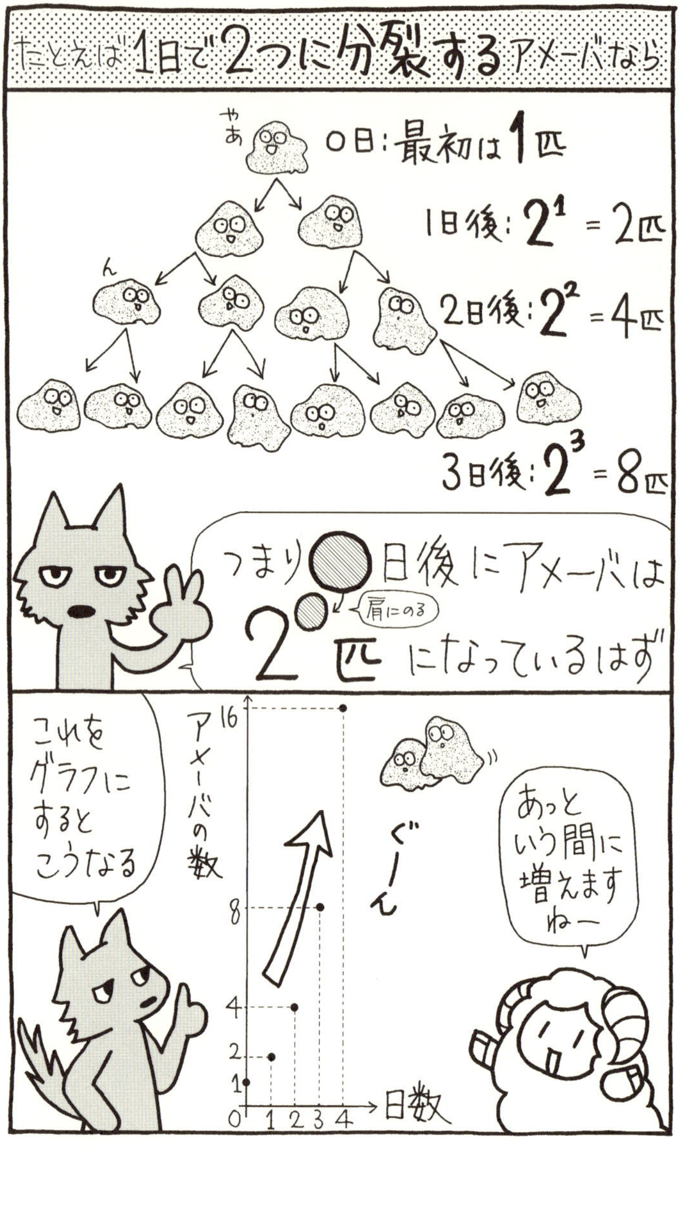
たとえば1日で2つに分裂するアメーバなら
やあ
0日：最初は1匹
1日後：2^1 = 2匹
ん
2日後：2^2 = 4匹
3日後：2^3 = 8匹
つまり○日後にアメーバは
2○匹になっているはず
肩にのる
これをグラフにするとこうなる
アメーバの数
16
8
4
2
1
0
1 2 3 4
日数
ぐーん
あっという間に増えますねー

前ページからのつづき～→

じゃーこれが
-1日目(マイナスいちにちめ)なら
アメーバは何匹だと思う?
え? そんなのあるの?
前日ってこと?
日数なのにマイナス?
アメーバの数
8
4
2
1
-1
0
1
2
3
日数
ここらへん?
じゃあ
1/3日ならどうだ?
ありそうだろ?
たしかにー
朝8時時点ってことですかね
うじゃうじゃ
点と点があるならその間をうめたくなるのが
数学やってる人間の人情ってもんだ
ココ!
「間」をうめるためにアレコレするのが
「拡張」ってことです

無理数乗も定義する？

教科書など、多くの本は「有理数の次は無理数でしょ」とばかりに、なんの疑問もなく無理数乗の定義の話になる[注3)]。確かに、「1以上の整数」から始まって、ゼロ、負、有理数ときたら、次は無理数を追加すれば 2^x の x は実数でよくなる。いけいけドンドンで話を進めたい気持ちもわかるが、いやちょっと待て、無理数乗って、必要か？　無理数乗は有理数乗までの話とは出自が違う。例えば $2^3 \div 2^5$ は、普通に計算すればできるのに原始的な指数法則だとできない。だから負数乗を定義して、いわば「原始的な指数法則」の不備を補った。有理数乗も同じだ。有理数乗を定義することで、原始的な指数法則を「普通の計算」のレベルにまで引き上げた。しかし無理数乗はそういうことからは出てこない。

いやもちろん夢見ることは自由なので、ポワワンと $2^{\sqrt{2}}$ とか 2^{π} とか考えることはできる。もっと言えば、ベクトル乗でも行列乗でも複素数乗でもポケモン乗でも、どんなものを考えたっていい。しかしそれを、どう定義して、どう役に立てるかが問題なのだ。ここではやらないが、実際にベクトル乗や行列乗を定義して使っている世界はある。もしかしたらポケモン乗もあるかもしれない。とにかく無理数乗は有理数乗とは違う出自なので、無理数乗の定義の前に、

なぜ無理数乗を定義したいのか

を考えておこう。

なぜ定義するのか、の答えはだいたい「ないと困るから」からである。「あると便利だから」程度で買っていると家にモノがあふれるのと同じで、「あると便利」くらいではよほどのことがないと新しい定義には至らない[注4)]。というわけで、まずは「無理数乗がなかったら、いつどのように困るのか」を考えてみよう。

注3)　本書の前身の『4次元の林檎』でも、「なんの疑問も提示せず」に無理数乗の話を始めている。めんどくささを回避するという点では、それでいいのだろう。今回は筆者はそのあたり頑張って加筆してみたわけだが、その結果、かえってわかりにくくなってるかもしれない。わかりやすさというのは難しい。

注4)　もちろん「ないと困るくらいのレベルで、あると便利」ということはあるだろう。洗濯機や冷蔵庫は、普通の家庭では、なくても死にはしないけれどもかなり生活に支障をきたす。そういうものは「ないと困る」にランクしていいと思う。

無理数乗が定義されていない状態とは「2^xのxに無理数を入れると『未定義』、つまり、そこには『点がない』ことになる」ということだ。

例えば、よくある円のグラフ$x^2+y^2=1$が仮に無理数で定義されていなかったらどうなるかを考えてみる。有理数だけでもたくさんあるので、グラフを描けばほぼ実線になるだろう。そして円$x^2+y^2=1$と直線$y=x$のグラフを描けば、どう見てもこの2つは交わっている。でもその交点（になるはずの場所）は$\left(\frac{\sqrt{2}}{2}, \frac{\sqrt{2}}{2}\right)$と$\left(-\frac{\sqrt{2}}{2}, -\frac{\sqrt{2}}{2}\right)$で、いずれも無理数なので、そこには「点がない」。交わるとは「共有点を持つ」の言い換えなので、点がないのだから共有点もなく、したがって「交わらない」ということになる。別の例。3次方程式$y=x^3-x$が無理数で定義されていないとすると、本来なら$x=\pm\frac{1}{\sqrt{3}}$で極値をとるはずだが、$\pm\frac{1}{\sqrt{3}}$は無理数なので「点がない」。したがって「極値もない」ということになる。明らかに交わっているはずなのに「交わっていない」。明らかに極大値や極小値がありそうなのに「極値なし」。これらはどちらも、グラフの見た目は実線っぽくても、どちらも実は点線だから起こるトラブルである。ただ、これは絶対的なトラブルではない。そういうものだと思って納得できる人もいるかもしれない。例えば「70人を25人乗りのバスで運ぶとき何台必要か」という問題に直面したとき、「70 ÷ 25は割り切れない」という返答も正しいと言えば正しいはず。ただね、「70 ÷ 25 = 2.8だから3台必要」と言って欲しくない？　いやこれは筆者はそう思うというだけで、全員から同意を得られる話じゃないんだ。「割り切れない」の方が良い答えだと思う人がいてもいい。ただね、少なくとも筆者は、「単純な計算のレベルではなるべくなんでもできて」欲しい。そのうえで「出てきた結果を判断するのが人間の仕事」だと思うんだ。数学も筆者と同じで

基礎的なところでは、なるべく例外がないように

したいと思ってると思う。だから指数は無理数乗を定義するんだろう。

ところで、よく考えると例えば新しく1次関数や2次関数を習ったと

きに「xに無理数を入れていいか」なんてことを議論した覚えはないよね。そのへんこれまではなあなあにしてきたのである。$y = 2x$ みたいなものを考えたとき、x に$\sqrt{2}$を入れたら y は $2\sqrt{2}$ ってのは、特にことわらなくても別にいいだろうと、誰でも思うし、筆者も思う。では 2^x でも同じように考えていいだろうか。これはもはや教育論である。無理数乗をちゃんとやろうとすると「無限」の話が頭をもたげてくるが、高校数学は基本的に「無限」を扱うには力不足で、頑張りすぎると泥沼化する。だからいさぎよく「やらない」というのも1つの方法だし「そうは言っても少しはやっとこうよ」というのも1つの方法。どちらが良いというものではない。いずれにしても「xに無理数を入れていいか」みたいなある意味、難癖は、指数関数で初めて出てきた話ではなく、本来は1次関数や2次関数などからして存在した問題だったのである。存在したけど気づかないというか、教えてないんだから気づくわけないというか、むしろ気づかせないように教えてきたんだよね。

なんでもかんでも教えりゃいいというものではないので、それはそれでいいんだ。指数の無理数乗についてこんなにグチャグチャと書いているのは本書くらいだろう。ではなぜ本書ではこんなにこだわっているのか、あるいは「こだわれるのか」というと、指数のための指数講義じゃないからである。本章のはじめにことわっているとおり、筆者としては読者の皆さんに「指数を題材にして、数や計算ルールを『作る』」という体験をしてもらいたいと思っているわけだが、ここでぜひ

作る側と使う側の意識の違い

を感じて欲しいところである。作るのと使うのは大違い。問題を出す側と解く側、弁当を作る人と食べる人、映画のスクリーンの向こう側かこっち側、おもちゃを作る人と遊ぶ人、サッカーのフィールド上か観客席か。なんにしても壁の向こう側かこちら側かで細部のこだわりがぜんぜん違うんだよ。作る側は使う側が想定もできないことに、ものすごい手間ひまをかけていたりするんだ。で、どんなことでも上達してくるとだんだん「作る側」に近づいてくる。というか、近づいていかないといけない。本職の審判ほどではないにしても、自分のプレーが反則かどうかもわからないようでは名選手になれっこない。自分の演技が審査員にど

う評価されるか、ある程度予想できないと賞なんかとれるはずがない。試験の出題者の考えをある程度見抜けないと、いつまでも解答は後手後手だ。しかし初心者のうちから審判の評価を考えながら練習するってのも、それはそれでどうかと思うよね。指数を初めて習うような人には「無理数乗」なんかより、もっと大事なことがあるだろう。でも我々は今はベクトルを作るために指数をやりなおしているのであって、指数の本当の初心者ではない。今は指数を「作る側の意識」で説明しているからこそ、計算ルールを「抜けがないように」組み立てる必要があって、そうなるとこのような無理数乗の問題が露呈してくる、というわけなのだ。

見えなくてもあるんだよ

というわけで、無理数乗だが、まず無理数乗の前に「無理数」とはなんぞや。無理数は我々はすでに慣れてしまっているけれども、有理数しか知らない頃の古代ギリシャ人の気持ちになって考えてみると、

- ・面積2の正方形ってのが「存在してもおかしくない」よな。
- ・そうするとその正方形には「辺がある」だろう。
- ・辺があるってことは「辺の長さもある」だろう。
- ・それなのにその長さがどうしても書き表せない！

有理数とは「分数で書ける数」のことであり、理論的にはどんな細かい数も表現できそうだろう。数直線にはギッシリと数が乗り、いくら拡大してもやはりギッシリと詰まっている。そのことを難しく言うと「稠密」という。どこまでも小さい数が表現できそうなのに書き表せない数があるとは、いったいどういうことなのだろうか。$\sqrt{2}$とは「2乗して2になる数」の意味だが、その近似値はいくらでも詳しく求めることができる[注5)]。そこでその近似値の小数点以下第n桁までの値を数列$\{a_n\}$とし、$b_n = a_n + (0.1)^n$として数列$\{b_n\}$を作ると、

- ・$a_1 = 1.4, b_1 = 1.5$
- ・$a_2 = 1.41, b_2 = 1.42$
- ・$a_3 = 1.414, b_3 = 1.415$

注5）開平法など。

・$a_4 = 1.4142, b_4 = 1.4143$
・$a_5 = 1.41421, b_5 = 1.41422$

となって、必ず

$$a_n < \sqrt{2} < b_n$$

となるはずだ。ここで例えば1.41421357という有理数を考える。このとき、これは$a_5 < 1.41421357 < b_5$をみたす。ここで有理数は稠密だから、いくらでもnを大きくして、いくらでもa_nとb_nの幅を狭くできるんだよね。nを大きくするとそのうちにこの1.41421357はa_nとb_nの網からもれてしまうだろう。nを大きくして追い詰めていって、追い詰めた先に有理数が待ってくれていることもあり得るのだが、今の場合、どんな有理数を候補に持ってきても、いずれはa_nとb_nの網からこぼれ落ちてしまうのだ。うーん、これってどういうこと。つまり目の前にあるのは

稠密なはずの有理数にもスキマがあって、そこに数があった。
しかしそこにあるのは有理数ではない

という事実である。稠密なのにスキマがあるとはよくわからない話だが、スキマがあることにしないと$\sqrt{2}$の居場所がない。これはとても不思議なことだよね。これは先ほど例にあげた「どう見ても円と直線が交わってるのに『交わってない』ことになる」という話と（あたりまえだが）根っこは同じである。

「a_nとb_nの幅が究極的に狭くなっても、スキマがあって数がある」ということはわかったとして、それではそのスキマに数が2個とか入ったりはしないのかしら？　実はこの議論の延長では「わからない」。なぜわからないのかというと、議論の出発点が悪いからだ。というか、この議論の出発点ってどこ？　おおもとは「有理数乗の話の続きとしての無理数乗」、すなわち、「有理数でできる指数なるものを、実数でもできるようにしよう」というものだったよね。でもまずこの設定がそもそも難しいんだよ。我々は、無理数を知らない古代ギリシャ人ではなく、実数を知っている現代人なのだから、有理数が実数の一部であることも本当は知っているだろう。基本的に、ある集合の一部から出発してもとの

集合についてを演繹的に説明しようとするのはスジが悪い方法なのである。ピンとこない人は、「前につきあった女はこうだったんだぜ、だから女ってヤツはよ…」という論理を振りかざす人のことを想像してもらいたい。仮にどれだけ経験の例をあげても「だから女ってヤツは」にはつながらないし、つながるはずがない。あたりまえだよね。一部の議論をどれだけ積み上げても全部の議論には及ばない[注6)]。逆ならいい。「女は優しい、だから俺の彼女も優しい」ならば（その主張の正誤はともかく）論理的な間違いはない。つまり、有理数から出発して無理数の性質について議論するのはもともと厳しい話だったんだ。でもだからといって、何もヒントがないところから実数の議論を始めるわけにはいかない。ある程度頑張ってみて「このままではここが説明できない」というところが明らかになれば、その弱点をカバーするような

実数の定義

を考案して、実数がこうだから有理数もこう、という論理に持ち込むのが攻略パターンである。誤解しやすいが、ここで定義をいじるのは実数のほうである。有理数をいくらいじっても結局は「一部から全部は演繹的に説明できない」という壁に阻まれてしまう。

話を戻すと、有理数にスキマがあってそのスキマに数があることはわかるが、それが何個なのかは現段階では「わからない」。有理数から実数に拡げようとするアプローチの限界である。そこで実数の定義として「実数は、このスキマに数が１つだけ、という性質を持つ」というものをつけ加える。わからないものを「もとから持っている性質」として定義につっこむ作戦だ。そうするといろいろうまくいく。「スキマに数が１つあり、それは有理数ではない」ならば「それこそが$\sqrt{2}$で、$\sqrt{2}$は有理数ではない」ことになる。ここまでが「$\sqrt{2}$の存在に関する哲学」だ。

見えないものを捕まえろ

そしていよいよ無理数乗だ。いちおう高校数学範囲の説明としては次

注6)　女性の人数は実質的に無限として扱ってるよ。

のようなものがある。

「指数の無理数乗は次のように考える。
・目的の無理数に収束する、有理数の数列を考える。
・有理数の数列を使って「有理数乗」を作り、その収束先を「無理数乗」とすることにする。」

これは具体的には、先の$\sqrt{2}$に近づく数列$\{a_n\}$を使って、2^{a_n}の行きつく先を$2^{\sqrt{2}}$と決める、ということである。$\sqrt{2}$の場合を理解できていればこの決め方もそうそう突飛なものとは思わないはずだ。

いろいろ議論を積み重ねてきたが、「無理数xに対応する2^xとしてふさわしい数が在る。それを2^xと定義する」というのが無理数乗である。これまでいろいろな定義を見てきたと思うが、この無理数乗は

定義の新しいパターン

だったのではないだろうか。今まで数の存在が問題になったケースは少なかったと思う。また、ここまで「$2^{\sqrt{2}}$の存在について」はさんざん議論してきたが、「$2^{\sqrt{2}}$はいくつなの」という話は出てきていない。「ある数が存在するかどうか」と「実際にそれがいくつかどうか」は全くの別問題で、「$2^{\sqrt{2}}$はいくつなの」という問いには、数学はいつまでも言及しないのだ。

無理数乗の定義は指数法則も満たす

「集合」には順序が設定されているものとされていないものがあり、順序が設定されているものを順序集合という。「タマネギ、キャベツ」などからなる「野菜の集合」には順序はなく、整数や有理数という集合にはもちろん順序がある。順序のある世界には「不等号」が意味をもつ。余談だが、集合の「順序」はさりげなく重要な概念で、逆に言えば、「ゼロを掛ける」とか「マイナス1を掛ける」は順序を破壊するような計算になるので、数学教育上のポイントになりやすい。それはともかく、2^xは「$a<b$ならば$2^a<2^b$」という性質を持っていて[注7)]、この性質はと

注7)　ここでは2^xを例に出しているが、$0<\alpha<1$なら当然「$a<b$ならば$\alpha^a>\alpha^b$」になり、以下の議論も同等となる。

ても嬉しい。例えばこの性質があるからこそ、「$2^a = 2^b$ ならば $a = b$」と言える。これが言えると、2のべき乗の数の一致を調べる場面で、肩の数字だけを比較すればよくなる。つまり、べき乗世界のような「難しいもの」が、肩だけを取り出した「簡単なもの」で処理できるわけだよね。有理数乗にはさりげなくこのような便利な性質があったりするのだ。だから無理数乗でも

ぜひこの性質を残したい

と思うものなのだ。有理数 a, b と無理数 x について「$a < x < b$ ならば $2^a < 2^x < 2^b$」となるように定義しているはずだから、順序については指数が有理数から実数になっても維持されることになる。

また、このように決めた無理数乗は、半自動的に指数法則もみたす。今のところ「指数法則は有理数のもの」と思ってね。無理数は両脇を有理数で挟んで考えるのが基本なので、無理数 x, y を有理数 a, b, c, d で挟んで $a < x < b, c < y < d, 2^a < 2^x < 2^b, 2^c < 2^y < 2^d$ であるとすると、

$$2^a \times 2^c < 2^x \times 2^y < 2^b \times 2^d$$

となり、最左辺と最右辺は有理数なので指数法則を使えて

$$2^{a+c} < 2^x \times 2^y < 2^{b+d}$$

とできる。

一方で、もともと $a < x < b, c < y < d$ なのだから $a + c < x + y < b + d$ で、そこから考えると

$$2^{a+c} < 2^{x+y} < 2^{b+d}$$

のはず。ここで有理数 a, b は x に、c, d は y にいくらでも近くできるので、2^{a+c} と 2^{b+d} も同じ値にいくらでも近づけることができる。「有理数の究極のスキマには数は1つ」となれば、間に挟まれた $2^x \times 2^y$ と 2^{x+y} は一致するといえる。つまり指数法則は無理数の場合でも成り立つ。

このように、先に作られた無理数乗の定義は指数法則もみたす。今は片方しか説明していないが、もう一方の法則もうまく満たすはずだ。順序も満たし、指数法則も満たすのって、すごくない？　これは無理数乗

の「妥当な定義」と言っていいんじゃない？　筆者は

よくできてる！

と思ったが皆さんはどうだろうか。

無限がらみは高校数学の苦手領域

無理数乗の定義について、筆者なりにいろいろ頑張って説明してきたものの、高校の教科書ではさらりと流されている箇所でもあり、こだわってもあんまり意味ないよなとも思っている。なぜならどんだけうまく説明してもツッコミどころは消えることはなく、

ツッコミどころをなくすためには大学流の説明をするしかない

からだ。どこで妥協するかの問題でしかない。目くそ鼻くそ、五十歩百歩である。それでもあえて本書で苦労して書いたのは、前述のとおり「作る側と使う側の違い」をわかって欲しいからである。したがって高校数学の「さらりと流す」は通常の授業の流れを考えたとき、1つの賢い選択に思える。無理数を説明するにはどうしても「無限」の話をしなくちゃいけないが、

高校数学では「無限」が出てくるとだいたいフニャフニャになる。

高校数学には無限の議論に耐えられる足腰がないんだ。ただこれは高校数学を悪く言っているわけではない。我々は誰でも成長にあわせて、服を大きくしたり、靴を買い替えたりしている。子ども用の自転車を使い続けることはできないし、初心者用のスキー板で急斜面を滑るのは難しい。ではどこで「乗り換える」べきか。これは人によって考え方はさまざまで、「最初から大人用のピアノで練習すべし」という人もいれば、「子どもには子ども用のバットがいい」という人もいる。これに関しては正解や王道はない。最初から大人用／上級者用のもので入門した場合は、最初がいちばんタイヘンになるだろう。最初に子ども用／初級者用のものを使ったときは、いずれくる「道具を取り替えるとき」がタイヘンになるだろう。算数／数学ではどうか。高校数学までが「実数は、有理数

と無理数をあわせたもの」という

初心者用の定義

を採用している。「初心者用」というより「日常使用には十分」と言った方がいいのかもしれないが、とにかく、算数／数学の教育方針は、「子どもには子ども用を使う」という作戦を採用しているのだね。まあ実用上当然にも思える。で、高校数学の中盤から「無限」について細かい議論をする必要が生じてきて、その「初心者用の道具」では厳しくなってくるということなのだ。読者の皆さんにうまく伝わるかなあ、この「今から滑る斜面は『本当は上級者用のスキー板を使うべき』なんだけど、『今はまだ上級者用のスキー板を使いこなせない』んだよなあ」という感じ。世の中に緩斜面と急斜面しかないならば道具に迷うことはないけれど、そんなはずはないんだよ。高校数学では無限は扱いづらいけど、扱わざるを得ない場面も出てくる。無限がらみが「本質的に難しい」というよりは、高校数学で無限を扱うのが難しい。道具を変えるべきときがきたんだよ。高校数学は最後まで「初心者用の道具」で乗り切って、大学初年級から「上級者用の道具」でやりなおす、というのが伝統的な数学教育の流れである[注8)]。繰り返すけど、これはこれで1つの教育方針。これはこれでいいんだよ。

無限がらみは「極限」や「微分積分」だけでなく、指数の実数乗とか、関数の連続性とか、細々としたところに顔を出しては消えていく。高校ではその都度、うまくかわして、悪く言えば「ごまかして」いく。したがって将来無限の扱い方を覚えたら、過去にごまかしたところをすべて拾いなおさなければならないはずだが、でも、実際はそんな面倒なことはしないし、その必要もない。「ああ、以前のやり方は、ごまかしていたんだな」とわかれば十分である。悪く言えば「ごまかし」だが、良く言えば「教育上の工夫」。教育上の工夫が見えるようになったら、それは「あなたが上級者になった」と思おう。人はゆっくりと成長するが、「大

注8)　ただし最近は大学で「いきなり」上級者用の道具が使われて撃沈する学生が多いためか、カリキュラムを工夫する大学も多くなった。皆さんはおわかりの通り、「いきなり」ではないのだよ。高校数学でだましだまし使っていた初心者用の道具を、やっと大学で上級者用の道具に取り替えたわけで、「むしろ遅い」くらいなのだが、ただまあ、こういう事情をわかっていないと「いきなり道具を取り替えた」と見えるだろうね。

人になる瞬間」というものがある。大人になったら、取り残されたものはすべて子どもの遊びに見えてしまうものだ。

というわけで、筆者のおすすめは、高校数学では無限がらみの議論は「行き過ぎた完璧主義」には落ちいらず、とりあえずの説明で「理解した雰囲気」あるいは「仮の理解」をしておくことだ。大学の数学を勉強した段階で、「なるほど、高校数学にはこんな工夫があったのか」としみじみ感じてくれればいい。

新しい指数の定義ができたけど

ここまで、新しい指数の定義を『提案』してきた。まあ実際はこれでほぼ決まりの「提案」なので、議員数が過半数を超えている党が提出した法案のようなものなのだが、しかし、建前上は、提案はあくまで提案であって、指数の新しい定義の可能性は無限にある。指数に限らず、今の科学は「否定されていない」だけで、正しいことは保証されていない。「正しい」と書かれているのは厳密には全てウソ。すべてはある公理や原理を仮定して、その上に論理を組み立てている。なので、公理や原理を前提にしての正しい／正しくないはありうるが、公理や原理に正しいことの保証がないのだから、絶対的な正しさなんてものはなく、ただ「正しい」と書かれていることが正しいはずがない。このことを大前提として、今まで紹介してきた指数の話は「今のところ否定されていない」定義である。何度も述べているように、定義とは「勝手に決めること」なのだから、世間が納得するならどう決めてもいい。ここまでで紹介してきたゼロ乗や負数乗、有理数乗や無理数乗は、「教科書に載っていて、世間的にも認められている一例」にすぎない。おそらくはこれ以外はないと思うが、しかし、

そういう先入観を破壊して発展してきたのが科学

ということを考えると、皆さんも既存の考えにとらわれ過ぎないようにしてもらいたい。日本では古来より「守破離（しゅはり）」ということが言われている。これは習い事に対する教訓的な言葉で、まずは師匠から習いその型を守り、続いて、既存の型を破って自分なりの方法を模索する。模索す

るうちに、なぜこのような技になるのかが「師匠から教わったから」ではなく「これこれこういう理由だから」と、自分の中で説明がつくようになってくる。そして「臨機応変に、自在に扱える」ようになったときに、師匠の教えを「離れた」ことになる。守破離の「破」と「離」は「自分勝手にやる」という意味ではない。「自在に扱う」という意味である。この守破離はなかなかおもしろい。勝手にやるのもだめだけど、「守」だけでもだめ。筆者はこのあたりのバランス感覚には妙味を感じるなあ。

皆さんも、守破離でやってくれ。

指数の扱いをとりあえずマスターすることは重要である。しかし、既存の指数の定義でさえ絶対的なものではないのだ。

さてここまでで「原始的な指数の定義」は、ゼロ乗・負数乗・有理数乗・無理数乗を加えて「次世代の指数の定義」になった。何度も述べているが、「次世代の指数の定義」で表されたものを「原始的な指数の定義」で解釈してはいけない。$2^{3.5}$ は「2を3回半かけるの？　3回掛けて、1回足しとく？」みたいな不思議ちゃんをしてはいけない。次世代の指数表記はちゃんと「次世代の指数の定義」にしたがって、「$2^{\frac{7}{2}}=(\sqrt{2})^7=8\sqrt{2}$」としなければいけない。

同様に、「原始的な指数法則」も「次世代の指数法則」になった。次世代の指数法則は、とくに新しいことがあるわけではなく、指数が負数や無理数になっても大丈夫だよ、ということである。もちろん「次世代の〜」は本書だけで通用する言い方なので、他の人にいきなり言わないようにしてもらいたい。

さて、指数も無理数乗まできたわけだが、本書ではやらないが、勉強していけば早晩「複素数乗」が出てくるだろう。そのうち「行列乗」も出てくるかもしれない。もっと勉強していけば、きっと筆者が知らないような

変態的な指数

も出てくるかもしれない。そうなったときにも、考え方のキモは同じである。わけのわからないものが出てきたら、だいたいは

定義が理解できていない

のである。そして「なぜそういう定義が必要になったか」や「そうやって定義すると、どういういいことが起こるのか」を解き明かすことである。たぶん（本書のようには）あからさまには書かれていないと思うので、皆さんが読み取る必要が出てくるだろう。いずれにしても、計算などは「定義通りやればいい」。その注意は同じである。「ハテ、2のi乗ってどういう定義だろ？」と悩むならわかるが、「2のi乗ってどういう意味だろ？　i回掛けるの？　フニャ」と既存の定義／日常の常識を働かしてはいけない。

指数と指数関数

ようやくここからは指数関数の話に入る。ここまでは指数の話、ここからは指数関数の話だ。例えば$y = 2^x$のように、指数の部分が動くカタチの関数を「指数関数」という。ここまでで、肩の部分に実数を入れても大丈夫なように頑張ってきたのは、指数関数を扱いたいからなのだ。たぶんね。中学から高校への数学の流れは、基本的にずっと、

連続関数の扱い方を、教えてきている

のである。したがって、指数関数を連続関数にして、これまでの知識が応用できるようにする。かつ、このあとに微分とか積分とかでさらに連続関数の扱いについて習熟させる、というのが伝統的な数学教育の流れであろう。

このあと高校生なら指数関数の扱いについていろいろと勉強させられるはずだが、本書ではやらない。というのも、筆者は、

指数関数は微分積分を学ぶとよくわかる

と思う。逆に、微分積分をやってない段階では、なかなかしっかり理解するのはたいへんだ。だから、高校生はともかく、学び直しの人は

微分積分と一緒に勉強した方が効率いいんじゃん

と思う。したがって本書では指数関数はこのへんでおしまい…、と思ったが、何か忘れてることがあるような…。

そうそう！　まだあるんだよ、言いたいことが。$y = a^x$ で、x は実数でいいことになったけど、じゃあ a は？

教科書では、「指数関数の話につなげる」というのが大きな目標なので、$y = a^x$ の a についての条件にはあまり言及していない。説明してある本あるのかな。少なくとも筆者がチェックした教科書ではどれもあっさり「$y = a^x$ を指数関数という。『ただし $a > 0$』」みたいな感じで処理されていた。「この条件がないと、グラフが変なことになる」ということはある程度の人ならわかるので、条件にとくに理由が書いてなくても、比較的納得しやすい話と言えるかもしれない。

でも筆者はひねくれてるから、「条件」はすべて気になっちゃうんだよね。

まあね、この $a > 0$ は、「グラフが変なことにならないための条件」というのは、あってる。もっと言えば、指数関数が高校生に扱える範囲に収まるための親心。子どもが危ないところに行かないように、さりげなく作られたバリケード。囚人が檻から出るためには、まずは、檻に入れられていることに気づかなくてはならない。檻に入れられたことがわかったら反発されるので

わからないように、檻に入れておく

のが優秀な為政者の施策である。

さて。a^x というものを考えるだけなら a はなんでもいい。しかし

指数関数 $y = a^x$ では、$a > 0$ という条件が増える。

なにこの条件。「非常識が未来への入口」と先に述べたが、だとすれば「条件は未来への鍵」。条件を外して未来に行こう。

指数関数 a^x でもし $a < 0$ だったらどうなるのか。まず、負数の指数というのはあってもいいだろう。例えば $(-2)^3 = -8$ である。問題ない。では「関数」として、$y = (-2)^x$ となったらどうなるのか。わからないときは試してみよう。$x = 1$ では $y = -2$、$x = 2$ では $y = 4$、うーむ、なんかアッチコッチになるよね…。なんか不連続な関数みたいな気がし

ない？「$y=(-2)^x$」っていう見た目はとても「連続」っぽい感じなのに。そして、$x=\frac{1}{2}$は…、

$$y=\sqrt{-2}$$

おおっと、ルートの中が負になるじゃないか！　読者の皆さんは複素数をすでに習っているかな。習っていない人は「ルートの中は正じゃないといけない」と教わっているはずだ。複素数は「ルートの中を負にしたらどうなる」というところから拓ける世界の話である。で、ルートの中が負になったものを複素数というのだが、なんと関数$y=(-2)^x$からは「複素数が出てくることがある」と判明。複素数が出てくることがある関数を「複素関数」と言う[注9)]。複素関数は大学の数学の範囲で、高校では複素関数はやらない（本書でもやらない）。

　というわけで、やっぱり$a<0$は未来への扉だったね。扉の先にあるのは「複素関数」であった、と。そういう強い敵にぶつからないですむように「$a>0$」という有難い条件をつけてくれた、と。そういうことであれば、なんとなく

「あっちは危険なんですね！　指数関数は$a>0$で、納得いたしました！」

と霞ヶ関に敬礼したい感じになるというものだ。複素関数のような強い敵と闘うには現時点ではちょっと武器不足。まあいずれ複素関数の森に狩りに出られる日も来るよ。だから今はまだ、「指数関数$y=a^x$では、基本的に$a>0$で考える」ということにしよう。

　しかしこういうことを考えるとあらためて

ゼロって特別な数なんだなあ

と思える。安全な世界と危険な世界の境界だもんね。そういえば子どもの頃は境界がイヤだったなあ。公園の柵や学校の塀、あっちには行っちゃいけませんとか、何時には寝なきゃいけません。勉強でさえも「授業より先のことはやっちゃいけない雰囲気」があったりして、まわりには

注9)　$y=(-2)^x$みたいな「連続っぽいカタチ」をしてるのに「不連続っぽい値」で顔を出してくる、という現象は、複素関数ならとても納得できる話。

物理的・精神的な壁だらけ。正直言って

もう二度と子どもには戻りたくないわ。

でも、いったんオトナになって壁が全部なくなると、逆に怖くて自分で壁を作るようになる。急に深くなったら怖いから、ブイのない海には怖くて入れない。知らない街では「ここからはアブナイよ」という境界線を誰か教えて欲しいくらいだ。結局、子どもは一線を超えたら何が起こるのか、

知らないから気になる

んだよね。一線を超えた世界があること自体を知らなければ気にもならないが、世界があることを知ってしまった若者の好奇心を抑えることはできない。数学の場合には命を落とすことはないし、好奇心を抑える必要はない。ルールを超えておかしな結果になったら、そこでの「不思議」を味わおう。きっとその「不思議」は、安全な世界で遊んでいたのでは決して見つけることのできない「未来への扉」なのだ。

指数関数の単調性

指数関数$y = a^x$について、我々は$a > 0$で考えることにしたわけだが、ゼロの他にもう1つ「境界」となるような数がある。1だ。1をさかいに指数関数は大きくカタチを変える。

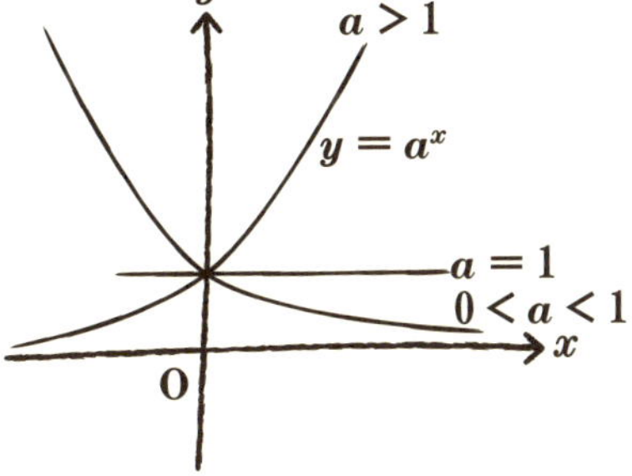

しい実数」に変わる日が来る[注11)]。本書ではやらないが、ぜひその日を楽しみにしていてもらいたい。とりあえず指数関数はここまでにしよう。

注11）　標準的には大学初年級だが、最近は大学の講義もいろいろバリエーションあるからなあ。

Section 2.3

対数の話

指数といえば対数

指数をやったから、今度は対数について考察しよう。指数と対数は、足し算と引き算の関係、あるいは、掛け算と割り算の関係に相当する。つまり、「逆演算」ということである。指数と対数は

切っても切れない関係

だということだ。「逆演算」という言葉は最後にやるとして、まずはとりあえず、「対数の定義」そして「対数の公式」をおさえておこう。

log という記号

ここで、log（ログ）という記号を紹介しよう。指数とは 2^3 みたいなものをいうが、対数とは $2^{\square} = 8$ が決まっているときの□のことである。だんだん定義がややこしくなってくるに従い、わからない人が増えるのは当然だが、ここで負けないでもらいたい。

[log の定義（オオカミ版）]

「$\log_2 10$」は「『2を何乗したら10になる？』の答え」

それではクイズ。次の□にあてはまるものは、な～んだ。

$$2^{\square} = 10$$

答えは $\log_2 10$ ね。だって、今そうやって書いたでしょ。2の肩に「$\log_2 \square$」を乗っけるパターンは今後何度も出てくるからね。

対数の覚え方みたいなものはいろいろ提唱されているようだが、筆者

のオススメは

$\log_7 9$ みたいな数を見たら、すぐに $7^{\log_7 9}=9$ という式を書け

というものだ。まあこれも慣れないとよくわからんよね。問題をいくつか解いてみて欲しい。

（例1）$3^{\log_3 5}$ はいくつ？　こたえ5。
（例2）$3^{\log_3 9}$ はいくつ？　こたえ9。
（例3）$11^{\log_{11} 5}$ はいくつだ？　こたえ5。
（例4）$7^{\log_7 49}$ はいくつだ？　こたえ49。
（例5）$3^{\square}=4$ の□は？　こたえ $\log_3 4$。
（例6）$3^{\square}=8$ の□は？　こたえ $\log_3 8$。
（例7）$7^{\square}=5$ の□は？　こたえ $\log_7 5$。
（例8）$7^{\square}=3$ の□は？　こたえ $\log_7 3$。

どうだろう。大丈夫だろうか。

対数を苦手としている高校生も多いようだが、対数の難しさとしては

・定義の難しさ
・定義域・値域の難しさ
・そもそも指数がよくわかっていない

あたりが結構な原因となっている。

まず定義の難しさについて。一般の人がまず調べるwikipediaでは[注12]、対数の定義は「任意の数 x を a を底とする指数関数により $x=a^p$ と表したときの冪指数 p の事である」とあった。ふぇーん、

目が滑って、よくわかりません（笑）

わかっている人にはこれでいいかもしれないが、初学者にはちょっとキツイ。本書では筆者が適当に言い換えてみたが、少しはわかりやすくなったかな。まあだんだん概念自体が難しくなってくるので、わかりやすくするのにも限界あるけどね。

次に、定義域・値域について。定義域と値域は、関数につかう用語で、

注12）　wikipediaは「まず」調べるのにはとても便利ね。

先生!!質問があります!!
何だね
log₁₀2→log2
とも書く
=0.3010
その10gって何ですか?
じゅうグラム
これはわりと冗談ではなく、
log(ろぐ)は10(じゅう)と見間違えて途中で
計算がおかしくなっちゃうことがあります。
私は筆記体(ひっきたい)でlogと書くようにしています♥
センセーこのイチマルキューってのは何ですか?
渋谷?
log↑
あー
lだけじゃなくgも筆記体で書けよ

$y=f(x)$のときxの範囲を定義域、yの範囲を値域と呼ぶ。つまり、入れるものの範囲が定義域、出てくるものの範囲が値域である。ところで、いわゆる普通の$y=f(x)$の場合はxもyも実数だったりするが、例えば三角関数$\sin\theta$では、「角度」を入れて「実数」が出てくるように、

入れるものと出てくるものの住んでる世界が違う

ことがあるわけだ。三角関数は「角度」と「実数」なので、「違う世界の住人が出てきたな」という感覚はわりとわかりやすいのだが、

実は対数も「違う世界の住人が出てくる」関数である。

対数は実数を入れて実数が出てくるので、普通の$y=f(x)$のように考えてしまいがちだが、「$7^{\log_7 9}=9$」という対数の基本形を見ればわかるとおり、対数とは「普通の世界の実数」を入れて「肩の世界の実数」を返す関数なのである。「log」と普通の大きさで書くと普通の数のように見えてしまうが、logは本来何かの数字の肩に乗っているものなのだ。このへんの感覚が甘いと、あとの「logの公式」のあたりで、とても特別なことをやっているような気がしてしまうはずだ。

最後に、ちょっと根本的な話になってしまうけれども、「そもそも指数がよくわかっていない」というのはよくある話。筆者は「指数がわかっていないから対数をやっちゃいけない」とは思わない。むしろ「指数を深く理解するために、対数を使え」と思うので、どんどん新しい勉強にチャレンジしていくべきだと思うが、対数を教えるときに指数の理解を前提にしすぎるとかなりの確率で高校生を振り落とすことになるだろう。

それでは本項の最後は本書にはめずらしく練習問題である。ちょっとやってみて欲しい。

（例9）$3^{\square}=25$の□は？
（例10）$3^{\square}=27$の□は？
（例11）$3^{\log_3 5}$はいくつ？
（例12）$4^{\log_4 16}$はいくつ？

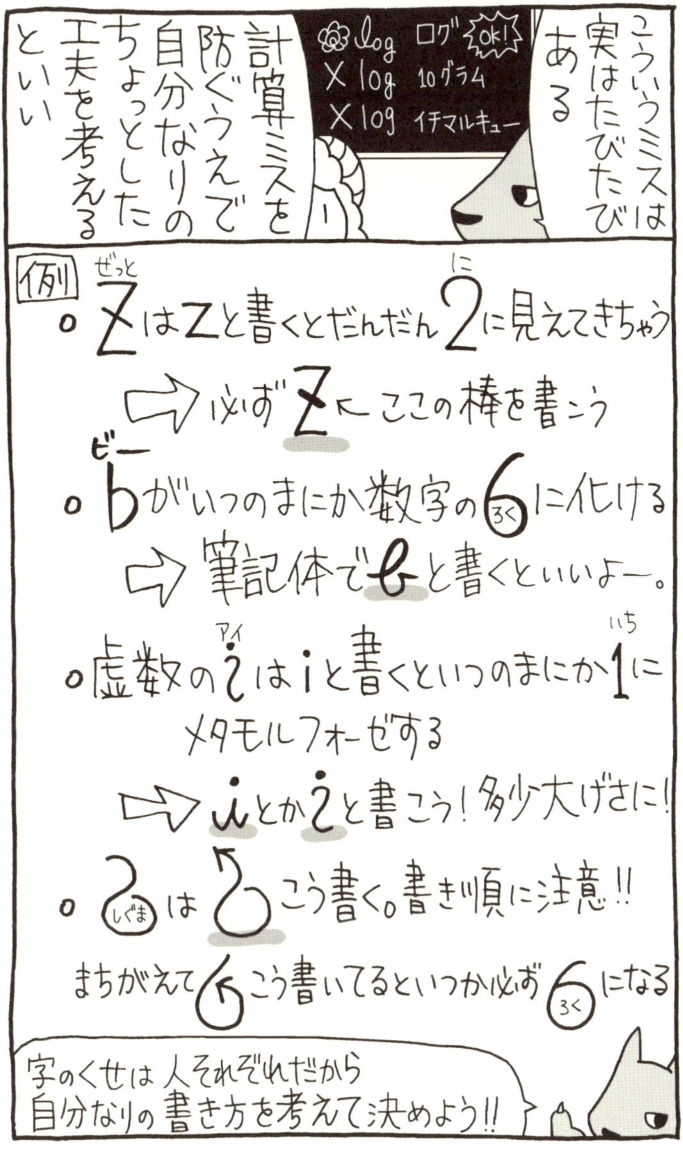

こういうミスは実はたびたびある
log ログ OK!
× log 10グラム
× log イチマルキュー
計算ミスを防ぐうえで自分なりのちょっとした工夫を考えるといい
例
ぜっと
z は Z と書くとだんだん 2 に見えてきちゃう
に
⇨ 必ず z ← ここの棒を書こう
ビー
b がいつのまにか数字の 6 に化ける
ろく
⇨ 筆記体で b と書くといいよー。
アイ
虚数の i は i と書くといつのまにか 1 に
いち
メタモルフォーゼする
⇨ i とか i と書こう！ 多少大げさに！
σ は σ こう書く。書き順に注意!!
しぐま
まちがえて σ こう書いてるといつか必ず 6 になる
ろく
字のくせは人それぞれだから
自分なりの書き方を考えて決めよう!!

（解答編・例 9）

3 の肩に何かを乗せたら 25 になったよ、という問題。こういうものは、なにも考えずに肩に $\log_3$ を乗せちゃえばいいんだ。3 の肩に $\log_3$ を乗せたら、あとは好きな数を書けばいい。3 を何乗かして 25 にしたいのなら、答えは $\log_3 25$ だ。log の公式（後述）を知っていれば、$\log_3 25 = \log_3 5^2 = 2\log_3 5$ まで変形できるが、とりあえず $\log_3 25$ がパッと出てくれば上々。log の公式については、あとで詳しくやろう。

（解答編・例 10）

これは実は log を知らなくても、というか、知らないほうが簡単に解けるかも。3 を何乗したら 27 になる？の答えは 3 だよね。でもここでは肩に $\log_3$ を乗せてみよう。前問と同じやり方を使えば $\log_3 27$ になる。これを log の公式（後述）で変形していくと、$\log_3 27 = \log_3 3^3 = 3\log_3 3 = 3$ となって同じ結果になるだろう。手間はかかるが「定型的なやり方でできる」というのは大事なこと。このやり方が悪いわけではない。

（解答編・例 11）

$3^{\log_3 5}$ は「肩の上の $\log_3$」のパターンで、答えは 5。

（解答編・例 12）

$4^{\log_4 16}$ も同じパターンで答えは 16 になる。log の公式（後述）を先に使うと $\log_4 16 = \log_4 4^2 = 2\log_4 4 = 2$ となり、結局、$4^2 = 16$ という意味になる。

高校教科書の log の定義

手近な高校の教科書から log の定義を見てみると、次のような感じであった。

［log の定義（高校の教科書版）］

実数 a, b, c が $a^b = c$ であるとき、$b = \log_a c$ とする。
ただし、$a > 0,\ a \neq 1,\ c > 0$ とする。

まあ、前半はいいだろう。筆者の説明の方がわかりやすいと思うが、

教科書で本書のような説明を書くわけにもいくまい。

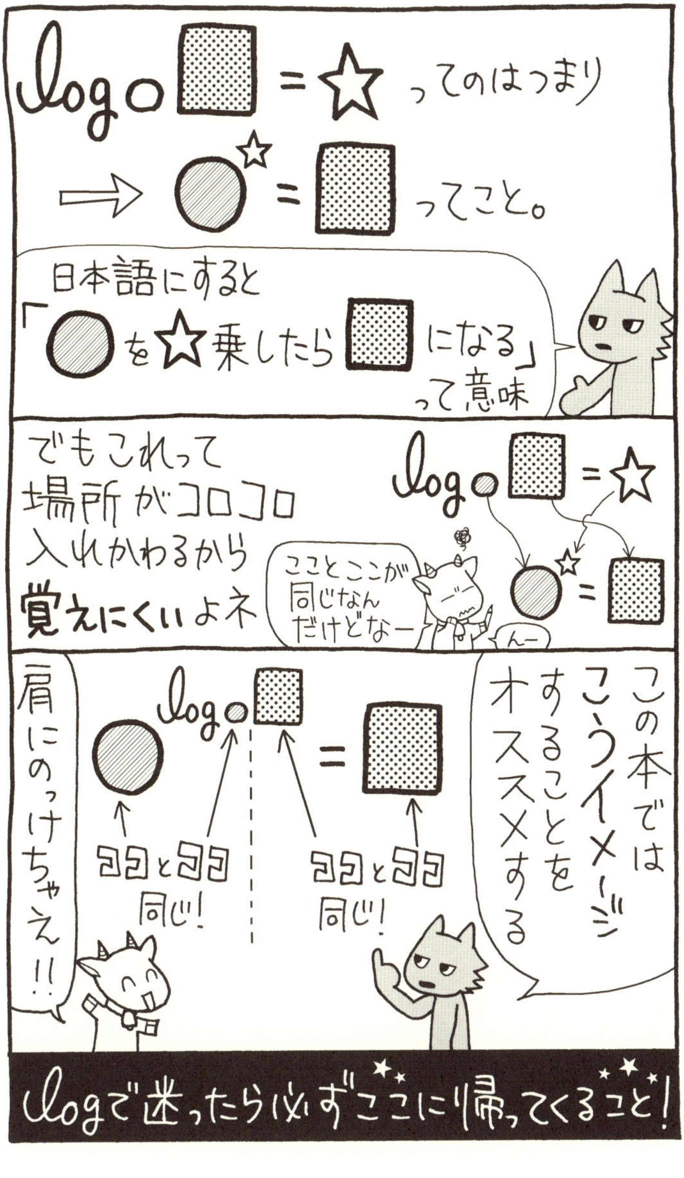

log○■＝☆ってのはつまり
→ ○☆＝■ってこと。
日本語にすると
「○を☆乗したら■になる」
って意味
でもこれって
場所がコロコロ
入れかわるから
覚えにくいよネ
log○■＝☆
○☆＝■
ここと ここが
同じなんだけどなー
んー
肩にのっけちゃえ!!
log○■
ココとココ
同じ!
ココとココ
同じ!
この本では
こうイメージ
することを
オススメする
logで迷ったら必ずここに帰ってくること!

それより問題は後半の「$a>0,\ a\neq 1,\ c>0$」である。これは何か。

さーて、よくわからない条件が湧いてきましたよ。条件が増えると人が減っていきます。ああ、皆さん脱落しないでね…。いやいや、条件ってのはむしろ「未来への扉」なんだよ…。

ええと、この条件について、教科書には「そういうもんだ」という感じであまり説明はない。しかし、本書の読者の皆さんは「指数関数」の説明のところで「高校数学までの指数関数では、それが複素関数になってしまわないための条件がつく」ということを経験しているはず。そこから予想がつくとおり、このlogの条件も、

logが「実数関数」、すなわち、
高校生に扱える関数になるためにつけられた条件

なのである。何度も出てきているが、ここも「教育的配慮」であり「親心」だ。しかし我々は

非常識なことを考えると理解が深まる

という方法論を使って、この親心に反抗してみる。まずいちばんわかりやすそうな「$a\neq 1$」という条件を見よう。これに対しての「非常識」はもちろん$a=1$だ。$a=1$だったらどうなる？

logのほうの式でもいいけど、もともとの「$a^b=c$」を見た方がよいかもしれない。この式に$a=1$を入れると、「1をb乗するとcになる？」となる。cからbを求めようとするとき、1は何乗しても1だから、$c\neq 1$ならbは存在しない。$c=1$ならbは不定である。実は「存在しない」ってのは悪くない。問題は「不定」のほうだ。不定とは「1つに決まらない＝いろいろありうる」ということだが、数学では関数といえば「必ず1つの出力を返す」もの[注13)]でなければならず、「不定」があるとlogを「関数」として扱えなくなってしまう。つまり、$a\neq 1$はlogを「関数」として扱えるようにするための条件だったのだ。

次の「非常識」は、条件$a>0$に対して$a\leqq 0$だ。実は$a=0$と$a<0$では意味合いが違うので、一つひとつ片付けていく。

注13) 複数の結果を返すものは「多価関数」という。数学では通常、「関数」に「多価関数」は含まない。

まず $a=0$ について、もともとの「$a^b=c$」を見ると、「0^b」なんていう変な数が出てきた。b が正なら「ゼロを b 回掛けたらゼロ」の考え方で $0^b=0$ になる。b が負の場合はゼロが分母にきてしまうので、0^b は「定義されない」。$0^b=c$ で、c から b を求めようとするとき、$c\neq 0$ では解はなく、$c=0$ なら b は「不定」になる。「不定」は関数にはダメだったよね。

次は $a<0$ を考える。このとき、指数関数 $y=a^x$ で $a<0$ だと複素関数になってしまったのと同じ理由で、log が複素関数になってしまい、ダメである。複素関数と闘うには今はまだ武器不足だ。

最後は条件 $c>0$ だが、話が長くなってきたのでいったん休憩しよう。

真数条件

項をあらたにしてみたが、話は前項からの続きである。

[log の定義（高校の教科書版）]
実数 a, b, c が $a^b=c$ であるとき、$b=\log_a c$ とする。
ただし、$a>0,\ a\neq 1,\ c>0$ とする。

a の条件は（簡単に言えば）「log が複素関数にならないための条件」であった。では最後の $c>0$ はどこから来たのだろうか。この c（つまり、log の中身のこと）を「真数」というので、この $c>0$ という条件のことを「真数条件」という。真数条件を「満たさない」場合にどうなるのかというと、やはり log は複素関数となってしまう。ということで、log が実数範囲の関数になるために、この真数条件が出てくるのだ。

指数は「指数」と「指数関数」があって、指数なら $(-2)^3=-8$ も高校範囲だった。例えば、「$(-2)^{\square}=-8$ のとき、□はなーんだ？」というクイズは成立しうる。しかしこれを「$\log_{-2}(-8)$ はいくつだ？」とは普通は書かない。log はそれだけで「対数関数」を表して、対数関数は普通は実数関数のものをさすからだ[注14]。

注14）　わざと「普通」を連呼しているが、立場が変われば普通も変わる。そのあたり察して欲しい。まあ、大学の複素関数論の授業で「$\log_{-2}(-8)$ はいくつだ？」などというクイズは出てこないので、そういうつまらないクイズには、本書以外では一生遭遇することはないだろう。

logの何が嬉しいの？

それでは今度は「logなんてものを考えて何が嬉しいのか」ということを考えよう。そんなことをごちゃごちゃ考えずにとにかく問題の1つも解けよ、という考え方もないわけではないが、筆者は「どこが面白いか」がわからないと

モチベーションが続かない

ので、本書では筆者にあわせて「logなんてものを考えて何が嬉しいのか」を考察していく。

logは「ある準備」によって、指数を「直観的にわかる数」にしてくれる。何がやりたいのかというと、2の100乗、みたいな数を、

だいたい、どのくらいなんだろう

と知りたいのだ。そもそも、指数ってすぐにわけのわからない数になる。例えば、2^{100}なんて、いくつになるかサッパリわからん。3^{100}や4^{100}ならなおさらだ。1なら…、そう、1ならすぐわかる。$1^{100}=1$だ。他には？ゼロもすぐわかる。しかし、1やゼロではまったくおもしろくない。他には？

10は、どぉ？

10^{20}は21桁の数[注15)]、10^{100}は、101桁の数。「10」ってやっぱり我々にとって特別な数で、10のべき乗になれば

わけがわからないけれど、わかる気もする

不思議な数だ。

だったら、例えば「2の32乗」がどのくらいか知りたかったら、「2の32乗」が「10の何乗に相当するか」がわかれば、だいたいの目安になるだろう。それでは「2の32乗」を10の何乗かに変換するための「ある準備」とは何か。それは、

注15）　10^2が100だから3桁。10^3が1000だから4桁。つまり、10^nは$n+1$桁になる。

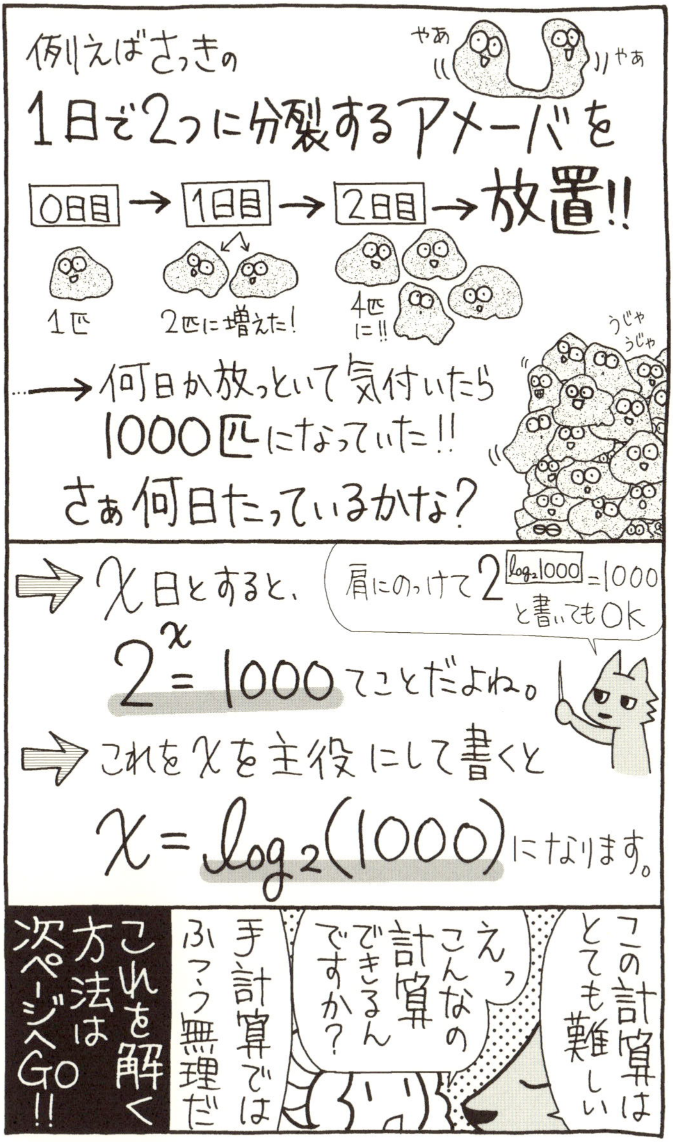

例えばさっきの
やあ
やあ
1日で2つに分裂するアメーバを
0日目 → 1日目 → 2日目 → 放置!!
1匹
2匹に増えた!
4匹に!!
うじゃうじゃ
……→ 何日か放っといて気付いたら
1000匹になっていた!!
さぁ何日たっているかな?
⇨ x日とすると、
$2^x = 1000$ てことだよね。
肩にのっけて $2^{\boxed{\log_2 1000}} = 1000$ と書いてもOK
⇨ これをxを主役にして書くと
$x = \log_2(1000)$ になります。
この計算はとても難しい
えっこんなの計算できるんですか?
手計算ではふつう無理だ
これを解く方法は次ページへGO!!

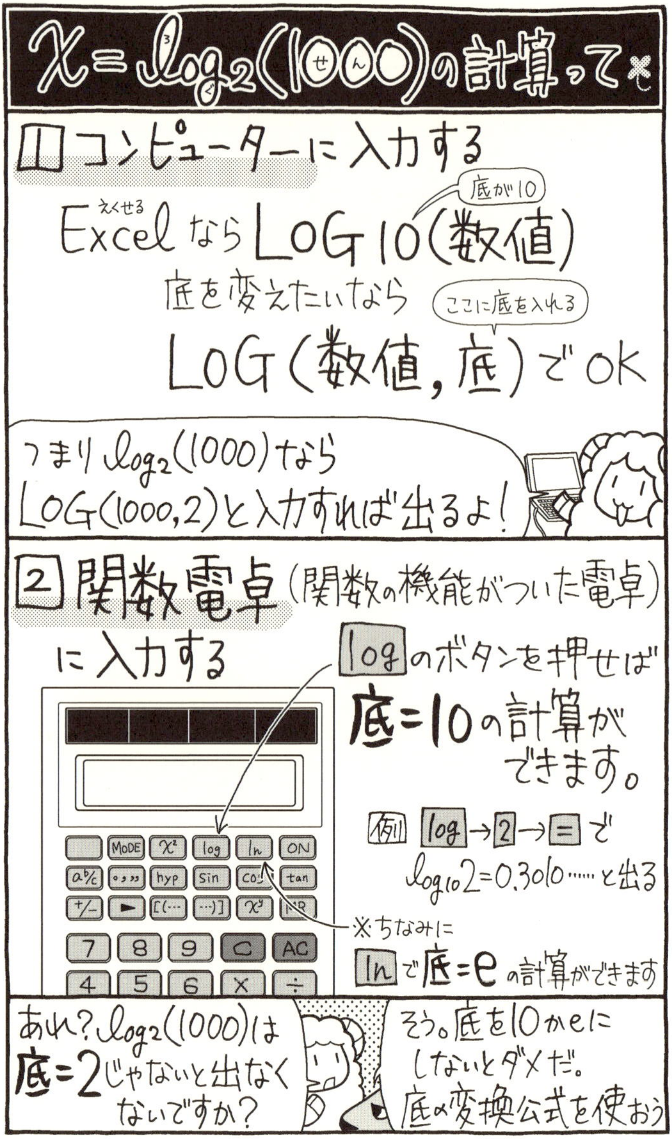
x=log2(1000)の計算って
ろ
ぐ
せ
ん
1 コンピューターに入力する
えくせる
Excel なら LOG10(数値)
底が10
底を変えたいなら
ここに底を入れる
LOG(数値，底)でOK
つまり log2(1000) なら
LOG(1000,2)と入力すれば出るよ！
2 関数電卓(関数の機能がついた電卓)
に入力する
log のボタンを押せば
底=10の計算ができます。
例 log → 2 → = で
log10 2=0.3010……と出る
※ちなみに
ln で底=e の計算ができます
MODE
log
ln
ON
hyp
sin
tan
AC
あれ？log2(1000)は
底=2じゃないと出なくないですか？
そう。底を10かeにしないとダメだ。
底の変換公式を使おう

あらかじめ $\log_{10}2 = 0.3010$ を求めておく

ことである。いろいろな $\log_{10}x$ の値を求めて結果を一覧表にしたものを「常用対数の表」というが、この表があれば、「10の何乗」だけでなく、「3の何乗」でも「4の何乗」でも、好きなように変換できる（あとでやろう）。すばらしい表である。この表を最初に作った人は

かなり大変な計算が必要

だったのだが、我々は昔の人の苦労の上に立っている。先人に感謝しつつ、結果を使わせていただこう。ラクちんだ。対数の表は指数法則と組み合わせて使うように作られている。では具体的に見ていこう。

例題

常用対数の表によると $\log_{10}2 = 0.3010$ である。では、2^{32} はだいたい何桁の数か？

ありがちな問題だ。$\log_{10}2$ をみたら、

$$10^{\log_{10}2} = 2$$

という式を作ればいいのだったよね。だとすると、2^{32} は

$$2^{32} = (10^{\log_{10}2})^{32} = 10^{(\log_{10}2)\times 32}$$

となる。$\log_{10}2 = 0.3010$ だったのだから、結局、2^{32} はだいたい $10^{9.6}$ となる。ではこれは何桁か。こういうものは簡単な例を自分で作って、そこから類推するのが簡単だ。$10^2 = 100$（3桁）であるということは、10^9 は10桁だ。$10^{9.9}$ はまだ10桁で、10^{10} になった瞬間に11桁になる。ということは、$10^{9.6}$ はまだ10桁。つまり、2^{32} は10桁の数なんだね。

では入試問題をちょっとやってみよう。北大の問題だ。

問題

近似値 $\log_{10}2 = 0.3010$, $\log_{10}3 = 0.4771$ を利用して、次の問いに答えよ。
(1) 18^{35} の桁数を求めよ。
(2) 18^{35} の最高位の数字が 8 であることを示せ。
（北大・文系 1997）

(1) の桁数の問題は、例題と同じやり方で解ける。よーするに、10 の何乗のカタチに直せばいい。$18 = 2 \times 3 \times 3$ だから、$18 = 10^{\log_{10}2} \times 10^{\log_{10}3} \times 10^{\log_{10}3}$ とすればいいはずだ。

■解答 (1)
$18 = 10^{\log_{10}2 + \log_{10}3 + \log_{10}3}$ より、$18 = 10^{1.2552}$ となる。ゆえに、18^{35} は

$$18^{35} = 10^{1.2552 \times 35} = 10^{43.932}$$

と表せる。10^x は単調増加なので

$$18^{35} \leqq 10^{43.932} < 10^{44}$$

となる。よって 18^{35} は 44 桁の数である。■

3 先人達ががんばって作ってくれた表から探す(対数表)

→ 小数点2コめはこっちを見る　1.09ならここ

↓ xに入れる数(小数点1コめまで)

x	0	1	2	3	4	5	6	7	8	9
1.0	.0000	.0043	.0086	.0128	.0170	.0212	.0253	.0294	.0334	.0374
1.1	[illegible]	.0453	[illegible]	[illegible]	.0569	.0607	.0645	.0682	.0719	.0755
1.2	[illegible]	.0828	[illegible]	[illegible]	.0934	.0969	.1004	.1038	.1072	.1106
1.3	[illegible]	[illegible]	.1206	[illegible]	.1271	.1303	.1335	.1367	.1399	.1430
1.4	[illegible]	[illegible]	.1523	.1553	.1584	.1614	.1644	.1673	.1703	.1732
1.5	[illegible]	[illegible]	.1818	.1847	.1875	.1903	.1931	.1959	.1987	.2014
1.6	[illegible]	[illegible]	.2095	.2122	.2148	.2175	.2201	.2227	.2253	.2279
1.7	.2304	.2330	.2355	.2380	.2405	.2430	.2455	.2480	.2504	.2529
1.8	.2553	.2577	.2601	.2625	.2648	.2672	.2695	.2718	.2742	.2765
1.9	.2788	[illegible]	[illegible]	.2856	.2878	.2900	.2923	.2945	.2967	.2989
2.0	.3010	.3032	.3054	.3075	.3096	.3118	.3139	.3160	.3181	.3201
2.1	.3222	.3243	.3263	.3284	.3304	.3324	.3345	.3365	.3385	.3404
⋮	⋮	⋮	⋮	⋮	⋮	⋮	⋮	⋮	⋮	⋮
2.9	.4624	[illegible]	[illegible]	.4669	.4683	.4698	.4713	.4728	.4742	.4757
3.0	.4771	.4786	.4800	.4814	.4829	.4843	.4857	.4871	.4886	.4900
3.1	.4914	.4928	.4942	.4955	.4969	.4983	.4997	.5011	.5024	.5038
⋮	⋮	⋮	⋮	⋮	⋮	⋮	⋮	⋮	⋮	⋮

1つまり1.00ならここ

1.01ならここ

2ならここ

3ならここ

底が10のときのやつは特別に
常用対数表
という

$\log_{10} x$のxに入れる数を小数点第2位まで指定できるよ!

ちなみに数学好きなら有名どころの$\log_{10} 2 = 0.3010\cdots$と$\log_{10} 3 = 0.4771\cdots$は覚えちゃってたりする

2と3はどっちにしろ

底の変換公式を使わないとダメです。

$$\log_2(1000) = \log_2 10^3 = 3\log_2 10$$

$$= 3 \times \frac{\log_{10} 10}{\log_{10} 2} = 3 \times \frac{1}{\log_{10} 2}$$

底の変換!

$$= \frac{3}{0.3010\cdots} = 9.96578\cdots$$

つまりほぼ10日とわかる!!

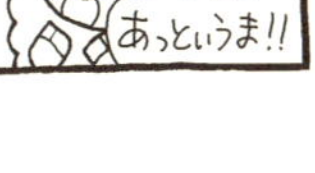

早いですねー
あっというま!!

まあこれ、細かいこと言うと$10^{43.932}$の肩にのってる「43.932」は、「近似値を使ったのにぎりぎりなんじゃね？　ほんとに大丈夫なの？」くらいのツッコミはあり得るかもしれない。

これを回避するためには、最初のところで$\log_{10}2 < 0.3011$, $\log_{10}3 < 0.4772$として、「$18 = 10^{\log_{10}2 + \log_{10}3 + \log_{10}3}$だから$18 < 10^{1.2555}$」と不等号で押さえてしまえば、$1.2555 \times 35 = 43.9425$より

$$18^{35} < 10^{1.2555 \times 35} = 10^{43.9425} < 10^{44}$$

と、誰からも文句が来ないような形にできる。誤差を含むものは等号とは相性が悪いので、不等号で片付けるのがセオリーである。ただしこの問題ではこんなことをせずとも減点されたりはしないだろう。与えられた近似値は小数点以下4位まであるので、誤差は$10^{0.0001}$程度と見抜けば、「43.932」がたとえ多少の誤差を含んでいたとしても44を超えるはずがないことは「アタリマエ」とも考えられる。どこまでをアタリマエとするかのラインは、

出題者と回答者のコンセンサス

によって決まる話なので、慣れないとどこまで書けばいいか／書かなくちゃいけないかはわかりにくい。

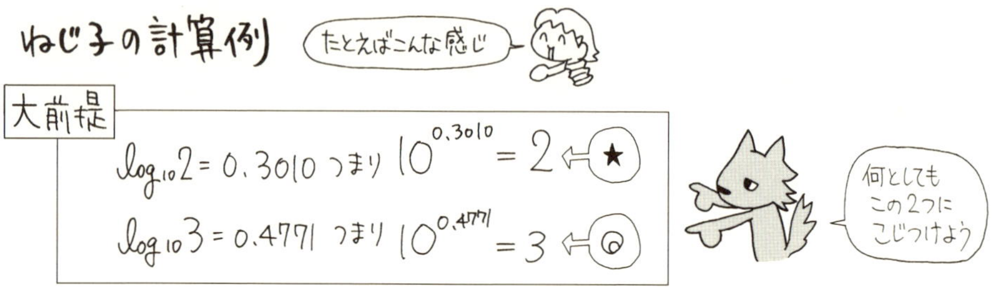
ねじ子の計算例
たとえばこんな感じ
大前提
log₁₀2 = 0.3010 つまり 10^0.3010 = 2 ⇐ ★
log₁₀3 = 0.4771 つまり 10^0.4771 = 3 ⇐ ◎
何としても
この2つに
こじつけよう

2と3に
こじつけるために
18をこうバラす

$$18^{35} = (2 \times 3 \times 3)^{35}$$

$$= 2^{35} \times 3^{70}$$

ここで★と◎を代入してみる

★ ◎

$$= (10^{0.3010})^{35} \times (10^{0.4771})^{70}$$

$$= 10^{0.3010 \times 35} \times 10^{0.4771 \times 70}$$

$$= 10^{10.535} \times 10^{33.397}$$

$$= 10^{(10.535 + 33.397)}$$

$$= 10^{43.932}$$

ここの数字に注目!!

```
  0.3010        0.4771
×)    35      ×)    70
  15050        33.3970
  9030
  105350

  33.397
+)10.535
  43.932
```

こういう筆算は紙のすこし離れたところでやろう
あとで計算ミスのチェックをするから決して消さない!
消すなら試験時間の最後にする!!
ん?そなの?

参考:そもそも桁数ってどーやってだすの?

10^1 は10 ⇒ 2桁の数。
10^2 は 100 ⇒ 3桁の数。つまり
$10^{●}$ ここの数字+1 ⇒ 桁数なのだ。

$10^{43.932}$ は こうだから

$$10^{43} < 10^{43.932} < 10^{44}$$

これは44桁　　これは45桁

44桁と45桁のあいだ!!

よって $10^{43.932}$ は 44桁の数 です

おしまい。

わかりにくいのだが、

（大学受験するなら）わかるようにならないと。

大学受験ならば少なくとも受験前には、「この程度まで書けばいい」というラインが自分の中でできていないといけない。これはどんなスポーツでも、コンテストでもそうだ。どの程度で勝負に挑むのか。今のレベルで大会に出ていいのか。大会に出て勝てるのか。今から出場する大会で、優勝をめざすのか、一勝をめざすのか、今回は参加賞でいいのか。安易に先生が言った「この問題なら、この程度でいいでしょう」みたいなことを、カタチだけ真似をすると失敗する。

できる人は難しいことを簡単そうにやるから気をつけよう。

職人の手さばきを見ていると、手打ちうどんなんて簡単にできそうだし、ろくろでツボを作るのなんて遊んでるみたいだし、ヨットなんて誰にでも乗れそうだ。しかしそういうのこそ危ないんだよ。まあヨットと違って数学は失敗しても死なないだけマシだが、それでもうっかり「ここは『自明』でいいだろう」みたいなことをして大きな減点を食らうと痛い。「どこまで書くか」の感覚は慣れによってしか磨かれないと言いたいところだが、「慣れ」などというボワボワした記載を本書の読者は許してくれないだろう。「慣れ」とは

設問文からコンセンサスのヒントを拾う

ことである。この問題の場合、「問題文自体に『近似値』とあるのに、誤差の範囲を明記していない」し、また、(1)の問題に(2)の情報を使うのは危ないが「最高位の数字が8」ということから「誤差はあるけど大小関係を覆すほどではない」ということがわかるので、「まあ、誤差の問題はあまり考えなくていいんだな」と推論される。こういう推論が、実際に推論せずなんとなくわかることを「慣れる」というのだが、まだ自信がないのなら、

「迷ったら、書く」

としておけば間違いはない。とくに学生さんはそのように覚えておこう。

「定理」や「定義」を使うとそれについてはごちゃごちゃ説明を書かなくていい
当然みんな「知ってるもの」として扱ってOK
説明をスキップして「武器」として使える
短刀
日本刀わーいい
よーしし使えるー
でも
どこまでの定理を自明のものとして使っていいかはその場のルールで決まる
えっ なにそれ
例えば
ピタゴラスの定理を証明せよ
って問題に
ピタゴラスの定理そのものを使っちゃダメそうだろ？
テスト問題↓
たしかに
こんなルール
・中学2年生は中学1年までに習った公式を使っていい
・(1)で証明した公式は次の問題(2)で使っていい
・高校入試なら中学で習う公式だけで解ける問題じゃないとダメ。
そうじゃないとMKSにこっぴどくおこられる
入試問題むずかしすぎじゃあボケー
ガミガミ

書こうかどうか迷う程度のものをクドクドと書いて時間をロスするのは賢明ではないので、できればさらりと書けるといいなあ。この答案でどうすれば上記の誤差の問題にさらりと言及したことになるだろうか。一案は最後の「よって 18^{35} は 44 桁の数である」の前に、「近似値には誤差が含まれるが、誤差を考慮しても大小関係は変わらないため」を入れればいいだろう。

突っ込まれる前に先に自分で回収する作戦

である。その作戦が有効なのは、うっかりわかりにくい冗談を言ってしまったときばかりではないんだね。

問題（再掲）

近似値 $\log_{10}2 = 0.3010$, $\log_{10}3 = 0.4771$ を利用して、次の問いに答えよ。

(1) 18^{35} の桁数を求めよ。

(2) 18^{35} の最高位の数字が 8 であることを示せ。

（北大・文系 1997）

次。今度は (2)。「18^{35} の最高位の数字が 8 である」か。(1) で 18^{35} は 44 桁の数ということがわかっているから、「最高位が 8 である」という条件は次のような不等式で表せる。

$$8 \times 10^{43} \leqq 10^{43.932} < 9 \times 10^{43}$$

これを示せればよい。

ではどうすればいいのか。真ん中の「$10^{43.932}$」はもうイジりようがないので、両側を「10 の何乗」のカタチにできればいいなあ。やってみよう。

■解答 (2)

(1) より 18^{35} は 44 桁の数であるので、最高位の数字が 8 であるとは、次の不等式が成立することである。

$$8 \times 10^{43} \leqq 10^{43.932} < 9 \times 10^{43}$$

ここで、8×10^{43} について、

$$8 \times 10^{43} = 2^3 \times 10^{43} = (10^{\log_{10} 2})^3 \times 10^{43} = 10^{3\log_{10} 2 + 43} = 10^{43.602}$$

同様に、9×10^{43} について、

$$9 \times 10^{43} = (10^{\log_{10} 3})^2 \times 10^{43} = 10^{43.9542}$$

となる。

$$10^{43.602} \leqq 10^{43.932} < 10^{43.9542}$$

が成立するので、

$$8 \times 10^{43} \leqq 10^{43.932} < 9 \times 10^{43}$$

となる。ゆえに、最高位の数値は 8 である。■

ここまで $\log_{10}2$ や $\log_{10}3$ を使って問題を解いてきたが、このような $\log_{10}x$ を総称して「常用対数」という。$\log_3 x$ や $\log_7 x$ には名前はない。$\log_{10}x$ には常用対数という名前がある。使わないものにわざわざ名前を付ける必要はないので、

名前が付いているということは、よく使われる

と推理しよう。実際、少なくとも筆者は「18^{35} がどのくらいの数か、パッと見では全く見当つかない」わけだが、常用対数を使えば「だいたい 8×10^{44}」くらいまで絞られる。歴史的には対数を育てたのは

昔の天文学者さん

である。天文学は「教科」になってないので学生さんにはあまりメジャーじゃない印象あるが、

昔も今も、最先端の物理

と言っていいんだよね。対数は今まで見てきたように、10 の何十乗と

いう数を普通に扱える。天文学者さん達は文字通り天文学的な数を扱わなくてはならない。今でこそコンピュータがあるが、そんな計算を対数を使わずに手計算でやっていたかと思うと、

想像するだけでクラクラ

してしまう。「対数は天文学者の寿命をのばした」と言われるくらい、対数の理論は天文学を発展させた。対数の計算がラクだといっても、

$\log_{10}2 = 0.3010$ などがわかっているからこそラク

なのであって、これがないとちっともラクじゃない。じゃあこれは誰が求めたのか。ネピアさん達[注16)]だ。彼らは対数の表を完成させるまでに、なんと20年以上もかかったという。コンピュータのない時代の話だ。

地味で緻密で、立派な仕事

ではないか。コンピュータの発達した今、常用対数表の利用価値は相対的に下がったかもしれない。しかし、ネピアさん達の功績が無に帰したというわけでは決してない。彼らがいたからこそ今があるのだ。

この先は微分のあとで

多くの対数には名前はないが、$\log_{10}x$ には常用対数という名前がある。他にもう1つ、名前がついている対数がある。それは「自然対数」である。人間にとってのわかりやすさは10の何乗かだったが、自然界にとってのわかりやすさは「$e = 2.71828\cdots$」という特別な数の何乗かだったということがあとでわかる。10を使うのは人間の都合で「常用対数」、e を使うのが自然界の都合で「自然対数」ということなのだ[注17)]。

自然界がなぜ e という数を使うのか。そもそも

e とは、どんな数か

注16) ネピアさん、ブリッグスさん、ビュルギさん達です。ホント、偉いですね。
注17) コンピュータの都合で2を使う対数も（計算機科学では）よくある。ただ $\log_2$ に特別な名前があるのかは、筆者にはわからない。

ということは、

微分をやらないと全くわからない。

e は円周率 π と並んで「超越数」と言われるものだが、π は小学生でも直観的にイメージできるのに対し、e はちょっと簡単には説明できない。というわけで、これ以降の話は微分をやってからにしよう。

本書ではそれよりも、log の公式を作ることをやってみる。

log は公式を覚えちゃだめ

筆者が log の授業をやるとき、「じゃあ公式を作ろうねー」と言うと、学生さんに怪訝な顔をされることがしばしばある。なぜなのか当初は不思議だったが、学生さんといろいろ話すうちに、「公式は『作るもの』じゃなくて『覚えるもの』」という認識が蔓延していることに気がついた。まあね、「公式なんか意味がない♪」などという歌詞が青春の反抗のシンボルみたいに使われることをみても

公式を覚えることにみんな苦しめられたのかな

と推察する。

そうかー、そうだよねー。

勉強は、誰でもなんでも、最初は「覚える」であろう。「1」が「いち」だということは、覚えないとどうにもならない。「掛け算九九」は、「覚えなくても、足し算から作れる」が、実用上は「覚えていたほうがいい」だろう。しかしだんだん「覚える」で対応するのは厳しくなってくるはずで、数学も log あたりからは

たぶん「覚える」のは無理

になってくると思う。そうなってくると、覚えようというアプローチでは撃墜されるからやめた方がいい。いや、あえて頑張って言ってみるか…。いいですか皆さん、

公式を「覚えようとしてはいけません」！

まあ実際はこんなスローガンのようにはいかないよ。覚えなくちゃいけないこともあるし、覚えたって悪くはない。でもね、世の中には「覚えろ」という本はあふれているが、「覚えるな」と書いてある本はあまりないのであえて書くことにした。「覚えない」というのは大事な勉強法、難しいものに対するアプローチの１つなのだ。

数学を「指数関数からわからなくなった」とか「三角関数からがちんぷんかんぷん」とか話すオトナはたくさんいて、筆者にも「だから指数関数あたりの本を書いてください」とか「三角関数が需要ありますよ」という執筆の依頼がきたりして、まあ依頼が来たら書いたりもするんだけど、そうだからといって単純に指数関数や三角関数が難しかったから落伍者が多く出たと考えるのは少し違う気がする。数学（算数含む）の単元が進めば進むほど内容は難しくなっていくわけで、そうなるとだんだん

同じ勉強法が通じなくなってくる。

そのときは勉強法や考え方を変えないといけないのだが、

以前のやり方でもそれなりに気合ですすむことができる

ので、だからこそ、以前の勉強法をあきらめるタイミングを誤りやすい。以前の勉強法を続けることは、「息継ぎなしでどこまで泳げるか」を競うが如く、個人差はあるが誰でもどこかで息が尽きる。その限界点が「指数関数」だったり「三角関数」だったりするのではないだろうか。泳ぐ距離が長くなるのにあわせて、息継ぎを覚え、疲れない泳ぎ方を覚え、そして、船に乗らないといずれどこかで溺れるだろう。

気合や練習量でどうにかなる問題ではない。

気合で「数メートル」泳ぐ距離を伸ばすことはできるかもしれないが、「数キロメートル」は伸ばせない。練習で「数キロメートル」いけたとしても、太平洋を横断するのはムリだ。つまりだ、筆者は

「指数関数や三角関数あたり」は「普通の勉強法での限界点」

なんじゃないかと思っているのだ。

単純に知識を増やしたり、練習を積み重ねることはそれほど難しくはないが（難しいって言えば難しいけれど）、勉強法や練習法みたいな

「習慣」を変えることは、それよりもずっと難しい。

みんななかなか自分の勉強法はあまり変えないし、変えられない。そもそも「勉強法」自体を考えたりしない。親や先生に習ったり、あるいは自己流で身につけた勉強法での限界とともに、自分の上達に限界がくる。過去の勉強法が「悪い」というわけではない。ただ人間は歳をとるし、技術や理解のレベルも変化するし、直面する問題も変化する。幼稚園時代からオリンピックまでを「一人のコーチ」や「1つの練習法」ですませた選手は皆無だ。年齢、意識、体力、技術など、「自分のレベル」に合ったコーチ、「自分のレベル」にあった練習法が必要なのである。つまりは、ある勉強法に固執しないことが肝要じゃないだろうか。数学はlogあたりから、本格的に「覚えるのは無理」になってくるのだが、教科書の体裁は今までと変わりなく、いかにも「覚えなさい」みたいな感じで載っている。ただ、教科書には「公式を覚えなさい」とは一言も書いていないし、「勉強の仕方」は教科書の範囲外なので、教科書に文句を言っても仕方がない。学生が覚えようとして玉砕しているとしたら、覚えようとするのが悪い、もしくは、覚えようとするのを止めないのが悪いのだ。

いいすか！　もう一度言いますよ！　公式を覚えようとしてはいけません！

公式は覚えようとするのではなく、作るものだ。作る過程でその公式のエッセンスを身につけるのである。公式を覚えちゃうのは勝手だが、覚えること自体は全く大事じゃない。教科書の公式は、覚えるために書いてあるんじゃなくて、「できあがり完成図」として書いてあるのである。

「公式」が説明する世界

数学の授業で、新しい概念が登場してきたら、だいたい最初はその「定義」をやり、その次には「公式は…」という話になる。例えば「指数」なら、まず「3^4 は $3\times3\times3\times3$」というところから、$3^4\times3^5=3^9$ とか $(3^2)^4=3^8$ みたいなのを出して、それをどんどん一般化していったと思う。これは数学の基本的なパターンである。今後皆さんはいろいろと新しいことを学ぶ機会も多かろうと思うが、この流れを知っているのと知らないのでは、理解の早さが全然違うので、ぜひ押さえておこう。

定義を最初にやるのは、まあそれがないと話が始まらないということはわかる。ではなぜその次に公式を作ろうとするのだろうか。

それは、公式がその世界の「世界観」だから

である。これは将来「群論」という数学を勉強すればちゃんとわかるが、別にそんなものを勉強しなくても、これまでの経験から実はそうであることを認識できるはずだ。例えば負の数が出てきたときに、足し算の場合はどうなるか、掛け算の場合にはどうなるか、ということを勉強しているはずである。ルートが出てきたときもそう、分数が出てきたときもそうだったはずだ。我々の手のひらの上に新しいものが置かれたとき、足し算と掛け算がどうなるか、を考えることで、その「新世界」を規定したことになるのである。

「新世界」の中だけで生きるのなら、公式を覚えて使うのもいいが、

多くの場合は既存の世界との交流も必要になるだろう。となると、公式も大事だが、「世界観の理解」が重要になってくる。公式の導出に慣れることは「世界観を理解」することでもある。

公式は忘れてしまってもいい。慣れることによる世界観の理解が大事

なのだ。

それではlogの公式を作ってみよう。

logの公式、覚えている人は覚えているだろう。こんなヤツだ。

- $\log MN = \log M + \log N$
- $\log \dfrac{M}{N} = \log M - \log N$
- $\log M^a = a\log M$
- $\log_a b = \dfrac{\log_c b}{\log_c a}$

こういうふうに羅列されると、誰だってうんざりするだろう。というか、普通の人は読み飛ばすだろう（笑）。何度も書いているが、これらは「覚えてしまう」ならいいけど、一生懸命覚えるものではない。これらは掛け算九九における「11の段」だと思っていただきたい。11の段は、覚えていれば便利なこともあるけれど、覚えていなくても

掛け算は結局は「足し算」だと知っているから

安心して「覚えていないで平気でいる」ことができる。逆に、足し算だということを知らないで11の段や12の段を覚えても危ういだけだ。公式の盲目的な記憶は多くの場合、危険である。

掛け算は結局は足し算だった。ではこのlogとはいったい何なのか。答えはすべて、その定義にあるのだが、定義を教科書通りに記憶していても仕方がない。「使えるカタチ」にしておかないと。「使えるカタチ」とは

logとは肩の世界の話

公式は覚えるな!!その手で作れ!!
うあー
こんな公式
無理ですー
覚えられませーん
ひーん
その通り
この公式は自力で作れるようになればいい
次ページから一つ一つ「作り方」を教えるから
ちゃんと自分の手で書いてみろ
はーい
ぐすぐす
一回自分で作れるようになれば
テスト会場でど忘れしても
また作れる
わーい
今から公式つくるとこ
何度もくり返し作ればそのうち
結果(公式)も自然に「あ、覚えてるわ」という状態になる
そこまで頑張れ
あとは楽になるぞ
えぐえぐ
ホントに?

であるという大きな考え方と、

$\log_3 5$ を理解するためには、$3^{\log_3 5} = 5$ という式を作れ

という具体的な対処方法である。これさえ覚えていれば、公式はすべて作り出せる。足し算を覚えていれば、掛け算を忘れてもなんとかなるのと同じことである。で、我々はこの「作り方」を練習しておくことが肝要なのだ。

$\log MN = \log M + \log N$

では「$\log MN = \log M + \log N$」という公式から作ってみよう。公式を作るための道具は、

- 指数法則
- 指数関数が単調であるということ
- log の定義：$\log_3 5$ といえば、$3^{\log_3 5} = 5$

「これだけ」である。底[注18]が決まっていないと説明がしにくいので、とりあえず x ということにして[注19]、「$\log_x MN = \log_x M + \log_x N$」という式を書く。

作りたい公式の左辺からでも右辺からでも構わないのだが、今は左辺からスタートしてみよう。左辺は $\log MN$ だが、左辺の底に x を付け加えて「$\log_x MN$」であると考える。さてこの log を見たらどうする？ log ときたら、

$$x^{\log_x MN} = MN$$

を作る。そして、次の式を作ろう。

$$M = x^{\log_x M},\ N = x^{\log_x N}$$

これは、難しくはないんだけど難しい。3＋5を8にするのは誰にでもできるが、8を3＋5にするのは

注18) 「てい」と読む。log 記号の左下に小さく書く数字のこと。
注19) 「説明の都合」で x とおくだけなので「常識的な数」という感じで曖昧に理解してくれればいいのだが、気になる人は「$x > 0$」と思っておいてくれ。

「意図」がないとできない。

難しいのは「意図」を持つことのほうなのだ。先を見越さないと今の手が打てないというのは難しい。とりあえず先に進もう。これを代入すると、

$$x^{\log_x MN} = MN = x^{\log_x M} \times x^{\log_x N}$$

である。最右辺は、指数法則を使えば、

$$x^{\log_x M + \log_x N}$$

である。結局この式は、

$$x^{\log_x MN} = x^{\log_x M + \log_x N}$$

この右辺と左辺をよく見ると、いずれも「xの何乗か」というカタチをしている。「指数関数は、$x^a = x^b$ ならば $a = b$ になる」ので、

$$\log_x MN = \log_x M + \log_x N$$

が出てくる。ここで、別にxは常識的な範囲[注20)]なら何でも構わないので、「何でもいい」という意味をこめて省略することにすると、めざす公式、

$$\log MN = \log M + \log N$$

になるわけだ。

$\log \dfrac{M}{N} = \log M - \log N$

続いて $\log \dfrac{M}{N} = \log M - \log N$ もやってみよう。同じように、いったん底を x と思って

$$x^{\log_x \frac{M}{N}} = \frac{M}{N}$$

注20) つまりは$x > 0$のこと。普通の本なら普通に$x > 0$と条件を書くだけだと思うが、本書は読者の皆さんに数学の常識を伝えたいという高尚な意図が…（半分冗談）。

① まずは底(てい)を勝手に作る

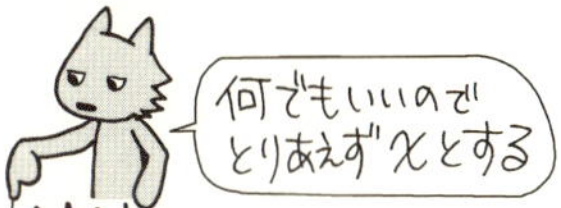
何でもいいので
とりあえずxとする

$\log MN$ をまあ勝手に $\log_{\bigcirc} MN$ とすると

$x^{\boxed{\log_x MN}} = MN$ です。……⊛ ここまで log の定義そのもの。

② ここで おもむろに

$$M = x^{\square}, \quad N = x^{\square}$$

の形にする。

へ？
なにそれ
こう置くのはもう
先に結論ありきの
ストーリー構成
だけどな

log の定義は「$\log_{\bigcirc}\square = ★$ ならば $\bigcirc^{\log_{\bigcirc}\square} = ★$」だから……

$$M = x^{\log_x M}, \quad N = x^{\log_x N}$$

にすればなにかと都合がいいネ！

へ？
うむ
つごうが
いいって
なに？
あとで
わかる

③ これを ⊛ の式に代入してみると

$$\underbrace{x^{\log_x MN} = x^{\log_x M} \times x^{\log_x N}}$$

指数法則だね!!

これは $x^{\boxed{\log_x M + \log_x N}}$ ってまとめられる。

$$x^{\log_x MN} = x^{(\log_x M + \log_x N)}$$

肩の上だけ を見ると $\log_x MN = \log_x M + \log_x N$ できた!!

あ、これたしかに
教科書で見た
公式だ
1こ1こはなんてことない
これまでやった
定義や公式のつみ重ねなんだけど、
この式だけパッと見ると
魔法みたいだろ？

を作る。ここで、M, Nをそれぞれ$M = x^{\log_x M}, N = x^{\log_x N}$に置き換えて、

$$\frac{M}{N} = M \times (N)^{-1} = x^{\log_x M}\underline{(x^{\log_x N})^{-1}}$$

下線部に指数法則 $(x^a)^b = x^{ab}$ を適用すれば、

$$= x^{\log_x M}(x^{-\log_x N})$$

今度は指数法則$x^a \cdot x^b = x^{a+b}$を使えば、

$$= x^{\log_x M - \log_x N}$$

これと最初をつなげると、

$$x^{\log_x \frac{M}{N}} = x^{\log_x M - \log_x N}$$

となるので、両肩を比較して

$$\log_x \frac{M}{N} = \log_x M - \log_x N$$

を得る。ステップを追うと行数ばかりかかってしまうのだが、このくらいはいずれ慣れて欲しい気がする。というか、このくらいがホイホイとできるようになると

公式を「使えてる」

という感じがしていいなあ。公式を作る過程でぜひ（別の）公式を使う練習をして欲しい。

この公式を「使えてる」という感覚についてだが、格闘技的なキーワードで言えば

「自在」

である。例えば「MN」は2通りの解釈があり、1つは、(MN) をカタマリのように思う解釈、もう1つは「$M \times N$」と思う解釈だ。それぞれをlogを使って書き換えることで公式が出てきたと思うが、発想のおおもとは「MNを2通りに解釈すること」だったことを忘れないで欲しい。このように数式を「自由に」見ることができるといいなあ。MNを

次はマイナスだー

$\log \frac{M}{N}$ だって。これもやっぱりさっきと同じように

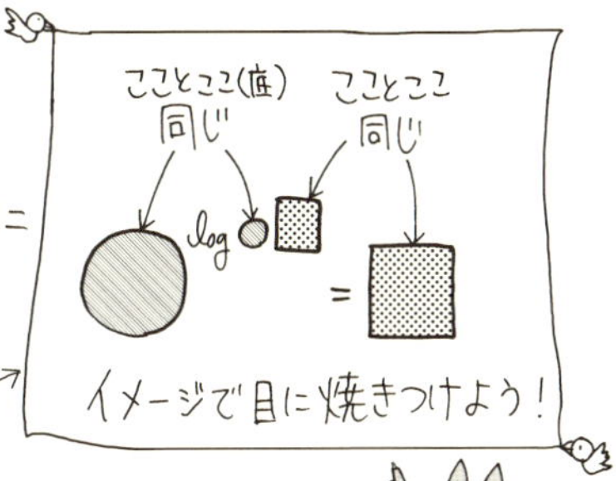

① まずは底を勝手に作る

$\log_{ⓧ} \frac{M}{N}$ とか！logの定義(コレ！)にあてはめると

$x^{\log_x \frac{M}{N}} = \frac{M}{N}$ ですネ！ ―㊟

頭がこんがらがった時は必ずこれに帰ること！

② ここでまたおもむろに $M = x^{\log_x M}$, $N = x^{\log_x N}$ とかしちゃって

③ ㊟の式に代入してみちゃえ！えーい!! スコーン!!

$$x^{\log_x \frac{M}{N}} = \frac{x^{\log_x M}}{x^{\log_x N}}$$

$$= x^{\log_x M} \times \frac{1}{x^{\log_x N}}$$

これは $\frac{1}{○} = ○^{-1}$ と表記するルールだな

$$= x^{\log_x M} \times x^{-\log_x N}$$ ← よってこう書けます

$$= x^{(\log_x M - \log_x N)}$$

④ 肩にのっかってるトコロだけ見ると

$$\log_x \frac{M}{N} = \log_x M - \log_x N$$

になります♡
おしまい♡よかった♡

カタマリと見るかバラバラに見るか、簡単そうに思えるかもしれないが、人間には「思いこみ」があるので、簡単ではない。だまし絵と同じように、気づく前の人がどうにもわからないことが、気づいている人には「なぜわからないのかもわからない」くらいのことだろう。このギャップ。

ここは、柔らかい頭が必要なところ

で、難しいところなのである。

logの公式はすべてこのように、logの基本式と、指数法則、そして「柔軟な考え方」によって作り出すことができる。「柔軟な考え方」は簡単ではない。なぞなぞ遊びは子ども用の問題であっても、悩むときは悩むよね。「柔軟な考え方」ってのはなぞなぞ遊びに匹敵する。難しくはないが難しい。ハマる人はハマってしまうし、それはその人の能力とはあまり関係がないものだ。

$\log M^a = a\log M$

次。「$\log M^a = a\log M$」を作ってみよう。底をxだと思って「$\log_x M^a = a\log_x M$」という式をまず書く。左辺を$(M)^a$と見てlogの定義を適用すれば

$$M^a = (x^{\log_x M})^a$$

と書ける。これに指数法則 $(a^m)^n = a^{mn}$ を適用すれば、

$$M^a = x^{a \cdot \log_x M}$$

になる。一方、公式の左辺を$(M)^a$と見ずに(M^a)と全部をひとまとめに見てlogの定義を適用すれば

$$M^a = x^{\log_x M^a}$$

となるだろう。同じM^aに2通りの見方をしたわけだが、それらはもちろん同じものなので

$\log M^a$ だと。

次は log の中にさらに指数が乗っかったぞー!! 複雑すぎるぅー!!

いや そーでもないぞ やることは同じだ

① やっぱりこれまでと同じように まずは **底** を勝手に作ろう。

$\log_{x} M^a$ とか!

底を作らないと始まらない!

② 底を作ったら log の定義に帰る。

$\log_x M^a$ ってのはつまり

だから

$x^{\log_x M^a} = M^a$ ってことですね。…㊟

(同じ 同じ)

ここまで log の定義!

③ またもや唐突に $M = x^{\log_x M}$ とかいう式を作って

④ おもむろに㊟の式に入れてみる!

$$x^{\log_x M^a} = M^a$$

$$= \left(x^{\log_x M}\right)^a \quad \text{←代入}$$

$$= x^{a \cdot \log_x M}$$

(かける)

指数法則で $(x^m)^n = x^{mn}$ と書いていいので

つまり $x^{\log_x M^a} = x^{a \cdot \log_x M}$

肩に乗ってるのだけを比較すると $\log_x M^a = a \cdot \log_x M$ だ!!

まるで肩のやつを前に降ろして来ただけみたいだろ?

$$\log M^a = a \log M$$

ふぇー 不思議ー

$$x^{a \cdot \log_x M} = x^{\log_x M^a}$$

となる。「指数関数は、$x^a = x^b$ ならば $a = b$ になる」ので、x の肩を比較すると、

$$\log_x M^a = a \cdot \log_x M$$

が得られる。

$\log_a b = \dfrac{\log_c b}{\log_c a}$（底の変換公式）を作る

公式導出も残りはあと少し。次は $\log_a b = \dfrac{\log_c b}{\log_c a}$ だ。まず、基本通り $\log_a b$ を見たら

$$a^{\log_a b} = b$$

という式を作る。

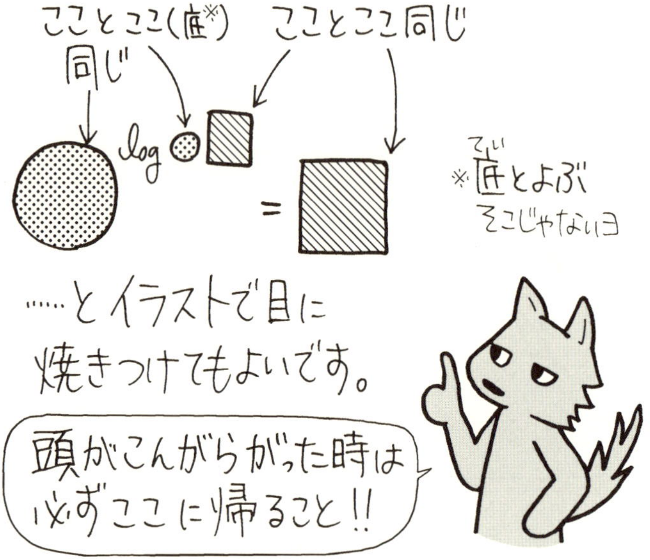
ここと ここ(底※) 同じ
ここと ここ 同じ
log
=
※底(てい)とよぶ そこじゃないヨ
……とイラストで目に焼きつけてもよいです。
頭がこんがらがった時は必ずここに帰ること!!

ここで突然[注21)]、適当な数 x を用いて、

$$x^{\log_x a} = a$$
$$x^{\log_x b} = b$$

と書いて、これを代入してやると

$$(x^{\log_x a})^{\log_a b} = x^{\log_x b}$$

となるだろう。指数法則を使って、

$$x^{(\log_x a)\cdot(\log_a b)} = x^{\log_x b}$$

となる。「x の何とか乗」が等しいんだから、その「何とか乗」どうしが等しいはず。よって、

$$(\log_x a)\cdot(\log_a b) = \log_x b$$

を得る。$\log_x a$ はゼロではないので[注22)] 両辺をそれで割ると、

$$\log_a b = \frac{\log_x b}{\log_x a}$$

となる。これは「底の変換公式」と呼ばれている。底の変換公式は「底の変換公式」という名前がついていることからわかるように非常に強力[注23)] で、例えば $\log_5 7$ が欲しいときに、

$$\log_5 7 = \frac{\log_{10} 7}{\log_{10} 5}$$

としてから常用対数の表を使えばよいわけで、つまりは $\log_5$ だの $\log_7$ だのの表をわざわざ作らなくても「常用対数の表だけがあればよい」ということになってたいへん嬉しいのだ。

注 21) これを突然と思わないようになって欲しいんだけど。
注 22) 「ゼロでないから」というのは、「その数で割り算しますよ」という意味の枕詞。
注 23) 「名前がついている」ものはスゴイもの、と推理される。

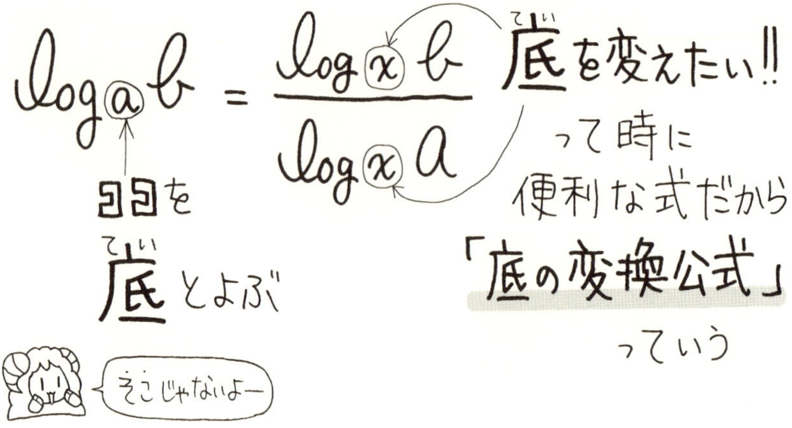
log_a b = log_x b / log_x a
ココを
てい
底とよぶ
そこじゃないよー
てい
底を変えたい!!
って時に
便利な式だから
「底の変換公式」
っていう

$\log_a b = (\log_b a)^{-1}$ を作る

底の変換公式を使えば、

$$\log_a b = \frac{\log_x b}{\log_x a} = \left(\frac{\log_x a}{\log_x b}\right)^{-1} = \frac{1}{\log_b a}$$

となり、速攻で求められる。底の変換公式を使わないとすると、まず、

$$a^{\log_a b} = b$$

を作る。基本だ。右辺の b に注目して、いきなり

$$b^{\log_b a} = a$$

という式を作る。これを a のところに代入してやると、

$$(b^{\log_b a})^{\log_a b} = b$$

左辺は指数法則より（←この指数法則の適用がキモである）、

$$b^{(\log_b a)\cdot(\log_a b)} = b$$

この式を見る限り b の何乗かが b なんだから、肩に乗ってるものは1

のはずだろう。よって、

$$(\log_b a)\cdot(\log_a b)=1$$

となる。$\log_b a \neq 0$ なので変形して、目的の式が得られる。

$$\log_a b=\frac{1}{\log_b a}$$

というわけで、公式は求められた。

ところで、常用対数の紹介で「2^{32} は 10 の何乗か」という話を例に出したが、コンピュータをやっているとその逆もときたま必要になることがある。例えば「10^4 は 2 進数で何桁か」という場合だ。このときには $\log_2 10$ が欲しくなる。今求めた公式を使ってもよいが、次のように考えてみよう。

$10^4=2^{\square}$ で、この□が知りたい。このとき、$\log_{10}2=0.3010$（常用対数の表より）なんだから、

$$(\text{右辺})=2^{\square}=(10^{0.3010})^{\square}=10^{0.3010\times\square}$$

これが左辺の 10^4 に等しいわけだよね。ということは肩の数字を比べれば

$$4=0.3010\times\square$$

となるので、

$$\square=4\times\frac{1}{0.3010}$$

となって求めることができる。$\dfrac{4}{0.3010}=13.289$ なので、2^{14} 未満＝2 進数で 13 桁というのが答えとなる。これをうけて「16 ビット[注24)] ありゃあ、足りるだろ」[注25)] がコンピュータ屋くさい回答である。最後の式変形のところで

自然に $\dfrac{1}{0.3010}$ が出てきている

注 24)　2 進数の 1 桁を「ビット」という。16 ビットとは 2 進数で 16 桁ということ。

注 25)　もちろん必要なのは 14 ビットでいいわけだが、プログラミングでは処理の際にキリのいい 16 とか 32 とか 64 に切り上げて考える。

ことに注目してもらいたい。あからさまに「公式を適用する」といったことは行っていないが、公式を作るキモとなった指数法則、これを途中に使っている。つまり、式変形に「ある公式のキモとなる指数法則を混ぜ込めば、その公式を使ったのと同じ効果が出る」のである。これが、何度も言っている

「公式の導出を練習する効果」

である。公式の導出を練習しておくことは、単純に「公式を忘れにくくする」あるいは「公式を忘れても大丈夫にする」効用はある。$2^3 = 2 \times 2 \times 2$のような「忘れたくても忘れないもの」を土台に目的の公式を作れるようになっておくと、試験のような緊張する場面で思わず公式をド忘れしてしまったときに、不安になりながらうろ覚えで解いてしまうような事態を避けられる。数分を犠牲にして正しい公式を作り直せばいいのだから。ただ、効用はそれだけではない。公式の導出の練習の本当の効用は、公式の中に潜む「核心部分」を理解することである。核心部分を外さずに式変形すれば、公式を使ったのと同じ結果になるのみならず、公式を使うよりも自然な解答を作ることができるのだ。

$M = x^{\log_x M}$を作ることの難しさについて

もう読者の皆さんは、$\log_a b$を見たらパッと

$$a^{\log_a b} = b$$

という式を作れると期待するが、さらなるレベルアップのために、bを与えられただけで、この式を作れるようになって欲しい。もっと具体的には、例えば「123」が与えられたときに適当なaをでっち上げて、

$$123 = a^{\log_a 123}$$

と、作って欲しいのである。ここで、底であるaはもちろんなんでもいい。なんでもいいけど、本当に何でも良くはないよ。ゼロとか1とかの非常識な数はダメに決まってる。だったら「なんでもいい」と書かず

に $a>0,\ a\neq 1$ と書けばいいという話もあるが、いや筆者はここでは「なんでもいい」と書きたいんだ。数学に限らず、科学というものは、

大胆な発想と緻密な実装

が大事なのだ。で、緻密な実装を書いた本はたくさんあるんだけど、大胆な発想のほうはあまりない。いや、あるんだけど、すぐに自己啓発本みたいになっちゃったりする。どちらか片方じゃなくて「大胆な発想と緻密な実装がペアで大事」ってことが言いたいんだー。

ええっと、「$\log MN=\log M+\log N$」という公式を作るところで、この手を使った。M を出発点に $M=x^{\log_x M}$ と作るのは、難しくはないんだけど、でも、難しい。「意図」がないとできない。底はなんでもいいので、

先を見越して、都合のいい数にする

のがよい。つまり、

先を見越せないと、良い変形は思いつかない

のである。「$\log MN=\log M+\log N$」という公式の作り方で、最後は「$x^{\log_x MN}=x^{\log_x M+\log_x N}$ だから $\log_x MN=\log_x M+\log_x N$」という理屈だった。つまり、底を x に揃えたからうまくいった話である。したがって底は「何を選んでもいいんだけど」、ここでは「x を選ばないと話にならない」。つまり、自由なんだけど自由じゃないよね。八百屋さんにお遣いに行ったとしよう、お母さんから「じゃがいもとニンジン」というメモをもらっていれば話は簡単で、それらを買う以外に選択肢はない[注26)]。お母さんのメモが「カレーの具になるもの」だったら、「ナスとベーコンのカレー」もありうるし、「ほうれんそうのカレー」もいいだろう。選択肢が増えれば増えるほど悩ましい。「夕飯になるもの」だともっと悩むことになる。ああ、主婦ってタイヘンだよね。日本国の法律上はお金さえ払えば八百屋さんで何を買ってもいいはずだが、

注26) 「どのじゃがいも／ニンジンがおいしいか」を選ぶ必要はある。どれを選んでも自由だが、自由だからこそ迷いが生じる。

何を買ってもいいんだけど、何を買ってもいいわけじゃないんだよ。

自由の海にいるときは「自分なりの制限をつけて」いかないと、海の真ん中でどこに向かっているのかがわからなくなってしまう。夕飯の支度なら「できあがり」をイメージするだろ。予算の制限もあるかもしれないよね。明日のお弁当を意識して、「食べ残し」や「使い残し」もイメージする？ こういうことを一言で言えば「先を見越す」ということだ。何度か書いているが、3＋5を8にするのと、8を3＋5にするのは、違う難しさがある。後者は「先を見越す」難しさなのだ。

実は数学はこんなことばっかりだ。下手すると「新しい項目」なのに「先を見越した式変形」が必要になったり、「先を見越した式変形」がさりげなく登場してたりして、そんなの

初心者にはわかるはずもなかったり

する。まあそういうのが登場してしまうのはある程度は仕方がないことなので、初学者の側が「一歩上の初学者」になるしかない。「ベテランの初学者」って、なんか概念が矛盾するような気もするが、いやそんなことはない。初級者でも上級者でも、自分が上を目指して戦っているときはいつでも「壁」と戦っている。要は、いつまでたっても

前を見れば壁がある。

だから、未知なるものに対抗する力は、いつになっても必要なのだ。「新しい項目なのに、先を見越した技が使われることがある」ということを知っていれば、「本の一行一行をきっちり理解しながら先に進むことにこだわりすぎない方がいい」という初学者への教訓が出てくるだろう。筆者は、数学の公式は覚えることに意味はなく、導出にこそ意味があるとの立場だが、

「教訓」も、暗唱してもあまり良いことはなく、自ら作れてこそ意味がある

と思っている。皆さんも、壁の前でくじけそうになったときに自力で復活できる「ベテランの初学者」になってもらいたい。

「今俺はつまづいている。しかしこの状況はどこか別のことで経験し

たはずだ。どうやってそれを脱したか、思い出せ！」このセリフを自分に言えるようになるのだ。

それでは「難しい」練習問題。$49^{\log_7 3} - 8^{\log_2 3} + 3^{\log_9 4}$ を簡単にせよ。どうだ、先を見越せるか。

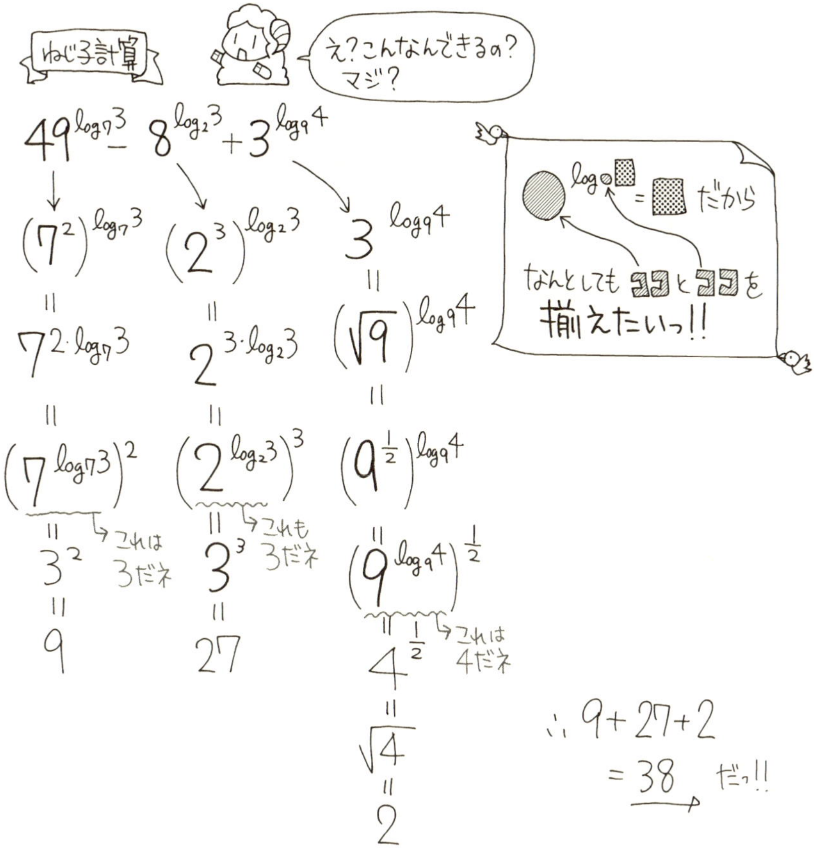

ねじ子計算
え?こんなんできるの?
マジ?
だから
なんとしてもココとココを
揃えたいっ!!
これは3だネ
これも3だネ
これは4だネ
∴ 9+27+2
= 38 だっ!!

はぁーこんなことして何が楽しいんだか
ん？
特殊なルールを作って特殊な環境を作ってさあ
俺の村
俺ルール
その中で天才たちが酔狂な遊びをしているようにしか見えませんーー
なんのやくにたつんだー
まあそれも一理ある
ふんがー
でもな例えば生物の世界は指数で増えるものが多い
指数で増える？
ねずみのように倍々で増えるってことだ
ろぐ
logは指数関数の逆だから結構使いどころがあるんだぞーー
うーん

逆演算・逆関数

対数はひととおり終わったことにして、後回しにしていた「逆演算」とか「逆関数」いうことについて考えよう。足し算に対して引き算は「$a + \square = b$の□を求めるもの」、掛け算に対して割り算は「$a \times \square = b$の□を求めるもの」となるだろう。こういうもののことをそれぞれ「逆演算」という。対数が「$a^{\square} = b$の□を求めるものである」なので、同じパターンで「対数は指数の逆演算だね。うんうん」という感じは良いと思う。

次。ただ「$y = 2^x$」と書いたとき、この式には

(1) yを先に入れて、それにあわせてxが求まるのか
(2) xを先に入れて、その結果yが求まるのか
(3) それともxとyが入って、「＝」が後から決まるのか

という3つの解釈がありうる。実際はどれなのかというと、

どれでもない＝どれでもいい

式自体には「因果関係」の概念はない。だから、

それに解釈を与えるのは、人間の勝手

である。空に流れる雲をイワシと思うかアンパンと思うかはそれを見た人間の心次第であるように、式とは自由なものなのである。その自由な式を「xが先に決まって、その結果yが求まる」という「因果」を決めて解釈してやるとき、「yはxの関数」と言う。我々は中学以来「関数」に調教されすぎているので、「$y = 3x + 1$」とか「$y = x^2 + 1$」とか、「$y =$」で始まる式を見るとつい関数と思ってしまうわけだが、

それは、絶対ではないのだ。

お互いの了解ができている場合には、ただ「$y =$なんちゃら」と書いて関数を表すことにして良いと思うが、お互いの了解に不安がある場合にはただ「$y = 3x + 1$」ではなくて「関数$y = 3x + 1$」とか「xの関数$y = 3x + 1$」と書けば丁寧である。細かいことを言うと関数にもい

ろいろあるので、興味のある人はインターネットの海でも調べてもらいたいが、結局のところ

ある式に対して、勝手に決めた解釈の1つが「関数」

で、その解釈とは

因果

である。因果があるから、逆演算や逆関数の「逆」に意味が出てくる。指数関数に「xを入れた結果yが出る」という順序があるから、その逆はというと、「yを入れてから、xを逆算する」ことになる。

教科書などの一般的な逆関数の説明は、

「逆関数とは、関数$y=f(x)$に対して、これを$x=g(y)$と変形して、その上でxとyを入れ替えてできる関数$y=g(x)$のこと」

という感じなのだが、読者の皆さんはこれを読んでわかるだろうか。ありがちなことだが、

もともとわかっている人には、わかる

と思う。この「一般的な説明」には前提が隠されている。まず我々は「xを入れたらyが出てくる」という流れに調教されているということが大前提。これは「関数」という言葉の意味でもある。「yはxの関数である」とは「あるxを入れたらあるyが出てくる（「存在しない」ということもある）」ということだ。同じ関数に、日によって違う値が出てきたのでは話にならない。例えば2次関数は、あるxに対してあるyをみつけることができるだろう。我々はそういう関数を日々扱っているために、つい慣れすぎて、式の中にxとyが出てきただけで、そこが「スタート」と「ゴール」みたいに見えている。また、「$y=$」で始まれば、ダースベーダーのテーマのごとく[注27)]、もうそれだけで「関数だ！」という感じがしちゃう。まあだいたいはそれで間違いではない。そういう

注27）「ダースベーダー」は映画『スターウォーズ』の敵で、いつも壮大なテーマ曲を背負って登場する。よく考えると「登場テーマ曲」を持ってる人ってすごいよね。アントニオ猪木（プロレス）とか、ミュウツー（ポケモン）とか、テーマ曲聞いただけで次を期待して「おおっ」となるぜ。

前提のもとで、「式の中のスタートとゴールを入れ替えちゃえ」というものが「xとyを入れ替えろ」という説明なのだが、確かに$y=2^x$を$x=2^y$とすれば、ほーら因果が逆になった気がするでしょ。でも「$x=2^y$」だとナニカがチガウ。やっぱり関数は「$y=$」で始まらないと。式変形して「$y=\log x$」にすれば、違和感解消スピード出世でいい感じ。ここでやった「xとyの入れ替え」と「式変形」の順序は関係ないので、もともとの式を「$x=$」で始まるかたちに式変形してから「xとyの入れ替え」を行っても同じである。だから本によっては「逆関数とは、関数$y=f(x)$のxとyを入れ替え、それを$y=g(x)$と変形して得られる関数のこと」という説明にもなる。ええーい！「xとyを入れ替え」に込められた意味がありすぎるんだよ。

それでは逆関数を「グラフで」考えるとどうなるのか。これも一般的には「逆関数のグラフは、もとのグラフと、直線$y=x$に関して互いに対称になっている」という説明になる。わけがわからん。これはなんだ。

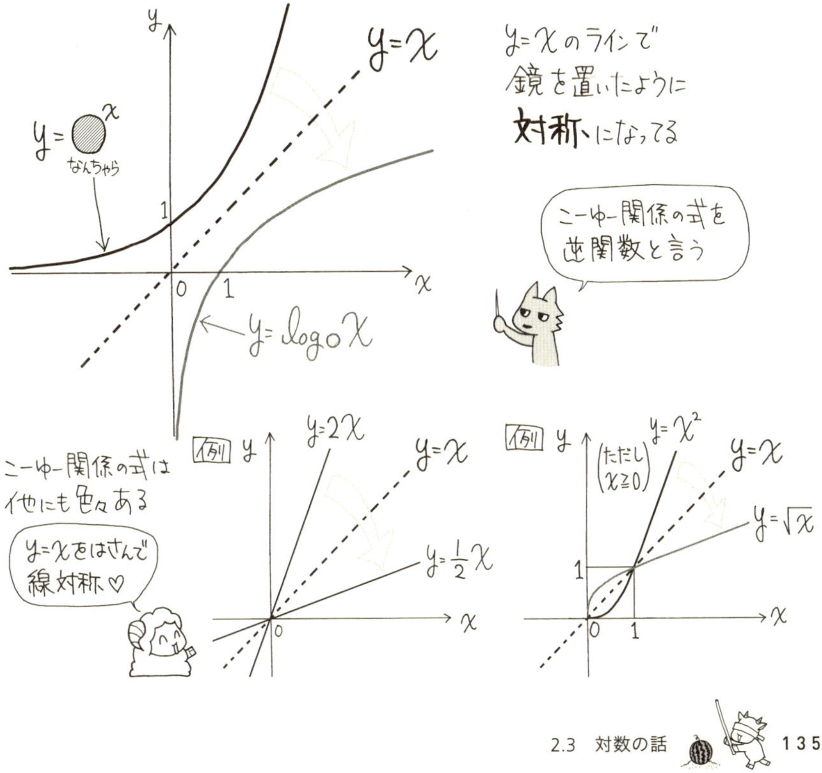

普通の関数の「xを入れたらyが求まる」は、「横軸を出発点に、縦軸の値を読む」ということになるわけだが、逆算は「縦軸を出発点に、横軸の値を読む」とすればよいわけだ。ここで、「ああ、我々は横軸からどうしても出発したいんだ。そうしないとキモチワルイんだ」というこだわりがある場合は、

横軸と縦軸を入れ替え

れば良いことになる。しかしこれがまたわかりにくいことに、「x軸とy軸を入れ替え」は、「直線$y=x$を軸に裏返し」と同義である。前ページの絵をよく見て欲しい。想像力の豊かな人ならイケるかもしれないが、字面だけを見て「直線$y=x$を軸に裏返し」が「x軸とy軸を入れ替え」てるんだとわかる人って相当なもんだと思う。

グラフ上で「yからxを逆算する」

我々は「x軸から上にたどって、グラフにぶつかり、yを読む」というプロセスをよくやっている。

ただ「y軸からグラフにぶつけてxを探す」ことも、たまにはやる。

貯金が10年後にどれだけになるかなあ、に対して、貯金がいくらになるにはどれだけかかるかなあ、というように。ここで、「y軸からグラフにぶつけてxを探す」のと、「あらかじめグラフを（直線$y=x$に関して）ひっくり返しておいて、x軸から上にたどって、グラフにぶつかり、yを読む」というのは同じことである。

もともとのグラフとひっくり返したグラフ。もともとのグラフから見れば、ひっくり返したグラフは「y軸からグラフにぶ

つけてxを探す」ことをやっているのと同じ。そういう関数をもとの関数に対して「逆関数」という。「逆関数」という種族の関数があるわけじゃない。どちらかが正しくてどちらかが鏡の中の世界、というわけじゃなくて、この「逆」はお互いに逆の関係という意味。ただ、逆関数は「関数」である必要があるから話がややこしくなる。

もともとの関数は（もともとの「関数」と書いているくらいだから）アタリマエだが「関数」なのだろう。関数であるとは、「xが決まったらyがただ1つ決まること」である。「この関数を$y=x$で折り返したグラフ」が関数の資格を持つとは限らない。

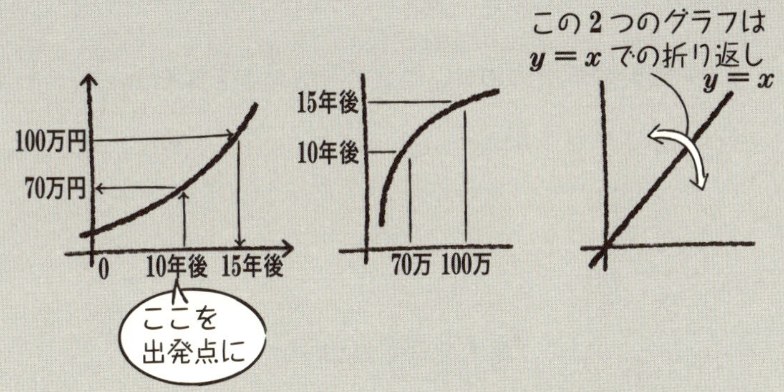

つまり、言いたいことは、このあたりのことは

わかっている人にはわかるし、わからない人にはわからない。

「わからない人にわからせる」のが初学者向けの説明だと思うのだが、なかなか手間はかかる。したがって少なくとも教科書は「初学者向けではない」。筆者は教科書が「初学者向けではない」ことを批判するつもりはない。矛先はそっちじゃない。

初学者の皆さん！　教科書の説明を読んでわからなかったとしても、
アナタの能力のせいじゃないかもしれないよ！

筆者が書いた本にはいつも何回かこのセリフが登場しているので、「あ、また出た」と思ってくれた方は常連さんである。そういう方はそのあとに続く流れもわかってくれると思う。

自分の理解力のせいにせず、別の本を探そう。

本によって「前提」や「常識」が違うのである。著者の常識とあなたの常識がマッチしていれば、その本はあなたにとって良い本になり、マッチしていなければその本がどんなに良い本でも、あなたにとっての良い本ではなくなる。結局

恋人を探すのと同じ

である。簡単に見つからなくてあたりまえなのだ。

逆関数が指数関数で出てくるのってさ

「もとの関数を $y=x$ で折り返せば逆関数のグラフが得られる」のは大筋は間違っていないのだが、そう言い切ることはちょっとできない。数学では「関数」と言えば1価、つまり、x が決まったとき、

ただ1つの y しか、値として返せない

ことになっている。グラフ上で考えて欲しい。2次関数 $y=x^2$ を例にすると、「x が決まれば必ず y は決まる」が、「y が決まったからと言っ

て、xは決まらない」。したがって、この手のグラフで「もとの関数を$y=x$で折り返したグラフ」を作ると、あるxに対してyが複数通り対応することになってしまって「関数」としてはうまくいかなくなる。

うまくいかない原因は、もとのグラフが「狭義単調」[注28]でないからだ。関数は「1つのxから1つのyが出てくる」ことが条件だが、「そのyの値がなんであっても構わない」。過去に出てきた値と同じでも構わない。極端な話、全部同じ値でもいい（定数関数）。対応関係でいえば、xとyは、1対多対応でいい。ただ、

逆関数を考えようと思うと、同じ値があると困る

ので、逆関数を考える場面では、xとyを1対1対応にしておく必要があるのだ。グラフが「狭義単調」であれば自動的に「1対1対応」になる[注29]。指数関数は狭義単調なので、逆関数の話題を出すのにもってこいなのだ。

よく考えてみると、1次関数は狭義単調だけど、1次関数で逆関数とか考えるのってなんかしょーもないし、2次関数は狭義単調じゃないから「$y=x^2(x \geqq 0)$」と「$y=\sqrt{x}$」みたいに「$x \geqq 0$」とか条件がついちゃう。その点、指数関数は実数の全範囲で狭義単調だから

教育的に、都合がいいよね。

逆関数を指数関数のところでやるのはいいんだけど、個人的には「逆関数の記号」ってのが困りものと思う。

[逆関数]
ある関数$f(x)$の逆関数を$f^{-1}(x)$と書く。

オイ誰だよ、こんな記号に決めたの〜。やめてよ〜。こっちは、今指数で

$$x^{-1}=\frac{1}{x}$$

注28)　86ページ参照。
注29)　「1対1対応」だからといって必ず「狭義単調」というわけではない。逆関数は「1対1対応」であれば作れる。つまり、逆関数を作るために狭義単調であることが絶対に必要というわけではない。

ってやったばっかなんだよ〜。

いいすか、この逆関数の記号で出てくる「－1乗のような記号」は「－1乗とはぜんぜん違う」ので、超要注意。ただ単に、逆関数を表す記号なんだからね。「－1乗」って、指数では「逆数」を作るものだけど、この「逆」ってところに注目して、逆関数の記号に流用しているんだよ。例えば、$y=2^x$ の逆関数は $y=\log_2 x$ だったよね。これを上の記号を使って書き直すと、「$f(x)=2^x$ としたとき、$f^{-1}(x)=\log_2 x$」ということ。$f(x)$ 全体を －1乗するなら、

$$(f(x))^{-1}=\frac{1}{f(x)}=\frac{1}{2^x}=2^{-x}$$

だよ。

ああ、紛らわしくて（俺のせいではないが）申し訳ないくらいだ。でもね、記号ってのは、慣れてしまえば気にならなくなってしまうし、慣れたものは変えたくないのが人情というものなので、

初学者がどんなに迷惑だろうが、定着した記号は変わらない。

慣れた人にとっては、たくさんの種類の記号があるほうが面倒だ。「－1乗」は「逆」って意味なんだから、逆関数の記号として「わかりやすい」かもしれない。あぁ、世界は残念ながら初学者のためにあるのではない。数学は「日頃、数学を使う人のためのもの」である。もう世間は変えられないので、

初学者が慣れるしかない。がんばろう。

今は関係ないが、三角関数の逆関数も $\sin x$ に対して $\sin^{-1}x$ のように書き、$(\sin x)^{-1}$ とは全く違うものになる。$(\sin x)^{-1}$ は

$$(\sin x)^{-1}=\frac{1}{\sin x}$$

で、ちゃんと「－1乗」である。三角関数の場合はもっとひどくて「$(\sin x)^n$ を $\sin^n x$ と書く $(n=2, 3, 4, \cdots)$」省略記法が蔓延している。つまり、

$$\sin^2 x=(\sin x)^2$$
$$\sin^3 x=(\sin x)^3$$

$\sin^7 x = (\sin x)^7$ なのに
$\sin^{-1} x$ は $(\sin x)^{-1}$ じゃなく全然別の意味。

いやあ、数学ってわかりにくいよね。ほんと、ごめんなさい。こういうしょーもないところっていうのが、数学の学習の大きな障害だったりもするのだけど、ぜひ負けないでもらいたい。

Section 2.4

「拡張」の話

「拡張」とは

この章のはじめに、「指数と対数を題材に、法則と数の関係を考えてみたい」と書いたが、ここまでで何度も「法則」に非常識な値を入れることで「未来への扉」を開けていくということをやってきた。先に述べたとおり「非常識は科学技術発展の扉」なのである。指数は原始的には「1以上の整数」でなければならなかったが、法則のほうが妥当になるように定義を変えることで「ゼロ」や「負数」や「分数＝有理数」を許容して、ついでに「無理数」も使えるようにした。数を「集合」と考えたとき、その集合には含有関係があって、「1以上の整数」は「ゼロ以上の整数」に含まれ、それはもちろん「整数」に含まれる。整数は有理数に含まれ、有理数は実数に含まれる。このように、原始的には小さい集合であったものがだんだんに大きい集合になっていくこと、これを

数学用語で「拡張」という。

数学の教科書にも「指数法則の拡張」という記述を見つけられるかもしれない。たぶん小さく書いてある。あまり気にされないこの「拡張」という言葉には大きな意味がある。「拡張」は、指数法則に限らず、数学、いや、自然科学を語る上での裏のキーワードと言っても過言ではない。そのくせ、まともに教えられた人を見たことがない。でもでもそれなのに、自然科学の研究者なら、ほぼ誰でも知っている。ふしぎだ。気づかない人が自然淘汰されているのかしら。

「拡張」について、筆者がここで定義してしまおう。

拡張とは、「既存の枠組みを超えたもの」でも受け入れられるように、「定義をし直すこと」である。

ああこういうこと、著者的には「誰でも知ってることを偉そうに書いてる」とか言われちゃうのイヤだからホントはあんまり書きたくないんだけど、でもやっぱり

あんまり他の本には見かけないし、俺が書く！

と思って頑張ってみる。だいたいにおいて、人はまずは目の前に見えているものから「法則」を作ろうとするだろう。ボールが地面に落ちる様子や空に輝く星の動きを観察して、それらにあてはまる法則を見つけようとする。見えもしない原子の挙動や宇宙の果ての考察は、妖怪が攻めてきたら人類はどう対抗したらよいかを議論するのと同じく、とっかかりがなさすぎて考えようがない。まずは「目の前のボールが満たす法則」を考えて、それがボールだけじゃなくて、鉄アレイとか風船とか、他のいろいろなものにあてはまるように範囲を拡大していく、というのが研究の流れというもの。この「法則のあてはまる範囲を拡大する」ことを「拡張」というのである。だから「拡張」は、数学だけじゃなくて、自然科学全般にあてはまることなのだ。

自然科学の「美学」

自然科学は歴史的には宗教的な理由で迫害された頃もあった。現代日本に生きる我々は宗教と科学がどうつながるんだと思うかもしれないが、この世の仕組みを解き明かすような行為は、神の作った世界を疑う行為、すなわち神を冒涜する行為と考えることもできるのだろう。そうした迫害を乗り越えて、過去の研究者たちは自然を研究してきた。いったいなにが彼らをそうさせるのか。好奇心か、欲望か、あるいはそれもまた神の意志か。まああまり考えすぎると哲学になってしまうので、ここでは

人はなぜ「納豆」を食べるようになったのだろうか

と同じ程度に考えておく。つまり「なぜそんなことすんの？」は考えな

いことにする。「なぜ」に理由がないならば、それは信念や美学や宗教のたぐいである。科学を１つの宗教だと言う人もいるが、「宗教」という言葉には他の概念も重なってきてしまうので、筆者は「美学」ぐらいがいちばん適当なんじゃないかと思う。理論や式について「美しい」という形容詞を使うこともあるしね。

自然科学の美学、数式や法則の「美しさ」とは「法則自体を減らしたり、例外をなくすこと」である。よりシンプルな式で、より多くのことを表せれば、それは美しい。自然科学は

少数の基本法則で、世界が記述できる

ことが究極の目標である。法則は少ないほうがいい。もうできれば１本の式で宇宙を表しちゃいたい。法則が少なくならないのは、愚かな人類の知恵が足りないからである。とにかくなるべく普遍的な（＝「例外」の少ない）法則を作って、神に近づきたい。それが自然科学の研究者の共通の美学である。

数式を「美しい」というなんて、知らない人から見たら頭がおかしいと思われるんじゃないかという懸念がある。ただ、その分野で生きる人が何を美しいと思うかは、その分野でない人にはわからなくてアタリマエなのだ。「ヒキガエルのオスがいちばん美しいと思うものはヒキガエルのメスだ」という言葉があるように、絶対的な美学というものはない。だから、読者の皆さんが、数式を「美しい」と思えるようになる必要はない。ただし数学を理解したい場合には、数学者が「何を美しいと思うか」はわかる必要がある。あなたが樹液をおいしいと思う必要はないが、カブトムシが樹液を「おいしいと思う」ことは、カブトムシの研究をするならわからなくちゃいけないのと同じである。皆さんは「美しさを求める」自然科学の学徒なのだ。

作られた数

とにかくなるべく普遍的な法則を作りたい。例外をできるだけなくしたい。これが自然科学の美学であり、欲望である。えっ、そんなのどうしてわかるんだって？　そうねえ、もちろん「見てきたようなウソ」で

はあるんだけど、でも一応根拠はあるんだ。一般的に「欲望がどのくらい強いか」は、それを得るために何を代償とするか[注30)]で測られるが、自然科学くんが法則を普遍的にするために払っている代償はいろいろあるが、例えば

「数を作っちゃう」

である。数を作ると言われてもよくわからないかもしれないが、例えば2^0ってのは「作られた数」だよ。まあこのことはわからない人も多いと思うので、ちょっと詳しく書く。

2^0は「原始的な指数の定義」からは出てこない。指数のところで「いろいろ考えないと出てこない」ということを経験したよね。2^0は、いろいろと考えた結果「この文字はこういうことを表すようにしましょうね」と申し合わせてできた、「議論の果ての、お約束の産物」であり、つまり「作られた数」である。ゼロ乗だけではない、負数乗ももちろん「作られた数」である。ゼロ乗や負数乗を作ることによって指数を拡張したが、実は「数を作ることによって法則を拡張する」という体験を我々はもう何度も経験している。例えば「負の数」もそうである。誰も「−1個のりんご」を見たことのある人はいない。「え、それは『りんごが1つ足りない』ってことじゃないんですか」といいたくなるかも知れないが、それは負の数に一生懸命意味をコジツケた結果なのである。例えば−5の定義はどうなっているかというと、

−5は「5＋□＝0の答え」

である。そんなの初めて聞いた、と言う人もいるかもしれないが、教科書をよく見ると、負の数のところにはきっと

「ある数aに対して、$a+\alpha=0$を満足するαを『マイナスa』と読み、『$-a$』と書く」

というようなことが書いてある。でもこれでは具体的なイメージがわかなくて、中学生ではまず間違いなく内容がつかめないので、一生懸命「1

注30)　絶対に手に入れたい！　遠くの街まで行っても、まる1日かけても、徹夜しても、5時間並んでも、10000円払っても、人を殺しても、命を懸けても。

個足りない」だとか「3m 手前」だとかいう言いまわしを使って「プラスの反対」だと

体に覚えさせている

わけである。なんだかんだ言って、負の数は日常生活に頻出するので、そのうち慣れてしまうのであるが、もともとはただ「和の法則を満たすために作られた、想像上の数」にすぎない。「和の法則を満たすため」ってところが数学の美学に基づくものだと、皆さんはもうわかるだろう。負数が使えないとすると、和の法則に場合分けが生じてしまう[注31)]。数学の美学からして普遍的なものが美しい[注32)]と述べたが、裏を返せば「例外」や「場合分け」が美しくないのである。もし負の数が使えないとすると、先の簡単な例：「5＋□＝0の□に入るのはなあに？」でさえ、答えられなくなってしまう。なぜ答えられないか、というと、左辺の5よりも右辺の0の方が小さいからだ。つまり、「○＋□＝△」の形式で問題を出すとき、「○＜△に限る」という「場合分け」が生じてしまうのである。もう一度文字を使って言うと、普通に $a+b=c$ と書いても、$a>c$ のときは、この式を満たす b などあるわけがない。とすると、この式に書いてある「＝」は何なのか、ということになるだろう。ありもしないものを「＝」で結ぶのは、「これからずっと良い子でいるなら、オモチャを買ってあげよう」と同じく[注33)]、約束としてまるで意味がない。つまり、

$a>c$ のときは、この式そのものが成立しなくなる

という、わけのわからない事態になる。それを避けるために「場合分け」が必要になって、$a>c$ じゃダメですよ、などとなるわけだ。しかしこ

注31)　いや、日常生活でも場合分けをなくしたい欲求はある。預金残高が足りなくて引落しに失敗されるとめんどくさいが、自動的に借金して（預金残高がマイナスになるのを許して）くれるサービスは有難いし、チャージ金額が足りない時に自動で補填してくれるオートチャージはとても便利だ。

注32)　人間社会がそうであるように、数学の世界にも美しさの基準はたくさんある。普遍性は科学者誰もが求める美しさだが、他にも、健全性や完全性、対称性などがあるし、他にも筆者も知らない基準もたくさんあるだろう。その世界で暮らしていればだんだんにわかることだし、高校生までで必要なのはせいぜい対称性くらいだから、あまり心配しないでいい。よーするに「マニアになれば、美しさにもそれなりのこだわりが出てくる」ということなのである。

注33)　ご家庭により差があるとは思うが、少なくともうちの息子においては「全く無意味の約束」である。

ういった、「わけのわからない事態」や「場合分け」は負数があれば生じない。というか、

そういうことをなくす「ために」、負数を作った

のだから、負数を使えばそういうことがなくなるのは当然である。負の数が作られた数だというなら、１や２や３はどうなんだ、と思うかもしれない。まあ数字というのはすべて、１も２も３も「お約束」であり、「作られた数」と言うこともできる。でもまあ、筆者はいちおう、正の整数は「作られた数」には入れていない。皆さんがどう思うかは、次の話を読んで、皆さんが自分で決めてもらいたい。

人間は器用なもので、実際には見えないものにも名前を付けることができる。「愛」とか「友情」とか「義理」とか「お化け」のように。そういうものが「本当に在るかどうか」と「在ると考えるとうまくいく」というのは別次元の話で、また、そういうものを「実際にあると思っているかどうか」と「存在しないとわかっているけれど、あると思って行動する」のもまた別の話である。日本国憲法で謳われている「基本的人権」は、そんな「モノ」は存在しないわけだが、そういうものが「ある」と思っていろいろ考えるというのが今の日本のルールである。では、１や２や３はどうか。りんごでもみかんでも１個なら「1」、２個なら「2」。１匹のヒツジと２匹のヒツジをあわせれば、１＋２＝３で３匹のヒツジになる。つまり「1」という具体的なモノは存在しなくて、りんごにもみかんにも対応できる「1」は抽象的に「作られた」概念に過ぎない。だからこうしたことを「作られた数」ということは可能だろう。しかしそうは言っても、人間は１歳ですでにりんごだろうがみかんだろうが「１個は１個」で考えるくらいの抽象操作はでき、また、場面に応じて「１個」がりんごを表すのかみかんを表すのかを区別できるくらいの具体化もできる。歴史的にも、「ゼロの発見」には記録があるが、1, 2, 3…の記録は知らない。きっと人間の歴史の始まりくらいからあるんじゃないかしら。だから筆者は「正の整数」は「作られた数」には入れないでいいんじゃないかと思うのだ。

皆さんは正の整数を「架空」と思うか「実在」と思うか。いや別に、決めても決めなくてもいい。

たぶんおそらく正解はない。

どちらでもいいし、どうでもいい。なぜなら、今やってるようなことでは、それがどうであっても結論は左右されないからだ。数学によっては正の整数を「架空」と考えるようなものもあるけれど、本書の扱っている内容においては、ただ「話の出発点をどこにするか」ということでしかない。筆者は本書では「中学数学あたりを出発点」と考えているので、そうすると「算数は認める」ということになって、「正の整数くらいは、存在するとしていいんじゃないの」ということに至るのだ。読者の皆さんは自分の知識に応じてどこを出発点としてもよい。どう考えるかは現時点ではどうでもよくて、「もしかしたら将来そういうことを考えなきゃいけなくなるかもよ」というメッセージだけを伝えておく。

話の出発点の議論からすると、逆に「じゃあ、負の数やゼロ乗も『実在』扱いしたっていいじゃん」という意見もありそうだ。それはそれでいいんだよ。

教科書はそうだから。

ま、教科書は、正確には、そういう「架空」とか「実在」とかは教えてない。教科書を執筆している先生方はそういうことを知らないはずはないので、「あえて避けて通っている」のだろう。良いとか悪いとかではなく、教育方針の問題だ。筆者は「避けて通らない方がいい」と思うので、ここでこんなにページ数を使ってうだうだと書いているわけだ。ともかく、数について、どこまでが「もともと在るもの」で、どこからが「作られたもの」か、という議論は実は尽きないが、少なくとも

自然科学が法則を普遍的にするために「数を作っている」

のはおわかりいただけたと思う。筆者の考えでは、「－１という数」は「実際にそういう数が在る」わけじゃなくて、「そういう数があると思うと、うまくいく」という話である。

どうでもいいけどさ、数学の歴史で「ゼロの発見」とか「無理数の発見」とかが一大エポックになっていて、すでにその存在を知っている我々から見ると、

なんでそんなこともわからんの？

と言いたくなるのだが、こうしたことを考えてくると、なるほど「ゼロ」は「発見」するものなのか、と思える。指数の場合で言えば、2^0は「2^3は２を３回掛けること」という概念自体を乗り越えないと出てこない。この

「概念を乗り越える」というのが、相当たいへん

なのだ。この大変さをみんなわかってあげよう。ゼロの発見で一番たいへんなことは、存在しないモノを「存在するということにする」と決めることだ。負の数もそう。誰も見たことがない「−１個のりんご」を「数扱い」していいのか。無理数（ルートの発見）もそう。分数で書き表せないものがあるなんて信じられない、そんなものを「数」としていいのか。虚数iもそう。「２乗して負になる数」なんてものを「存在する」と仮定していいのか。こうして書いてみると、数学の歴史の各段階で、同じようなことで苦労していることがわかるだろう。

もちろん、学生さんも、同じところで苦労する

ことになる。小学生は「小数で書き表せない$\frac{1}{3}$とか$\frac{1}{7}$って、いったいなんなの」と苦労する。もうお分かりの通り、「既存の概念を乗り越える」のは、とてもたいへんなことなのだ。

教科書の「保護」を超えて

前述のとおり、教科書はおそらくワザと、「数を作る」とか「拡張する」とかいう話を避けて通ってきている。「拡張」をあまり意識させないように教えて、それよりも、新しい数の扱いに慣れさせたい。慣れてしまうと簡単なことと難しいことの区別がつかなくなる。それが人間というものだ。歩くのも走るのもスキップもみな似たように見えるかもしれないが、歩くのは１歳、走るのは２歳、スキップは４歳である。どれも簡単なことではない。これまで我々は、すでにかなり難しいことをやってきているのだ。ただね、難しいことをやっていると意識させないのは、「お

それをなして逃げ出す」のを予防する意味ではプラスの効果があるかもしれないが、「難しいことを乗り越えた達成感がない」という点ではマイナスである。余計なことを知りすぎると、かえって混乱するという「教育的配慮」はありうるが、知らせないことで混乱する人もいるわけで、結局は一長一短であり、良い悪いではない。いやまあ、慣れというのはそれだけで力だし、技の理を考えたりせず「とにかく練習」というのも上達のための１つの方法論ではある。どんなことでも10万回もやれば、そこそこうまくなるもんだ。やっててよかった公文式。量は質に転化する。サクサクと問題を解くうちに、何かしらの真理も見えてくる。しかしだな、こういう方法はどちらかというと子ども向けの勉強法に思える。子どもにあまり理屈をこねまわすのは不適切。大人はある程度理屈から攻めた方が上達が早い。

段階に応じた適切なやり方がある。

本書は子ども向けではない。本書を読んでいるのはきっと、教科書の「保護」から巣立ちたい人だろう。

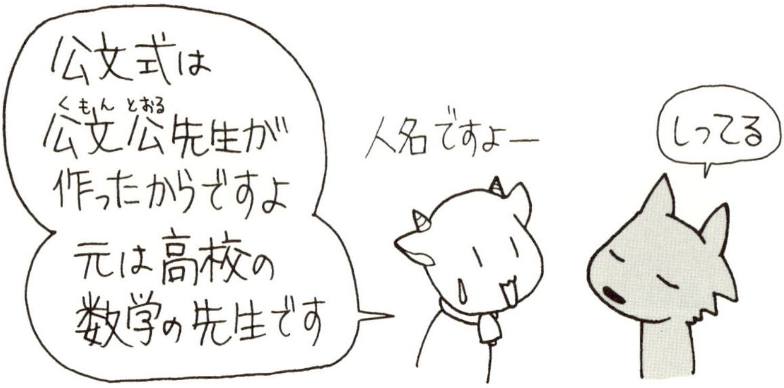

数学の新しい単元へのアプローチ

学問とは基本的に「世の中の問題の解決方法いろいろ」だと思うが、そのうち数学は、ある問題を「抽象的な操作」に落としこんで解決を探す、という方法論である。「抽象的な操作」というと抽象的になってしまうが、よーするに「数」のことである。りんごでもみかんでも1個なら「1」、2個なら「2」。1匹のヒツジと2匹のヒツジをあわせれば、1＋2＝3で3匹のヒツジになる。「1＋2＝3」が数学で、その3を「りんご3個」と思うか「ヒツジ3匹」と思うかは解釈の問題。数学ではない。また、「－1個」を「1個足りない」と思うことも解釈の問題である。解釈とは、悪く言えば「こじつけ」なのだから、こじつけには限界がある。例えば「－1×－1がなぜ ＋1になるのか」という話は中学生の質問箱の定番商品だが、裏の裏は表とか、「数直線上の反時計回り半回転」とか[注34)]、よくわからない説明を頑張って考えるよりは

そういうふうに決めただけ

と答えるのが一番素直じゃないかと、個人的には思う。もちろん教え方にはいろいろあるし、教わる側のメンタリティもいろいろなので、子どもの段階でのベストな教授法には最適解はないわけだが、本書の読者の皆さんはもうすでに

こじつけられた説明から脱すべき段階

なので、このあたりの認識もあらたにして欲しい。数学は抽象的な文字記号を一定のルールに基づいて操作して、人間の解釈の見た目を変えるものである。2個の林檎に3人が集まったとき、2－3＝－1をするのが数学、－1を「1個足りない」と読むのは「解釈」なのである。そういうことを考えると数学で

「定義」がどれだけ大事か

がわかってくると思う。指数のところで筆者がやってみせたように、テキトーであろうがなんだろうが、「新しい指数の定義」を作っちゃうようなことを「拡張」という。大事なのは、「拡張」した後では「定義が変わる」ということ。このことは絶対に覚えておこう。この部分を見逃すか、軽く流し見してしまうと、「新しい数」（指数の場合は、ゼロ乗や

注34）　複素数平面を念頭においた説明。

負数乗、分数乗）を前に「サッパリわからん」と投げ出してしまうことになる。何度も述べているように、原始的な指数の定義に負や分数の指数を突っ込んだら

わかるわけないどころか、なぜわからないかもわからない。

一般に、人は「わからない」だけなら、なんとかしようと頑張れる。でも「なぜわからないかもわからない」くらいの多段階のわからなさになると、普通は投げ出したくなる。そうしてみんな、数学がキライになっていくのだ。「わからない」ことに慣れてきた大人は、わからないものに出くわしたときに、「なぜわからないか」「わかるための方法はあるのか」「わかっている人は、何を考えているのか」などと、方向性を変えながら立ち向かっていく。そうして足掻（あが）いているうちに、「こうすればわかるかも」という足がかりを得ることになるだろう。しかし！　高校生にこういう方法をとれというのはちょっと厳しい。だいたい「わからない」に対して言われることは「とにかく勉強しろ」だったりするし、そもそも

高校生はまだ子ども

なんだよ。大人の「とにかく勉強しろ」を跳ね返せる高校生は少数派ではないだろうか。まあ最近の高校生と話していると、例えばスケートボードを手に入れたら、まずは動画を検索して「練習法」を調べたりしているようなので、そういう意味では「子ども」じゃなくなってきているのかもしれない。良いことだ。もしかしたら現代の高校生はもう子どもではないかもね。どちらにしても、筆者は高校生を全体として「子ども扱い」しているわけではない。まあだいたい、「子ども扱いしないでよ」は子どものセリフで、「子どもですから」はオトナのセリフだったりするわけだが、それはさておき、そもそも子どもと大人の境界はどこだろうか。筆者は、人間はあるときに全てのことに対して大人になるのではなく、経験やそれに類したことを経るたびに、人生のいろいろな項目ごとに、だんだん大人になっていくものと思っている。筆者自身の話だが、先日ちょっと

会社の税務処理を自分で手続き

しなければばならなくなったら、もう最悪。もうとにかく税理士さんに指示されるまま。税務署から何か言われたら、「すみません、税理士さんに電話してみます」、銀行から何かきかれたら、「すみません、出直してきます」。

まるでガキの遣いかと。

実にお恥ずかしい話だが、いいオッサンでも専門外のことはこんなもんである。で、人生、周りを見回せば

専門外のことだらけ。

筆者には、調理師免許もないし、危険物の取り扱いもできない。ラグビーもホッケーもやったことはない。バレエも踊れないし、バイオリンも弾けない。理系教科はともかく、古文漢文はたぶん高校生には勝てない。今からピアノを習えば、きっと子どもが注意されるようなことを注意されるだろう。このような、いわゆる「数学」とか「ピアノ」のような、項目立てできることの他に「税金の払い方」や「保険の掛け方」、はたまた、「わからないことへのアプローチ」、「できないものへの挑戦のしかた」、「失敗したときの謝り方」など、

人生には、教科にない項目が、いくらでもある。

そうした項目も含めてある程度の数が揃ってくると、周りから「大人になった」という評価を受けるのだと思う。ただ「全体としては大人」になった人でも、前述のとおり、

未知のことに対しては、いつでも子ども

である。世の中から未知のことがなくなるはずはないし、歳をとったら「若い人への接しかた」という「新しい項目」が増える。つまりは

いつまでも「新しい項目」はなくならない

ので、いつまでもオトナにはなれない。そういうことまで考えると、「子

ども扱いしないでよ」が子どものセリフで、「子どもですから」がオトナのセリフだったりすることに納得がいく。それにね、これを読んでいる若い諸君には思いもよらないことかもしれないが、歳を取ると、たいしたこともやってないくせに

くだらないプライドだけは高く

なって、なかなか「子どもになる」ことができなくなるんだよ。自分を棚に上げてこれを書いているんだけどさ。ほんと、いつまでも子どもの頃の気持ちは忘れたくないと思ってるんだけど、私も、くだらないプライドからは逃げきれてないんだ。スローガンだけでも「子ども扱いされることをおそれず、新しいことにチャレンジしたい」ものだね。でもこれはオッサンだけにあてはまることではないんだよ。ねぇそこの高校生くん、子どもに混ざってゼロからバイオリン入門を受講できるか？　子どもに混ざってスイミングスクールに通えるか？　そういうことなんだよ。大人の人で本書を読んでいるような人は、ある意味、「子どもに混ざって数学をやり直そうという覚悟のある人」に違いない。そういうのって、

この本を手にとっただけで偉い

といったところだ。まあ、大人が本書を手に取れるのは、「自分の本職についての自信」が心の支えとなっていたりするのかもしれないけどね。

何か１つの強い自信が、他のことへの対応を素直にさせる

といった効果はきっとある。空手のチャンピオンが他の格闘技を習い始める、とか、プロ野球の選手が武道を入門するとか、そういうことは実はよくある。上記のごとく、自分の「専門」以外は「専門外」だと思えば、他の道のプロに素直になれるというものだろう。若い頃は「自分より若い人に教わる」ことに抵抗感があったりするが、それも歳をとるとどうでもよくなってくる。習いたいものに比べたら、年齢など些細なことだ。まあこのあたり、全ての読者の気持ちにあてはまる話は書けないので、このあたりで話を戻すと、一般論として高校生は圧倒的に「わからないことへのアプローチ」の持ちネタが少なく、タフじゃない。でもまあそれは人生経験に基づくもので、高校生は若いんだから、これから

増やせばいいんだよ。勉強が進むにつれて「わからないこと」は増えていくし、その「わからないこと」は難しくなる一方だ。「わからないこと」が難しくなればなるほど、直接的なアプローチ法がなくなってくる。つまりは「練習すればできる」といった直接的なアプローチでは難しくなり、「AのためにはBが必要で、BのためにはCが必要。だからCをやらなくちゃ」とかになってくる。Cばかり練習していると「あれ、俺は何をやりたかったんだっけ」となってしまうと思うが、そこで全体を俯瞰する目を取り戻せるかどうかが難しい問題が解けるかどうかの分かれ道である。将来的な計画を見越して、全然関係なく見えることにも頑張れる、という

先を見通す目

を持つことが必要である。新しいことは「先を見通す目」を持てないこともある。いい師に出会えれば「先を見通した助言」がもらえるかもしれないが、そうでないときは

とりあえず先に進む

をおすすめする。そうするとあとで「先ではこういうことがあるのか〜」と思うだろう。ここで昔に戻れば、セルフで「先を見通した」ことになる。

本章のまとめ〜次の章に向けて

本章では指数と対数について学習するふりをしながら、数学や自然科学の「美学」について書いてきた。指数と対数については、まとめると3ページくらいになるんじゃないかと思うが、言いたいことは、その3ページのうしろに、たくさんの予備知識・前提・常識が隠れてるんだよ、ということである。前提や常識をただ書いても、そういう一般論はきっと全く読者に響かないと思ってこのようにしてみたが、

どうかねぇ。

常識や美学というものは、おそらくは、言葉にすると、いつでもちょっ

と違うんじゃないかなあ。きっと正解はないんじゃないか。ぶっちゃけた話は文字にしたらきっと「間違い」になるんだ。言葉になりにくい、もしかすると言葉にならないものだから、きっと誰も言葉にしたがらないのだ。正しいことは誰が書いても正しいが、こういう「間違い」は

著者の知識や性格がまるわかりになる。

ああ、実に恥ずかしい。どうしよう。ほんと…。

まあでも、いいんだ、こういう恥は。筆者は「自分が学生のときに聞きたかった話を書きたい」と思っている。既存の本に記載があまりなくって、自分が必要と思うことを書くんだ。普通の人は書かないものだけど、だからこそ

私が書かんで誰が書くの気概

で頑張るのだ。

というわけでだな、大事な注意 (1)。

本書の記述は厳密な意味では間違ってることもあると思う。とくに、美学の話なんか、いくらでもいちゃもんはつけられる。だからここにあることを他人に言うときには文脈や合意事項について十分に注意してもらいたい。

大事な注意 (2)。

本書は「行列・ベクトル」と言いながら、指数とか対数とか今まで全然関係ないことばかり。まあその通りで、「指数・対数」は確かに関係ないんだけど「背景知識」は関係あると思ってるし、筆者としてはいちおう「第３章の準備」のつもりなんだよね。普通の「行列・ベクトル」の本とは登山ルートが違うけど、筆者としては、行列やベクトルの難しさは、ここで述べてきたような「背景知識の不足」が原因になっているかも、と思うところもあったりして、それで、このような登山ルートを設定してみたのだ。だから、第３章では、本章で述べた「美学」とか「拡張の概念」を背景知識として使うつもりである。こうした背景知識はぜひ忘れないで欲しいが、いや、忘れてもいいんだよ。本書では大事なことは何度でも書くからさ。

本章でやったことは、指数の拡張、不思議な数 2^0、グラフの連続の

ために指数を実数乗まで拡張する話、無理数乗の定義で「哲学」が出てくる話、指数関数や対数関数から複素関数が出てくる話、指数関数が狭義単調だという話、logの公式を覚えてはいけないという話、指数や対数をある程度すっきり理解するためには微分積分が必要になる話、そして、こうしたことは「自然科学の底流に流れる『美学』によって方向づけされている」という話、学校での数学教育はそういう美学については言及していないという話、であった。寄り道たくさんで疲れる登山だったと思うが、ここまでの基礎力を持って、第3章に進んで欲しい。その前に、ちょっとコーヒーでも飲んで休憩しようね。

数学のノートの取り方

　多くの読者は不幸なことに、「数学のノートの取り方」なんてものは習ったことがないだろう。しかしこれは勉強の効率に響くことなのだから、できるなら早めに探求しておいた方がいい。普通の数学の先生の行動パターンを分析すると、普通に説明するときと、問題の説明をするときで違う。ここで注目したいのは、先生が問題を黒板で解いているときである。怒濤のように黒板に書く内容は、先生の頭に「記憶されて」いるものではない。先生は「ここをxでくくると…」などと言いながら式をずらずら書いているだろう。そうやって言いながら計算して、その結果を書いているのである。ということは、我々は先生の「計算用紙」を一生懸命写していることになる。実は、数学のノートは、

黒板を写したってしょうがない

のだ。数学を料理にたとえてみよう。料理の先生が「これに塩を少々」などと言いながら料理を作っている。ここで、考えて欲しい。「写真だけがある料理の本」と「手順だけがある料理の本」でどちらが使えるか。もちろん理想は両方あればいいのだが、写真だけか手順だけかを選ぶなら、絶対に手順だけの方だ。写真だけが20枚もあったところで、写真だけを見て、ある写真と次の写真の間に塩をふっているのかコショウをふっているのかを判別するのは困難だろう。

間違い探しクイズじゃあるまいし。

手順の一言が書いてあれば足りることを、時間をかけて写真を解読して探し当てるのは明らかに無駄である。写真は「ここぞ」というときに、数枚あれば足りる。数式でも同じだ。つまり、

ノートには、手順を書く

ことが大事である。式と手順を両方書くのが間に合わなければ、そのときは式の方を捨てるべきだ。先生が何か言いながら黒板に書いているとき、その「書いていること」よりも「話していること」の方が、ずっと重要なのである。一度も作ったことのない料理が「手順だけ」しか書いてなかったら再現するのはちょっとツライかもしれないよね。いやいや「授業中に、一度作った料理にしておく」んだよ。授業中に先生の手順をよく見て、先生と一緒に考えておく。そうすれば手順だけのノートでもあとで再現できるに違いない。

オトナの場合、カメラとか録音とか録画とか、いろいろなデバイスを使えるかもしれないが、そうであっても上記のことは考えに入れておくべきだ。カメラだけに頼った取材をすると、必ずあとで「あれこの写真、なんだっけ」ということになる。必ず「手順」を入れておこう。ぬいぐるみだけを撮影するんじゃなくて、「くじ引きで当たった」というメモも一緒に撮影しよう。

ノートというものは、基本的には、

「ああそうか」と思ったことを、自分の言葉に言い直して書く

のがよいのだが、慣れていないとカンタンにはいかない。なかなか自分の心の叫びを、素直に聴くことはできないものだ。どういうメモを残せば、先生の黒板が再現できるかを考えよう。大事なのは「これをあそこに代入して…」という、先生のつぶやきである。それが「手順」であり、「思考過程」である。思考過程を再現できる最小のメモを残せるようになるといいなあ。それを練習するとよい。

うふふー

Chapter3

ベクトルと行列は特別じゃない〜もっと世界を拡げよう

Section 3.1
この章でやること

　この章では、いよいよ本書のタイトルにもなっている「ベクトル」と「行列」について考えていく。いやあ、主人公が相当あとにならないと出てこない話とかってたまにあるけど、主題がここまで出てこない数学の本があっただろうか。まあこのタイトル自体に少し無理があるんだよね。本書はもともと「数学は学校で習うカリキュラムだけが唯一の登山道じゃなくて、他の登山道もあるし、教科書の単元では配置が遠くても、実はすぐそばのこともあるんだよ」ということを言いたくて書き始めたので、普通のカテゴライズに乗せるのは無理なのだ。でも普通のカテゴライズでどこに来るかを明示しないと本屋さんがどこの棚に置いたらいいか困るわけでね。まあ「ベクトルと行列」を最後の敵と想定しているわけだから、このタイトルでも間違いじゃないし、いいじゃないか、たまにはこういう本があってもね。というわけで、ここまでの知識を使ってベクトルと行列に立ち向かっていくぜ。

　第２章では指数法則を拡張して「数を作った」が、少なくとも、演算ルール（指数法則）は最初からあった。というか、演算ルールはしょせんは四則演算である。ところがベクトルでは「数」も「演算ルール」も新たに構築していく。これってなんか、すごくない？

「えっ、こんなものが家庭で作れるの？」

みたいな。こういう気持ちって、かなり強い好奇心を呼んでくれるし、強い好奇心は強いやる気につながるから大事なんだよ。数学というか、勉強ってヘタすると「与えられたエサを食べるだけ」になっちゃうものなんだけど、そうじゃない。どんな学問にも「研究」ってものがあるけれど、研究は一般的に「仮説を立て、検証して」すすめていく。つまり、「作って」いくものなんだよね。ここではベクトルや行列を皆さんと一緒に作っていこう。結構大変な作業になることが予想されるが、

ワナベクnコマ劇場（nは自然数）

皮から手でコネた餃子はきっとおいしい♡

苦労に見合うメリットをきっともたらしてくれるよ。がんばろう。本章では、最終的に１次変換による「座標変換」を目標にしたいと思う。

座標変換を目標に設定するのが適当かどうかという議論はあるだろう。大学入試にはたぶん関係ないし、大学の線形代数としては中途半端にも思える。まあでもいいんだ。筆者が若いころに座標変換を面白いと思ったし、

本書は「筆者が高校生のときに聞きたかった話を書く」の心もち

で執筆しているし、高校生当時の筆者は座標変換をプログラミングしてとても楽しかった。皆さんが楽しいと思ってくれるかどうかはわからないが、できるだけ頑張ってみる。

Section 3.2

ベクトルを作る

作るためには「動機」が必要

ベクトルは、マスターした人に言わせると

これがない世界なんて信じられない

というくらい便利な道具である。しかしながら「ベクトルと聞いただけでうんざりする」という高校生は多い。このギャップはどこからくるのだろうか。ベクトルを使うと確実に便利になるのだが、一度も便利さに触れたことがないと、その便利さはわからないもの。筆者は携帯電話のない時代にも生きていたはずなのだが、もはや携帯電話がない時代の不便さを思い出すこともできない。今から思えば不便な時代だったが、当時はそれが当たり前だったために「不便」とすら思っていなかった。現代もきっと未来人から見たら「えっ、これがない生活なんて信じられない」と言われる時代だろう。こうしたことを考えると、「ベクトルの便利さをわからない高校生」には２つのアプローチがありうる。１つは

四の五の言わずに、ベクトルを使えよコラ

と言って、とにかく使わせてしまう方法。もう１つは、

ベクトルを使わないと不便になる事例

をやらせる方法である。いずれにせよ、やり方を間違えると

数学嫌いを量産する結果になる

だろう。というか実際そうなっている気もする。筆者は、教科書は前者であると思っていたが実はそうではなかった。教科書は

ベクトルを使うと便利になる事例

をやらせている。つまり結構親切である。親切なんだけど、「ベクトルの便利さをわからせる」という要素は欠落している。なるほどだからベクトルの有り難みがわからない高校生が続出するわけね、と勝手に納得したりもしたのだが、そのあたりを踏まえつつ、本書では「便利さ」ということを考えながらベクトルを作っていくことにする。

ベクトルという概念を編み出したのは

複数の数字をまとめて扱う方法が欲しかった

ことが動機だろう。ここで「動機」と書いているのは「結果」と違うからだ。なぜベクトルを使うのかという質問の正しい答えは「複数の数字をまとめて扱いたいから」ではないと思う。この質問に対しての筆者の答えはのちのち語ることとしようと思うが、読者の方も、うっかりしょうもない動機で部活に入ってしまったり、テレビドラマを見始めたり、動物を飼い始めたりしたことはないか。きっかけと「続けていくワケ」は往々にして異なるものだ。とりあえず話の都合上、ここではベクトルは「複数の数字をまとめて扱いたかったから作った」と考えておいてもらいたい。「複数の数字をまとめて扱うという状況」と抽象的に書かれるとどんなことがあるのかな？　という気になるが、よく考えると日常ではそんなことばっかりである。

例えば野球選手を「打率と本塁打数」で考える、というのはよくある話だ。キャラクターの登場するゲームなどでは「攻撃力」や「防御力」などというパラメータが用意されたりするが、それなどまさにベクトルのためにあるような状況である。雑誌のファッションモデルをスリーサイズで表したり、スイカを大きさと糖度で分類したり、ジャガイモを重さと値段で考えたりと、いくらでも考えられる。むしろ日常生活では1つの数値だけで判断できることなどまれで、必ず複数の数値情報をまとめて処理していると言っても過言ではないだろう[注1)]。複数の数字をまとめて扱う方法はベクトル以外にもある。例えば「多項式の係数」に割り振る方法がある。3, 1, 2 を $3x^2+2x+1$ と割り振って、この式を操作するわけだ。この方法は日常生活ではホテルやマンションの部屋番号に使われている。例えば「403号室」だったら4階かなとか思うよね。階数と部屋番号を「階 $\times 10^2+$ 部屋番号」で表現しているのだ。本書では扱わないが、微分を使った「母関数」という手法もある[注2)]。しかしまあ、ベクトルがいちばん直接的に「複数の数字を同時に扱っている」という感じがすると思う。

ベクトルの表記法だが、カッコでまとめて数値を書けばいい。縦に並べる流儀と横に並べる流儀があるが、わかればどちらでもよく、混ざって使われる場合も多々ある。

ベクトルの例：

$$\begin{pmatrix} 771 \\ 65 \end{pmatrix},\ (771, 65)\ ,\ \begin{pmatrix} 256 \\ -20 \\ 80 \end{pmatrix},\ (x, y, z)$$

注1) でも1つの数字で表せると「便利」ではあるので、1つにしようとするのが人間ってもの。もともとが無理ゲーなので、必ず誤解する人が出てくる。

注2) 母関数については本書では扱わないが、例えば次のようなものである。$f(x)=\frac{1}{6}ax^3+\frac{1}{2}bx^2+cx+d$ としておいて、「次数が低い方から n 番めの文字を取り出すときは、n 回微分して $x=0$ を代入」と決める。こうすると、例えば c を取り出したいときは1回微分して $x=0$ を入れればいい。微分により d は消え、また、ゼロを入れることで x が残っている項は消える。このようにして、1つの式に複数の数字を保存することができる。

筆者は個人的には縦に並べた方がわかりやすいと思っているが、縦に並べると場所をとるので、やはり適宜使い分けている。どの順番がどの意味を表すかに決まりはない。ベクトルを使う人どうしがお互いに決めておく必要があるし、それさえ決めておけば

どんな情報を入れても構わない。

例えば「(身長 , 体重)」としておけば、筆者は(171, 61)と表されるし、アナタも貴方も貴女も何らかのベクトルで表されることになる。逆に「(身長 , 体重)」がわからない状態でただ(171, 61)とだけ言われても、なんのことかサッパリわからない。「複数の数字を扱うための道具」が、数学で役に立つといえば、パッと思いつくのは「座標」だろう。xy 座標系を設定した「平面」なら、x 座標と y 座標の 2 つを一緒に扱えたら便利そうだ。xyz 座標系を設定した空間なら、3 つの数字（x 座標、y 座標、z 座標）を同時に、便利に、扱えたら嬉しいだろう。だから教科書ではいきなり座標に対応づけてベクトルが登場してくるわけだが、筆者が言いたいのは

ベクトルとは本来自由なもので、扱えるのは座標だけじゃない

ということだ。これはたいへん大切なことなので、覚えなくていい。本書では大切なことは繰り返し書く。

例えばポケモンならば
ここらへんのステータスは有名だな
子供でも知ってるやつだ
くっそーなかなかロトム捕まんないなー
・性別
・とくせい
・レベル
・性格
・色違い
よしゲット!!
おいおまえら人と話をする時はゲームをとじなさい
もちろん知ってます♡
色違いはいくらでもほしいですね!!
でも実は子供たちにはあまり公表されていないポケモンのステータスがたくさんある
へ?
なにそれ
1 種族値(しゅぞくち)
1匹のポケモンについて まず
その種族としての要素が6つあります
・体力(HP)
・攻撃
パンチとかキックとか
・防御
・特殊攻撃
ビームとか
・特殊防御
・すばやさ
例 ピ〇チュウなら上から
35/55/40/50/50/90 (2015年現在)
時によりこれも変わる
え?

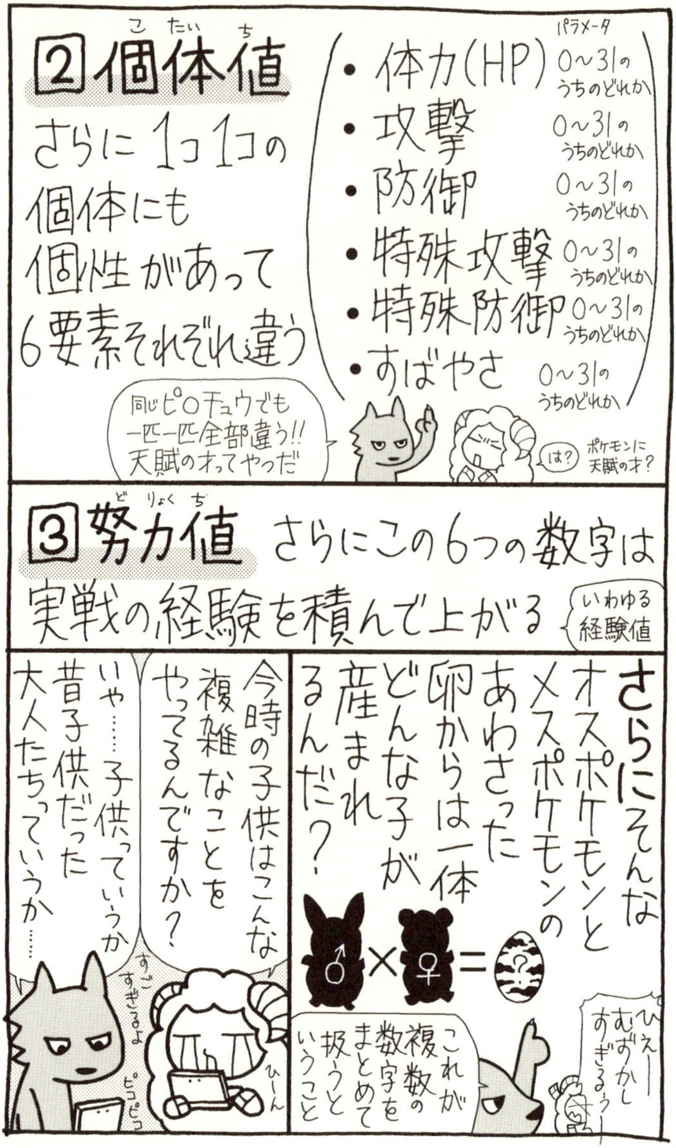

こたいち
②個体値
さらに1コ1コの個体にも個性があって6要素それぞれ違う
パラメータ
・体力(HP) 0〜31のうちのどれか
・攻撃 0〜31のうちのどれか
・防御 0〜31のうちのどれか
・特殊攻撃 0〜31のうちのどれか
・特殊防御 0〜31のうちのどれか
・すばやさ 0〜31のうちのどれか
同じピ○チュウでも一匹一匹全部違う!! 天賦の才ってやつだ
は?
ポケモンに天賦の才?
どりょくち
③努力値 さらにこの6つの数字は実戦の経験を積んで上がる
いわゆる経験値
さらにそんなオスポケモンとメスポケモンのあわさった卵からは一体どんな子が産まれるんだ?
♂×♀=?
これが複数の数字をまとめて扱うということ
ひえー むずかしすぎるう〜
今時の子供はこんな複雑なことをやってるんですか?
いや……子供っていうか昔子供だった大人たちっていうか……
すごすぎるよ
ピコピコ
ひーん

「次元」という不思議な言葉

ベクトルは「複数の数字を扱う道具」であり、とりあえずはその数字を並べてカッコでくくればいい。簡単だ。例えば、6個の数値「6502, 8080, 8086, 80186, 80286, 6809」を扱いたいのなら、

$$\begin{pmatrix} 6502 \\ 8080 \\ 8086 \\ 80186 \\ 80286 \\ 6809 \end{pmatrix} \quad \text{または} \quad (6502, 8080, 8086, 80186, 80286, 6809)$$

と書けばいい。ここに並べた数値は、数学的には互いに影響はない。ベクトルの数値の意味の決め方によっては、例えば「(身長 , 体重)」と決めた場合には実際には身長と体重はある程度の関連性があるわけだが、それは数学の話ではない。ここでは「並べた数字の個数」を「次元」ということにしておこう。したがって上記は「6次元のベクトル」である。高校数学ではベクトルが座標と強く関連付けられて教えられるため、主に2次元、多くて3次元までしか出てこないが、ベクトルを扱う上で3次元程度までしか考えないというのは

けっこうかなり、ナンセンス

な話である。『ドラえもん』の4次元ポケットは不思議だが、4次元のベクトルは不思議でもなんでもない。4次元のベクトルとは、よーするに4つの数字を同時に扱うよ、というだけのこと。もちろん4個の数字を並べてカッコでくくったもののことである。座標に関連付けるから4次元以上が不思議の世界に行ってしまうわけで、座標じゃなければ何十次元だって不思議でもなんでもないのだ。

新しい体系とは

今から、ベクトルという「複数の数字を扱う道具」を作っていこうと

思う。もちろん今新しく創造・創作するわけではないので、

プラモデルを組み立てる

ようなものだが、たとえ説明書通りに組み上げるだけでも、「作る」過程では必ず「構造」を考えることになるだろう。構造を考えることはとても大事なことで、それがただ完成品を買ってきてブンドド遊ぶのとの大きな違いである。だから、読者の皆さんもぜひベクトルを「創作する気分」になってもらいたい。指数の場合を少し思い出していただくとわかると思うが、「新しい数を作ったら」それに対して「足し算と掛け算を規定する」と、「新しい世界の、世界観が決まる」という流れだったよね。指数の場合の「新しい数」とは 2^0 や $2^{\frac{1}{3}}$ のような「原始的な指数の定義からは出てこないようなもの」だったが、ベクトルの場合は原始的もなにもなく、例えば「(3, 2)」が

すでに新しい「数」

である。皆さんもうすうす気づかれていると思うが、「数」という言葉の定義がだんだんズレてきているよね。本書ではカギカッコをつけて「数」と表記しているが、普通の本にはそういう（親切というよりは、むしろ余計な）気遣いはない。だから注意が必要である。もともと我々が単に「数」といえば「1, 2, 3, …」を表していたわけだが、ここでは

ある世界で、何らかの演算をされるものが「数」

というのが定義である[注3)]。2次元のベクトルの世界では「(3, 2)」や「(8, −1)」など（もちろん無数にある）がその世界の登場人物であり「数」ということになる。

ここで、一歩引いて、「数」とは何か、その「数」を扱う「世界」とは何かを考えてみよう。

「指数の拡張」では、法則にあうように「新しい数」を作ったが、今回は、

数自体を全く新しく作り、その新しい数を「ベクトル」と名付ける

注3)　正式な定義ではない（と思う）。

のである。「数」とは前述のとおり、計算「される」側、つまり、普通は自然数や有理数や無理数などのことであって、普通はあまり、「ウサギ ＋ ネズミ」のようなことはしない。ところが、今回は「計算される側」を新しく作ろうというのだ。そんなことができるの？　と思うかもしれないが、思ったよりは簡単で、それは「集合」で考えればよい。具体例で説明しよう。

まずは集合を用意しよう。例えば、こんなのだ。

ぽこぽこ：{ ウサギ、オオカミ、ヤギ、ネズミ、
イノシシ、ハツカネズミ }

名前がないと不便なので、とりあえず「ぽこぽこ」とした。いかにも適当な名前だ。さらに「ぽこぽこ Z」という集合を考える。これは、

ぽこぽこ Z：集合「ぽこぽこ」の要素を並べたもの

と決める。集合「ぽこぽこ」には要素（集合に含まれるモノのこと）は6つしかないが、集合「ぽこぽこ Z」には無限の要素がある。これは「数字」が0から9の10種類でも「数字を並べたもの」には無限の可能性があるのと同じである。「ぽこぽこ Z」に含まれるものとしては、「ウサギオオカミ」や「ヤギヤギネズミ」が挙げられる。ただし「タヌキオオカミ」は「ぽこぽこ Z」の要素ではない。あくまで、「ぽこぽこ Z」は「ぽこぽこ」の要素を並べたものであって、「ぽこぽこ」に含まれていない「タヌキ」のようなものが入ってはダメである。で、この例では

「ぽこぽこ Z」を新しい「数」と考える。

さて、今度は「ぽこぽこ Z」に対する演算を考えよう。新しい「数」での演算は、「順序」を設定すれば簡単に作ることができる[注4)]。順序としては別になんでもいいので、例えば「カワイイ度」などと決めることも可能だが、まあそれだと基準がハッキリしなくなるので、ここでは単純に「文字数」くらいにしておこう。「ぽこぽこ」に対して「文字数」という順序を設定して、等号と不等号はこの「文字数に対して」考えることにすると、次の式が成り立つ。

注4）　別に、順序を設定しなくても作れるが、わかりやすさから順序を設定することにした。

ヤギ＜ネズミ＜オオカミ ＝ イノシシ＜ハツカネズミ

順序を設定したために、等号と不等号が湧いて出てきた。今度は「＋」記号を設定しよう。とりあえず、なんとなく自然になるように決めようね。ここでは、足し算「＋」を「文字列をつなげる」と決めよう。このとき、例えば、

ネズミ ＋ ネズミ ＝ ネズミネズミ

だ。「＝」は文字数だけで判断しているのだから、

ネズミ ＋ ネズミ ＝ ハツカネズミ

でもよい。答えは他にもありうるだろう。

ヤギオオカミ ＝ ハツカネズミ ＝ ネズミネズミ ＝ ウサギネズミ ＝…

だ。別に答えが複数ある世界もいいじゃないか。我々の普段の世界でも0.25と$\frac{1}{4}$は同じことだ。将来的には「なにを『同じ』とするか」にもかなり世界観が現れることになるが、そのネタはいつかの未来の話にしよう。

ではここで問題。

例題

次の空欄を埋めよ。

オオカミ ＋ ハツカネズミ ＝ ウサギ ＋ ネズミ ＋ ヤギ ＋ □

答えはこの場合１つに決まる。「ヤギ」だ。簡単だね。ここで、

本当に、簡単か？

ということをよく考えてもらいたい。何も知らない人に上の問題をいきなり出したら、間違いなく

わけがわからない

に違いない。勘のいい人は「文字数か？」と察知して「クマ」とか答えるかもしれないが、「クマ」は残念ながら正解ではない。「クマ」は「ぽこぽこ」に含まれないからである。「ぽこぽこ」に含まれないものは「ぽこぽこZ」においては数ではない。平家にあらずば人にあらず。数を答えて欲しいときに数以外のものを答えるというのは、物理の試験の解答欄に「おいしいカレーの作り方」を書くようなもので、

場合によっては合格するかもしれないが[注5)]

普通は単に成績がつかないか、教員室に呼び出しになるだろう。いや、「クマ」と答えた人をバカにしているわけではなく、

「世界」を知らないときは、誰でもトンチンカンなことを言える

ということだ[注6)]。さて、ここまでやってきたことを整理してみると、

(1) 集合「ぽこぽこ」の設定
(2) 順序の設定
(3) 演算子「＋」の設定[注7)]

である。細かいことを書けば「ぽこぽこZ」を設定したり、等号や不等号を決めたりもしているが、細かいことはどうでもいい。ここで大事なことは2つ。

・決めたこと以外は「決まっていない」
・設定を知らない人には、何のことかサッパリわからない

ということだ。例えば「－」記号はまだ決めていないので、

ハツカネズミ － ネズミ ＝

注5) 筆者は大学時代、「カレーの作り方を書いても単位がくる」という噂のある、物理学の試験を受けたことがある。筆者はたまたま「解けた」ので、その噂の真偽を確かめる機会は得られなかった。最近の大学の単位認定は厳しいので、もはやそんなのは昔話だ。

注6) このことを知っていると人生のストレス耐性が上がるので覚えておいて損はない。例えばあなたがどこかの会社に入社して、先輩から「なにアンタばかなこと言ってるの」みたいなことを言われたとしよう。それはあなたが「その世界をまだ知らない」ということであって、新入社員ならあたりまえのことだ。

注7) ＋ － × ÷のような記号を「演算子」という。「えんざんこ」じゃないよ、「えんざんし」だよ。「子」は漢文ちっくな訳語で、operate（演算）に対して、operatorの「-or」が「子」。「演算するもの」という意味だ。

という演算は「できない」と答えるのが正しい。
では今ここで決めてみよう。どう決めてもいいのだが、

普通は、「それっぽく」決める

のが大事である。いやほんと、どう決めてもいいんだよ。どう決めてもいいんだけど、ある程度「それっぽく」決めないと、おかしなことになる。どういうのが「それっぽい」かは説明しにくいので、逆に「それっぽくないこと」をしてみよう。

1)「A − B」は、「ABB」と決める。

こう決めると、

ヤギ − ウサギ ＝ ヤギウサギウサギ

である。別にこれでもいい。でも、

そんなふうに決めるなら「−」記号なんか使うなよ、まぎらわしい。

と言いたくならない？ 「−」記号ではなくて、別の記号にすればいいじゃんね。
「赤い、紳士トイレのマーク」[注8)] があったら、君は入れるか？

2)「A − B」を「A から B の文字を取り除く」と決める。

これは、例えば、

ヤギオオカミ − ヤギ ＝ オオカミ

とする、というものだ。一見まともそうだが、

$$\text{ヤギオオカミヤギ} - \text{ヤギ} = \left\{ \begin{array}{l} \text{ヤギオオカミ？} \\ \text{オオカミ？} \\ \text{オオカミヤギ？} \end{array} \right.$$

となり、よくわからない。これは決め方が曖昧なせいである。また、

ハツカネズミ − ネズミ ＝ ハツカ？

注8) 読者が女性の場合は、適当に自分で判断して読み替えてね。

ここで、「ハツカ」は数ではない（「ぽこぽこ」の要素でないし、もちろん「ぽこぽこZ」の要素でもない）ので、

ハツカネズミ − ネズミ ＝

は「できない」が正しい。しかし、これはこれで不自然であろう。

3）「A − B」をあくまで「文字数」で考える。

これなら、

ハツカネズミ − ネズミ ＝ ネズミ(またはウサギ)

とできる。「ハツカネズミ − ネズミ」が「ウサギ」になるのって、ここから読み始めた人にはチンプンカンプンだろうが、今は「文字数」で考えているんだからね。「−」の場合は「＋」と違って、「できない」が正解になるような式も作れてしまう。例えば、

オオカミ − ハツカネズミ

は「できない」が正しい。

この場合、「−」は「＋」の逆演算になっている。やっぱり我々には四則演算で培った常識があるので、プラスとマイナスは裏表の関係になってくれた方が嬉しいし

それっぽい

と思う。世間の納得が得られるし、普通に扱ううえで便利だろう。どう便利かって、例えばプラスとマイナスが逆演算になっていると、

移項ができる。

これなら、

ハツカネズミ − ネズミ ＝ ウサギ

という式は移項で変形してやれば、

ハツカネズミ ＝ ネズミ ＋ ウサギ

になる。どう、これってわりと「納得」できるでしょ。わりと妥当に思えるよね。そんなわけで、ここでは「－」はこのような意味に決めることにしよう。

これまでで、

(1) 集合「ぽこぽこ」と「ぽこぽこ Z」の設定
(2) 順序の設定
(3) 演算子「＋」の設定
(4) 演算子「－」の設定

までが終わった。このあとは「×」をどうするとか「÷」をどうするとか、考えていくこともできなくはないが、さすがにこれ以上、くだらない例にページを費やすのはやめにしよう。結局何が言いたいのかというと、

こうやって、新しい「数」が作れるんだよ

ということである。これに尽きる。そして、新しい「数」に対しては、その「数」なりの「演算」が作れる。用意されていない演算子はまるで意味がないのだ。だから「ぽこぽこ Z」に対して、「×」や「÷」や「$\sqrt{\quad}$」は

決まってないんだから、まだできません

というのが正しい。また、上で「－」に対していろいろなルールを提案してみたが、何度も強調しているように、これらはどれでもいいのだ。どれでもいいけれど、なるべくわかりやすく使いやすく決めるのがいいので、上では「＋」の逆演算になるように「－」を決めた。ベクトルに対する演算ルールも、このような発想、このような流れで決まっていくのである。「ベクトルの計算」は教科書では当たり前のようにすぎていくけれど、そんなに簡単な話ではない。「ぽこぽこ」の「数」を操作するときに、これは「数」なのかどうかとか、これは「ぽこぽこ Z」に含まれるのかどうかとか、いろいろ気を遣う必要があったと思うが、

ベクトルでも、同じくらい気を遣わないといけない

のである。基本的に「あまり気を遣わなくてもできる」ように記号を決めているはず（「ぽこぽこ」でもそういうふうにやってたでしょ）なのだが、ただ、基本的に「別モノ」なのだということを忘れてはならないのだ。

最後に確認しておこう。新しい「数」に対して大事なことは２つ。

・決めたことはできる。決めてないことはできない
・設定を知らない人には、何のことかサッパリわからない

である。ということは、もし「サッパリわからん」と思ったときは、えてして

「後者に自分が該当している」ということ

である。そういうときはすぐに「定義を調べればいいんだ」と考えよう。このあたりの対応は常識にしておきたい。そうでないといつまでも「難しいもの」に立ち向かえない。勉強でも仕事でもピアノでもサッカーでも、自分では頑張ってると思ってるのにコーチにめちゃめちゃ怒られたりすることがあるだろう。そういうときは「そもそもコーチの言ってることを誤解している」可能性をまず考えよう。絶望して投げ出す前に、まだまだまだまだたくさんやることがある。コーチの使っている言葉の定義が、自分の思っている定義と同じかを確かめよう。「目の前の壁を叩き続ける」前に、その壁が「壊すことができる壁なのか」、「そもそもその壁を壊した先に道があるのか」。もしかして闘うべき敵を間違っていたりしないか。自分の置かれた状況を冷静に分析して、敵を倒すために何が必要かを考える。これは「問題解決能力」の１つのカタチだ。

数学を学習することで、数学だけが上達するってのは良い学習とはいえない。問題解決能力もあげないとね。というか、勉強でもなんでも「習い事」は一般に、そういうふうにやるものだ。１つのことをやって、その１つのこと「しか」できるようにならないってのは、何か根本的なところで知識の受け入れ方を間違っている。また、一度に複数の能力をあ

げようとするのを「欲張りだ」と嫌う人もいるが、そういうものではない。数学を学べば「自然に」他の能力も上がるはずなんだよ。学習により上がる能力は「英語」とか「数学」とか「物理」などといった教科のカテゴリーときっちりマッチするわけではない。

複数の事柄が同時に上がるか、もしくは、何も上がらないか

になるはずなんだ。今皆さんは本書で数学のスキルアップをしているところだと思うが、数学とあわせてぜひ「問題解決能力」などの他のことも一緒にレベル上げしてもらいたい。

ページ数の関係もあるかもしれないし。まあ「何を考えて執筆してるか」なんてどうでもいいや。ともかく、指数の「無理数乗」のところでもやったことだが、学問を「積み重ね（今、こういうトラブルがあるから、こうやって解決しようよ）」と「天下り（将来、こういうトラブルが起こるから、今のうちにこうしておこうよ）」に分けるとすると、ベクトルは「天下り」の要素が強いと思うんだ。習う側としてはまだトラブルに出会っていないのだから「ありがたみがわからない」のは当然のこと。きたるべき将来のトラブルのために、退屈に耐えなければいけないのだ。「退屈に耐える」は簡単なことではない。災害なんて「来ないよ」と思っている人と「来るかも」と思っている人では避難訓練の受け止め方の温度差が激しいだろう。ベクトルをやる意味など、初学者にわかるはずもない。大数学者との温度差は絶大だ。そして

教科書は、大数学者によって書かれている！

日本の検定教科書は予算の関係だかなんだかしらないが、薄いし「必要最低限」しかない。だから「温度差」について説明する余裕はない。余裕があってもやる気はないかもしれないが、いずれにせよ、それで勉強するのは厳しいし、あまつさえ、独学は絶対に無理と思う。「大学入試の試験範囲表」くらいに考えておくくらいが良いんじゃないかね。洗練されすぎている。初学者にはたくさんのムダが必要なのだ。本書の内容はきっと

9割がムダ

である。いいんだ、それで。読者の皆さんがこういう事情を知り、「ベクトルの退屈」に耐えられるようになれれば、「ムダの中にも価値があった」ということになる。

数や演算子を作る

ここでやったような集合「ぽこぽこ」を設定して、演算ルールをきめていく、というような話は、大学以上では「群論」と呼ばれる数学分野で詳しくやる話である。「ぽこぽこ」の設定で、集合とか演算とかを「いくらでも勝手に決めていい」とか「自由に決めていい」とか何度も強調していたと思うけど、そうやって自由に決めたなかにも真理はまぎれこんでくるのが面白いところで、それを扱うと学問になる。例えば「計算結果が集合のなかにおさまるか」とかで分類していく。たとえば、整数という集合は、整数同士を足したり引いたりではやはり整数になる。整数同士の掛け算でもやはり整数になる。ところが、整数同士の割り算では整数とは限らない。この事実を、整数は「和と差と積について閉じている」という。足し算引き算を合わせて加法、掛け算割り算を合わせて乗法と言うと、「整数は、加法については閉じていて、乗法については閉じていない」となる。じゃあ有理数は？　有理数は加法についても乗法についても閉じている。自然数は？　自然数は加法について閉じていないし、乗法についても閉じていない。じゃあ「ぽこぽこ」は？「ぽこぽこ」は引き算で集合の外に飛び出してしまって「できない」となるものがあるので、加法については閉じていない。乗法は定義もなされていない。で、乗法について閉じている場合はどんな性質があって…と話は続くのだが、まあそれはほんとに群論でやってくれ。ここで言いたいのは、教科書の執筆陣は群論を知らないはずがないので、群論の便利さも知っているけどそれは試験範囲じゃないしなあ、という

「小学生に方程式を教えてしまいたいジレンマ」

みたいなものを感じながら教科書のこのあたりを執筆してることだろう。いや、わかんない、何も考えてないかもしれないな。

ベクトルの世界へ

集合「ぽこぽこ」の扱いにいくら習熟しても数学の成績は上がらないので、そろそろベクトルに話を戻そう。ベクトルは「複数の数字を格納する箱」として、$(3, 2, 1, 4, 5, 6)$ のように書くことはすでに述べた。普通の数値を x などの文字で表したように、ベクトルも文字で表せるようにしよう。記号というのはしょせんは「書き手と読み手の申し合わせ」なので、「ベクトル x」と書けば x はベクトルになるが、普通の数値を入れる普通の変数と紛らわしいので、ベクトルの場合は特別な装飾をつけることが多い。高校数学では $\vec{x}$ と、記号の上に矢印を書く。大学以上では「$\boldsymbol{x}$」のように微妙な太字で表すことが多い。筆者も大学生になりたての頃は、大学数学ならやっぱりベクトルは太字でしょ、矢印なんてコドモコドモ、という

年長組が年少組を「赤ちゃん扱い」するような

恥ずかしい言動をしていたが、最近は「きっと大学の教科書は矢印を組版する（印刷する）のが面倒だったとか、しょーもない理由でそうなってたんだろうな。むしろ高校教科書は学生のためにメンドクサイはずの矢印記号を採用してあげてたんじゃないか。だとすると偉いし、頑張ってる！」とか思い始めて、結論として

わかれば（わかりやすければ）なんでもいいや

と思っている[注9)]。前述のとおり、数学でいくつかの数字をまとめて扱いたい場合で、一番単純なのは「座標」なので、おそらく座標からの連想でベクトルの矢印記号はできたのではないかと思う。で、ついうっかり

「ベクトルは矢印だ」みたいに思ってしまう人が後を絶たない

わけだが、記号の由来と記号の表すものは別だよ。税務署の地図記号の由来は「ソロバンの玉」だけど、税務署では多分ソロバンはもう使って

注9)　いちばん「やり方」にこだわるのは、「ちょっと習熟した」程度の人だろう。上達するとわりとどんな状況からもなんとか格好つけられるようになるので、そうなると「なんでもいいんだけどさ」みたいな言い方になってくる。いーかげんな発言ってわけじゃないんだよ。

ないからね。だから、矢印記号は矢印記号、ベクトルは「複数の数字をまとめて扱うもの」。そういうことでぜひよろしく。

ベクトルの表記法

ここまで「ベクトルの使い道は座標だけじゃないよ」ということを何度も言っているので、

どうせなら座標じゃない使い道からやろう

と思う。

複数の数値をまとめて扱うものがベクトルである。つまり、複数の数値の組、(1, 2) みたいなものを1つの「数」だと考えろということだ。(1, 2) みたいなものを1つの「数」だと思うってのは

なかなか勇気のいる

ことなのだが、まあ本書の読者の皆さんは第2章でさんざんゴチャゴチャと「新しい数」の話につきあってもらったので、多少へんなものも「数」だと思えるような寛容さはすでに身につけているだろう。

ベクトルの書き方は縦に書く流派と横に書く流派があるが、どちらでもいい。

$$\vec{a} = \begin{pmatrix} 3 \\ 2 \end{pmatrix}$$

ヨコに書くと、

$$\vec{a} = (3, 2)$$

は同じことだ。ヨコに書いたときに、「,」を入れるかどうかは、やはり人によって好みがわかれるところで、別に入れなくても構わないが、

でも、入れようよ

という気もする。とくに、

字のヘタな人は、絶対に入れた方がいい。

ちなみに筆者は、ベクトルをタテに書くかヨコに書くかはとくにどちらとも決めていない。紙をひろびろ使えるときはタテに、そうじゃないときはなんとなくヨコに書いている。わかりやすさで言えば、タテ書きがいいんじゃないかなあ。本でタテに書くとページ数を食ってしまうので正直イマイチなのだが、読者が慣れるまではわかりやすさ優先でなるべくタテ書きでいこうと思う。

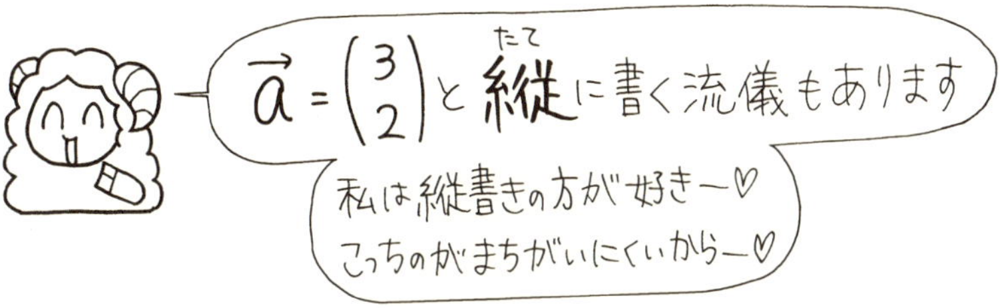
$\vec{a}=\begin{pmatrix}3\\2\end{pmatrix}$と縦に書く流儀もあります
たて
私は縦書きの方が好きー♡
こっちのがまちがいにくいからー♡

ベクトルの順序

ベクトルでは「(1, 2) みたいなもの」を1つの「数」と思うわけだが、この「(1, 2) みたいなもの」という「新しい数」について、これから

「演算ルール」を決めていこう

と思うが、その前に、「順序」について考えておきたい。結論からすると、ベクトルには順序はない。集合「ぽこぽこ」の場合には勝手に順序を設定してしまったが、ベクトルにはこれはという順序はなく、(1, 3) と (4, 5) では大小関係はないのだ。ここで間違えないで欲しいのは「カッコの中身の大小の問題ではない」ということだ。仮に (200, 100) と (1, 2) の比較でも前者が大きいということにはならない。

雰囲気で勝手に解釈しないように！

新しい数や演算を作る際の大事な注意として、「決めてないことはしてはいけない」というものがあったことを思い出そう。順序に関しては「設定されていない」んだから、大小の比較は「できない」というのが正解。記号で言うと「＜」と「＞」は使われない、ということだ。集合「ぽこぽこ」でそうだったように、順序というのは

設定さえすればいくらでも作れる。

だから、例えば「ベクトルの第一成分[注10)]」という順序を設定することは可能だろう。しかし現時点ではそんなことは誰も決めていないし、

今後も「一般的には」出てこない。

一時的に、勝手に決めることは誰でもやっていい。答案なり論文なりに「ここでは大小関係を、こう決める」と宣言すれば、その答案なり論文なりでは、そのような世界になる。局所のルールを「何の説明もなく」一般に使ってはいけない、というのは、別に数学に限ったことではないだろう。

ベクトルの演算（足し算・引き算・実数倍）

さてベクトルの演算だが、足し算・引き算・実数倍は

基本的に誰も疑問に思わないところ

なので、軽く流していこうと思う。とりあえず例として、野菜の値段設定を考えてみよう。何種類取り扱ってもいいのだが、とりあえず5種類くらい扱うことにしよう[注11)]。名前がないとあとで不便なので、ベジタブルのvを使って、とりあえず$\vec{v}$としておく。

$$\vec{v} = \begin{pmatrix} \text{にんじん} \\ \text{じゃがいも} \\ \text{玉ねぎ} \\ \text{なす} \\ \text{ほうれん草} \end{pmatrix} = \begin{pmatrix} 98 \\ 198 \\ 298 \\ 398 \\ 498 \end{pmatrix}$$

ベクトルの構成要素を「成分」という。成分の個数を「次元」というのだったよね。だからこれは「5次元のベクトル」だ。ベクトルをこうやってタテ書きすれば、なんの説明がなくとも、「玉ねぎは298円か」と

注10) ベクトルの構成要素を成分という。(2,3) なら2, (5,1) なら5が「第一成分」。
注11) たとえ10種類でもやり方は同じである。野菜の値段は説明の都合でテキトウなので、そのあたりにツッコミいれないように。

思えるよね。まあ、

それが自然な解釈

というものだろう。視線を横に流すことに違和感はあまりない。等式を5本並べて

$$\begin{cases} \text{にんじん} = 98 \\ \text{じゃがいも} = 198 \\ \text{玉ねぎ} = 298 \\ \text{なす} = 398 \\ \text{ほうれん草} = 498 \end{cases}$$

と同じことである。よーするに、5行分の「＝」をベクトルでまとめて書いた、と。このような考え方を基本として、ベクトルの足し算は「各成分ごとに加える」と決めるのは妥当じゃないか。例えば次のように。

$$\begin{pmatrix} 98 \\ 198 \\ 298 \\ 398 \\ 498 \end{pmatrix} + \begin{pmatrix} 0 \\ 10 \\ 0 \\ -30 \\ 20 \end{pmatrix} = \begin{pmatrix} 98 \\ 208 \\ 298 \\ 368 \\ 518 \end{pmatrix}$$

じゃがいもとほうれん草を値上げして、なすを値下げしてみた。足し算は「移項して、引き算に」できると我々のこれまでの経験にそうことになる。ベクトルの引き算は「まだ決めていない」が、先取りで移項してしまおう。

$$\begin{pmatrix} 98 \\ 198 \\ 298 \\ 398 \\ 498 \end{pmatrix} = \begin{pmatrix} 98 \\ 208 \\ 298 \\ 368 \\ 518 \end{pmatrix} - \begin{pmatrix} 0 \\ 10 \\ 0 \\ -30 \\ 20 \end{pmatrix}$$

この左右が等しくなるように「ベクトルの引き算」というものを決めるのはそれほど難しくはない。足し算と同じように「成分ごとに引き算する」と考えればいいだけだ。引き算は、定数倍の処理の方法も提案してくれている。例えば$a-b=c$なら$a+(-1)\cdot b=c$ということを表すんだよね。ベクトルを引き算で書いたときに「マイナス記号は行それ

ぞれに及ぶ」と考えられるが、ということは、「ベクトル全体を定数倍する」と、その定数倍は「行それぞれに及ぶ」とするのが妥当だろう。例えば、

$$10\vec{v} = 10\begin{pmatrix} 98 \\ 198 \\ 298 \\ 398 \\ 498 \end{pmatrix} = \begin{pmatrix} 980 \\ 1980 \\ 2980 \\ 3980 \\ 4980 \end{pmatrix}$$

とできてしかるべきだ。このように、ベクトルの足し算、引き算、定数倍は、わりと簡単に決めることができる。

ところでね、ここでは「タテ一列」で考えたけど、「成分ごと」でいいんだったら、配置はもっと自由でいいんじゃない？例えば

$$\begin{pmatrix} 0 & 1 & 1 \\ 0 & 1 & 1 \\ 0 & 1 & 1 \end{pmatrix} + \begin{pmatrix} 0 & 0 & 1 \\ 1 & 2 & 3 \\ 4 & 1 & 1 \end{pmatrix} = \begin{pmatrix} 0 & 1 & 2 \\ 1 & 3 & 4 \\ 4 & 2 & 2 \end{pmatrix}$$

みたいな計算はどうだろう。対応する場所ごとに足し算なり引き算なりするという基本ルールで、違和感はそれほどないと思う。今どきは表計算ソフトが普通にあるので、この手の計算にはみんな見慣れているかもしれない。このように数字を平面的に並べてカッコでくくったものを「行列」という。行列の紹介よりも前に行列の計算ルールを紹介してしまうかたちになったが、ベクトルの場合と同じように「対応する場所ごとに」演算を行い、また、全体が定数倍となった場合には、各成分にそれを作用させればよい。今まで紹介してきた計算を行っている限りは、たくさんの式をただ同時に扱っているにすぎないので、「分配法則」や「交換法則」も当然成り立つ[注12)]。分配法則と交換法則は次の項で少し詳しく見よう。

注12) 「今まで紹介してきた計算を行っている限りは」分配法則や交換法則が成り立つのであって、今後登場する新しい計算ルールが分配法則や交換法則を満たすとは限らない。

ふつうの日本語で言う
「行列」はこう!
ゴール
わーい
先頭!
ちなみに
コミケの「行列」はこう!
1人1限
いちげん
おひとりさま
1冊まで
ってこと
最後尾
本日のお品書き:森の数学教室
ひつじ
抱き枕
完売 9000円
やーん
あは!
オオカミ
マイクロファイバー
タオル
完売
3500円
ポイント!!
メンバーカラー
Tシャツ
狼・羊・ヤギ各3000円
列の途中
たぶん
日本特有の看板。
行列に
並んでいる間に
何を買うか
決めてもらう
ここが
最後尾
ゴール
こう
並んでる
行列の
ここ★
で持つ。

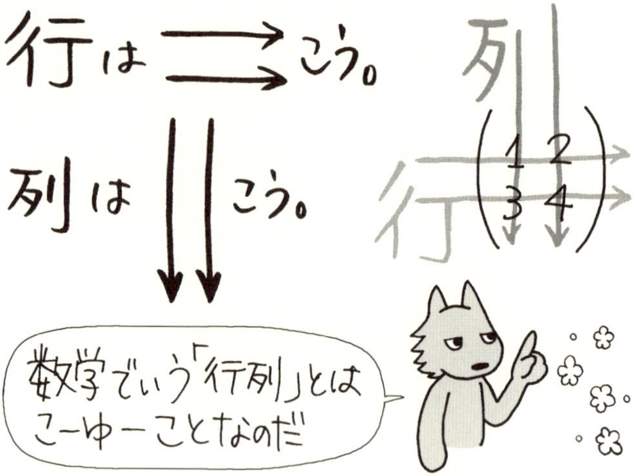
行は　こう。
列は　こう。
列
行
1 2
3 4
数学でいう「行列」とは
こーゆーことなのだ

交換法則とか結合法則とか

「新しい演算ルールを作る」って作業を、読者の皆さんはあまりやったことがない注13) と思うが、演算ルールを作ったら

「交換法則・結合法則・分配法則」を確認するのは基本中の基本

なのだが、まあ、ここではあまりこだわらないことにする。いちおう下に書いておくけれど、

あんまり細かいことをやりすぎると、かえってよくわからなくなるからね。

もしあとで必要になったら、そのときにちゃんと解説するから、適当に読み飛ばして欲しい。

・交換法則とは、「*」という演算に対して $a * b = b * a$ が成り立つとき、「交換法則を満たす」という。例えば普通の足し算は $3+5=5+3$ なので成り立っている。掛け算も成り立つ。ただし、引き算や割り算は成り立たない。ベクトルの場合は、普通の足し算引き算と同じで、足し算に関しては成り立つ。引き算に関しては成り立たない。

注13)　そういう想定で本書は書かれている。何度もやったことのあるような人は、本書など読まずに、もっと難しい数学の本を読みましょう。

・結合法則とは、「*」という演算に対して $(a*b)*c=a*(b*c)$ が成り立つとき、「結合法則を満たす」という。これも、普通の足し算と掛け算は満たすが、引き算と割り算はそうではない。
・分配法則とは、$3\times(2+5)=3\times2+3\times5$ みたいな変形ができるのか、ということである。

ちょっと考えればわかるが、ここまで決めてきたベクトルの和や差は、結局

何本かの等式を同時に処理しているだけ

でしかないのだから、基本的に普通の等式と同じ処理でいいだろう。

この決め方は交換法則も結合法則も成り立つので、まるっきり普通の足し算と引き算のようにカッコをつけたり外したり、計算の順序を入れ替えたりも可能である。このように

ベクトルであっても普通の数と同じように演算できると、嬉しい。

だからそのように演算ルールを決めていくのである。ベクトルとは「新しい数」なので「新しい演算ルール」が必要なのだが、「新しいモノ」でも「古い使い方」で使いたいのが人間というもの。なかなか人間のアタマを切り替えるのはタイヘンなので、「新しい数でも、古いルールで処理できるように、演算ルールを組み立てる」という方針で続けて考えていこう。

新しい道具で連立方程式を解こう

ベクトルは、いくつかの数字を一列に並べたもの。行列は、数字を平面的に並べたもの。ベクトルは並べた数字の個数を「次元」という言い方で、5個並べたなら「5次元のベクトル」というが、行列は「横に何個か」×「縦に何個か」で表し、「3×2の行列」などという。「1次元のベクトル」と「普通の数字」の違いは、ないといえばないし、あるといえばある。同様に、「n 次元のベクトル」と「$1\times n$ の行列」の違いも、ないようで、あるようで、ない。曖昧である。まあ使ううちに慣れていくことなので、あまり考え過ぎないようにしよう。ベクトルも行列も、

今のところは似たようなものと考えておいてよい。どちらも、

・足し算／引き算は対応する場所ごとに
・定数倍はそれぞれに
・カタチが違うものは演算できない
・移項や分配／交換可能
・掛け算のようなものはあとで考える

ということである。

さて、ここまでが「基本ルール」とすると、ベクトル[注14)]は、その基本ルールに「特別なルール」を付け加えることで実際に使うことができる。例えば、どの成分がどの意味を表すか、ということも「特別なルール」のうちである。

それでは、じゃがいもの値段を計算することにも飽きたので、実用的な「特別なルール」を設定して、連立方程式を解いてみよう。

連立方程式を解く（1）

とりあえず例として、次のような連立方程式を考えよう。

$$\begin{cases} 2a+b=3 \\ 3a-b=7 \end{cases}$$

これをガバッと省略して、

$$\begin{pmatrix} 2 & 1 & 3 \\ 3 & -1 & 7 \end{pmatrix}$$

と書くことにする。今、「この場限りの特別なルール」を決めたんだよ。行列の各成分が何を意味するかは、そのときに応じて決めていいんだったよね。だから、この行列を、上の段が第一式、下の段が第二式、左から順に、a の係数、b の係数、計算結果、という意味付けにしたわけだ。

次は「この場限りの特別な計算ルール」を決める。連立方程式を解くためのルールは偉い先輩がすでに作ってくれていて、次のようなものだ。

(a) 行全体を定数（0 以外）倍してよい
(b) 他の行とある行を入れ換えてよい

注14)　正しくは「ベクトルや行列」とすべきだが、面倒なので「ベクトル」で代表させる。以後同じ。

(*c*) ある行を他の行に加えたり引いたりしてよい

なぜルールがこのように作られているかは、もとの連立方程式に戻して考えればわかる。例えば（*a*）は第1式「$2a+b=3$」を2倍して「$4a+2b=6$」で考えても同じだということを示している。いいよね、別に。これらは「やってもいいこと」の羅列であって、「問題を解く」というゴールに向かうためのアルゴリズム（手順）ではない。上記のルールにしかるべきアルゴリズムを加えれば問題を解くことができる。そのアルゴリズムとは、以下。

(1) 第1行第1列の要素に注目する。
(2) 注目した場所より下、注目した列がゼロになるようにルールを適用していく。
(3) 最終行までやったら、次へ。まだ最終行じゃないなら、注目する場所を右下に移動して（2）へ。
(4) 以下省略（具体例参照）

まあ、こうやって書くと「ややこしい」としか思えないと思うんだけど、やってみれば簡単なので、まだ投げ出さないようにね。なお、上記の（1）〜(3) の部分に「前進消去」、(4) には「後退代入」という名前がついている。後退代入は上記では省略してしまったが、これはヘタに書くとかえってわかりにくいからで、

手抜きじゃなくて「配慮」だよ、ということにしておいて

欲しい。あと、実はこれがさりげなく一番重要なルールなんじゃないかという気がするが、「ある行を変化させるときは、他の行はいじらないこと」、つまり、

必ず1行ずつ、変形していくこと

は守って欲しい。2行以上を一度に変形すると、まずおかしな結果になる。さて、これから何がやりたいのかというと、

連立方程式のことを「忘れて」、連立方程式を解く

ということをやりたいのだ。…って、何を言ってるかわからんよね。そろばんでいろいろな計算ができるけれど、そろばんという道具は、ある演算について「玉の配置と動かし方」が決まっているよね。ある演算を適切な「玉の配置」に置き換えて、ルールにしたがって「玉を動かして」、動かしおわったら最後に適切に「玉を読めば」答えが出る。玉の動かし方にももちろん「理由」はあるのだが、実際に計算しているときは「理由は考えない」。それどころか「もとの問題すら忘れて」いるはずだ。それが「そろばんという道具」である。これをやろうというのだ。連立方程式を行列に変換。行列の世界のルールで変形して、その結果を読む。その「行列の世界のルールで変形して」のときは、もとの連立方程式のことは「忘れたことにする」のである。

　それではやってみよう。

$$\begin{cases} 2a+b=3 \\ 3a-b=7 \end{cases}$$

を、まず、

$$\begin{pmatrix} 2 & 1 & 3 \\ 3 & -1 & 7 \end{pmatrix}$$

と書く。ルールにしたがってやってみよう。(1) とりあえず左上の「2」に注目してみる[注15]。(2) その「2」以外をゼロにするには、いったんその行を $\dfrac{3}{2}$ 倍して

$$\begin{pmatrix} 3 & \dfrac{3}{2} & \dfrac{9}{2} \\ 3 & -1 & 7 \end{pmatrix}$$

としてから、2行目から1行目を引けば、

$$\begin{pmatrix} 3 & \dfrac{3}{2} & \dfrac{9}{2} \\ 0 & -\dfrac{5}{2} & \dfrac{5}{2} \end{pmatrix}$$

これで第1列は、注目した場所以外（って、1箇所しかないけど)、ゼ

注15) 「最右列以外のどれか1つの要素に注目」するのだから、選択肢はこの場合4つある。どれを選んでもかまわない。

ロになった。このあたりで皆さんには「ああ、分数、イヤだなあ」と思ってもらいたいところだが、今回はこのまま頑張る。(3) 注目する場所を動かすが、次はもう最終行のため、おしまい。ここからは (4) になる。

2行目を使って、1行目の「$\frac{3}{2}$」をゼロにしよう。2行目を $\frac{3}{5}$ 倍すると、

$$\begin{pmatrix} 3 & \frac{3}{2} & \frac{9}{2} \\ 0 & -\frac{3}{2} & \frac{3}{2} \end{pmatrix}$$

第2行を第1行に足すと、

$$\begin{pmatrix} 3 & 0 & 6 \\ 0 & -\frac{3}{2} & \frac{3}{2} \end{pmatrix}$$

ここまでやったら、もとの連立方程式に戻してみよう。

$$\begin{cases} 3a & = 6 \\ \quad -\frac{3}{2}b = \frac{3}{2} \end{cases}$$

すなわち、

$$\begin{cases} a & = 2 \\ \quad b & = -1 \end{cases}$$

となる。どう？　解けてるよね。

馬鹿丁寧にやってきたが、「もっとうまく、もっと簡単にできそうだ」と皆さんも思うだろう。まず、分数がイヤだよね。適当に何倍かしておいて、整数で処理した方が簡単だ。

$$\begin{pmatrix} 2 & 1 & 3 \\ 3 & -1 & 7 \end{pmatrix}$$

を

$$\begin{pmatrix} 6 & 3 & 9 \\ 6 & -2 & 14 \end{pmatrix}$$

として、

$$\begin{pmatrix} 6 & 3 & 9 \\ 0 & -5 & 5 \end{pmatrix}$$

として、

$$\begin{pmatrix} 6 & 3 & 9 \\ 0 & 1 & -1 \end{pmatrix}$$

1行目を3で割って簡単にしてから…

$$\begin{pmatrix} 2 & 1 & 3 \\ 0 & 1 & -1 \end{pmatrix}$$

2行目を引けば、

$$\begin{pmatrix} 2 & 0 & 4 \\ 0 & 1 & -1 \end{pmatrix}$$

最後に1行目を2で割って、

$$\begin{pmatrix} 1 & 0 & 2 \\ 0 & 1 & -1 \end{pmatrix}$$

となり、無事に $a=2,\ b=-1$ になる。この方が圧倒的に簡単だし、ミスのリスクが少ないでしょ。ところでこの、連立方程式を行列で解く方法、

やたら、ページ数を食う

ので、ここまで丁寧にやるのは、本書ではこのくらいにさせて下さいませ。実は手書きの方がもっと紙が必要である。行列は隣の数字と区別をつけるために空白をあけなくちゃいけないが、それが手書きだと本当にしっかりあけておかないと間違いのもと。逆に、がんがん計算用紙を消費すると「ああ俺今まさに数学をやってるぜ」という錯覚を味わうことができて気持ちがいい[注16)]。

それではさっそく問題だ。ほい、どうだ、これ。

注16)　気持いいかどうかは人によると思うけど、例えばシャープペンの芯やボールペンのインク、厚いノートを使い切ったときって、自分が褒められた気がしない？　ねぇ？　何かの書類の裏紙を「計算用紙」として「再利用」するのって、「なんてエコで勤勉な俺」って思うのは筆者だけだろうか。

$$
\begin{cases}
2a + 5b + \ \ c + 3d = \ \ 5 \\
\ \ a + 2b + \ \ c + \ \ d = \ \ 2 \\
3a - \ \ b - \ \ c + 4d = -6 \\
2a + 4b + 3c + 2d = \ \ 3
\end{cases}
$$

このくらいだと、普通に解くより行列で解いたほうが簡単なんじゃないかな。答えは $(a, b, c, d) = (1, 2, -1, -2)$ になるので、ぜひ皆さんもじゃんじゃん計算用紙を使って、やってみて欲しい。方法は何通りもあるが、答えは一通りである。たぶん自分で手を動かす際の最重要ポイントは

必ず1行ずつ変えていく、ということ

だと思う。まあ、実際には慣れたら2,3ステップ一気にやってしまうこともあるけど、初学者の失敗パターンはだいたい2つの式を同時に変化させたために起こるのだ。

ところで、ここで紹介した「連立方程式を行列で解く方法」の、最後の段階はだいたい

$$
\begin{pmatrix}
1 & 0 & 0 & 0 & \square \\
0 & 1 & 0 & 0 & \square \\
0 & 0 & 1 & 0 & \square \\
0 & 0 & 0 & 1 & \square
\end{pmatrix}
$$

というカタチになるはずだ。まあこれって、

$$
\begin{cases}
a \qquad\qquad = \square \\
\quad b \qquad\quad = \square \\
\qquad c \qquad = \square \\
\qquad\quad d = \square
\end{cases}
$$

という意味だから当然なのだが、この「1がナナメに並ぶパターンが、解いたことになる」ということは、ちょっと心に留めておこう。

手を動かしておこう

ここで紹介した、連立方程式を行列で解く方法には「ガウスの消去法」という名称が与えられている。読者の皆さんにはガウスの消去法を使うよりも、今まで通りに「普通に」連立方程式を解いた方が早い、と思っている人もいるだろう。それはそれで構わない。数学は算数の「続き」ではない。ここまで本編で見てきたように、「先に進もうと思ったら、定義を見直す必要があって…」という、拡張の歴史を思い出してもらえばわかると思うが、つまり、我々は、赤ちゃんの頃から「積み上げて」学習している、というのは間違いで、赤ちゃんが始めて習う「1, 2, 3」は、数学で言えば「途中から」。そこから、ちょっと先に進んでは土台（定義）を見直して、そしてまた先に進んでは土台を見直して、と、前に進むことと後ろに下がることを交互に行いつつ、できることを広げている。つまり、数学は算数の「続き」でもあるし「手前」でもあるのだ。同様に、高校数学は中学数学の続きでもあるし手前でもある。高校数学は、中学数学を「新しい方法」で解いて、その「新しい方法」は中学数学では解けないものも解けるのだ。だから逆に言えば、中学数学で解ける範囲のものは、既存の方法でも新しい方法でも、どちらでも解ける。だから好きなほうを選べばいい。でもそれは

できるようになってからの話だ。

どんなカナヅチでも海に投げ込めば泳げるようになる、というのはマンガ的発想で、普通はそんなことをしたら死ぬ。泳ぎの練習は「足の着くところ」で行うべき。例えば簡単な連立方程式は、つるかめ算で解けてしまう。だから、優秀な「元・小学生」が、連立方程式を一生懸命練習しないことがある。そしていずれ、わからなくなって、「ああ、俺は数学が不得意なんだ。

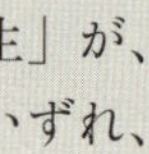

才能がないんだ。文系に行こう」となる。こうやって書けば誰にでも原因はわかるだろうが、その子がマヌケというわけではない。むしろ「以前の勉強をよくやっていた」ことの証明でもある。つまり、これは

落ちこぼれる必要のない子が、落ちこぼれるパターンの1つ

なのである。ぜひこのパターンをよく知り、皆さんがその罠に落ちないように気をつけてもらいたい。というわけで、普通はこのようなお説教は「だから易しい問題のときによく練習しとけよ」というオチに収束するわけだが、しかしね、

易しい問題を既存の方法で解きたくなる心理もわかる。

「どちらのやり方でも解ける」ものに対して、新しいやり方の有り難みはないのが普通だ。そんななかで、「有り難みを『感じろ』」というのは酷と思う。有り難みは「感じる」もので、「感じろ」と言って感じられるもんじゃない。筆者はね、こういう点は、

自分にも甘いけど、他人にも甘い

ことにしている。世の中ストイックな人ばかりじゃないと思うし、それに、ストイックな人が遠くまでたどり着くってわけじゃないんだよ。筆者は「キライにならないこと」が一番大事と思っている。好きならば多少苦しくても続く。続ければうまくなる。音楽もスポーツも、全てにおいてそうだと思う。だから入門において大事なのはストレスをかけることじゃない。必要になったときに、やり直せばいいんだ。だから筆者は「新しいやり方が存在することを、覚えておけ」と言いたい。新しいやり方が必要になるときがいずれくる。その日が来るまでは、古い、使い慣れたやり方でもいい。使い慣れたやり方に限界を感じたそのときに「新しいやり方」があることを思い出すんだ。それを思い出せなくて「ああ、俺は才能がないんだ」とならな

いように、覚えておくことに自信がなければその「新しいやり方」を紙に書いて壁に貼っておけ。「新しいやり方」を勉強するのは

必要になった、そのときでもいい。

必要にかられて勉強するときは、身につく早さも違うし、きっとすぐに理解できるよ。だからガウスの消去法も、頑張って覚える必要などない。ガウスの消去法という名前さえ忘れても構わない。今の時代、「行列、連立方程式、解き方」あたりでググればいくらでもよい情報が得られるだろう。現代は、知識の量では広大なインターネットには敵わない。ある事柄を「調べようという気が起きるかどうか」こそが大事であり、それこそが人間の仕事である。先ほど「壁に貼っとけ」と書いたけど、たぶん貼っただけではだめだろう。一度でも手を動かして、別のやり方が存在するということを手に覚えさせておくことである。だから、一度でいいから、手を動かそう。本書の例題だけでもいい。

へんな連立方程式

面倒かもしれないが、次の問題はぜひガウスの消去法で、実際に手を動かしてやってみてもらいたい。

次の連立方程式は解けるか？

$$
\begin{cases}
2a + 5b + c + 3b = 8 \\
a + 2b + c + d = 4 \\
3a - b - c + 4b = 14 \\
3a + 7b + 2c + 4d = 12
\end{cases}
$$

やってみた人はアレ？　と思うでしょ。その感覚が大事なの。だから絶対にやってみて欲しかったんだ。まだやってない人はこれからでもやってみて。よく見ると第４式は「第１式 ＋ 第２式」だよね。そう、こ

の問題には

もともと式が3本しかなかった

のである。こんなの「パッと見は気づかないのが普通」なんだけど、ガウスの消去法でやってみれば「何かがおかしい」と気づける。この問題は、もちろん、連立方程式を連立方程式のまま解こうとしても、解けない。そして、

なかなか解けない原因に気づかない。

より正確には

解けない原因が、設問そのものにあるのか、
自分の計算ミスにあるのかの判断がつきにくい

というべきか。どちらにせよ「計算ミスをみつけるのはたいへん」ではあるんだけど、ガウスの消去法の方がずっとマシだと思われ、それこそが連立方程式を行列に落としてガウスの消去法で解くことの大きなメリットである。一般に「間違いや異常に気づきやすい」というのは実用上とても重要である。皆さんも「ときどき調子が悪くなる機械」あるいは「思わせぶりな異性への告白」などで経験ないか？

ええい、ダメならダメでいいから、はっきりしてよ！

ということが。

「式が4本かと思ったら実は3本だった」ものを行列で解いた場合、「全てがゼロの行」が1つでき、「式が4本かと思ったら実は2本だった」場合は、「全てがゼロの行」が2つできる。逆に言えば、「『全てがゼロの行』でない行が、何行あるか」がとても大事な情報で、それには「ランク」という名前がついている。高校では基本的に2次の行列までしか扱わず、だとするとランクが2かそれ以外かしか議論はないため、「ランク」という用語自体が登場しない。

連立方程式を解く（2）

実用上、例えば座標変換を行う場合などは、数学の試験で連立方程式が出題される場合と違って、

同じような計算を大量に行う

ことがよくある。例えば画像を変形させるなら、画素1点ごとに移動先を計算していく。このあたり、

調理実習と、駅のそば屋の差

と思ってもらいたい。駅のそば屋では毎日数えきれない杯数の天ぷらそばを作っているだろう。それがプロ、それが実用というものである。同じような計算とは、例えばこんなのだ。

$$\begin{cases} a_2 = 3a_1 + b_1 \\ b_2 = -2a_1 + 5b_1 \end{cases} \text{を計算したあとに、} \begin{cases} a_3 = 3a_2 + b_2 \\ b_3 = -2a_2 + 5b_2 \end{cases}$$

みたいな。連立方程式の「係数が同じ」ということに気づいて欲しい。a_1, b_1 から a_2, b_2 を求めていくこともあれば、a_3, b_3 から逆に a_1, b_1 を求めることもあるだろう。後者はもちろん連立方程式を順次解いていくことになる。そういうときに、ここまでで紹介してきた「全ての係数や値を1つの行列に押し込める方法」はイマイチ自由度が足りない。そこで、次のような書き方を提案する。

$$\begin{cases} a_2 = 3a_1 + b_1 \\ b_2 = -2a_1 + 5b_1 \end{cases}$$

この式を、

$$\begin{pmatrix} a_2 \\ b_2 \end{pmatrix} = \begin{pmatrix} 3 \\ -2 \end{pmatrix} a_1 + \begin{pmatrix} 1 \\ 5 \end{pmatrix} b_1$$

と見る。さらに、

$$\begin{pmatrix} a_2 \\ b_2 \end{pmatrix} = \begin{pmatrix} 3 & 1 \\ -2 & 5 \end{pmatrix} \begin{pmatrix} a_1 \\ b_1 \end{pmatrix}$$

と書く。慣れないと

ただの複雑怪奇なルールでしかない

と思う。これは

あとで「うまいルールだなあ」とわかる

はずなのだが、今それをわかれと言ってもムリだ。まあここではとりあえずこういうルールだと思っておいて欲しい。

この記法で同じように

$$\begin{pmatrix} a_3 \\ b_3 \end{pmatrix} = \begin{pmatrix} 3 & 1 \\ -2 & 5 \end{pmatrix} \begin{pmatrix} a_2 \\ b_2 \end{pmatrix}$$

と書く。すると真ん中の2×2行列が共通になるので、さらにまとめて

$$\begin{pmatrix} a_3 & a_2 \\ b_3 & b_2 \end{pmatrix} = \begin{pmatrix} 3 & 1 \\ -2 & 5 \end{pmatrix} \begin{pmatrix} a_2 & a_1 \\ b_2 & b_1 \end{pmatrix}$$

と書く。慣れないうちは蛍光ペンで対応する箇所に色でも塗ったらよい。

さて、それでは連立方程式に挑戦しよう。同じ係数で、

$$\begin{cases} 5 = 3x + y \\ 8 = -2x + 5y \end{cases}$$

先に答えを言ってしまうと $(x, y) = (1, 2)$ である。これを次のように考える。

$$\begin{pmatrix} 5 \\ 8 \end{pmatrix} = \begin{pmatrix} 3 & 1 \\ -2 & 5 \end{pmatrix} \begin{pmatrix} x \\ y \end{pmatrix}$$

ここで左辺を次のように考える。

$$\begin{pmatrix} 1 & 0 \\ 0 & 1 \end{pmatrix} \begin{pmatrix} 5 \\ 8 \end{pmatrix} = \begin{pmatrix} 3 & 1 \\ -2 & 5 \end{pmatrix} \begin{pmatrix} x \\ y \end{pmatrix}$$

左辺のアタマに$\begin{pmatrix} 1 & 0 \\ 0 & 1 \end{pmatrix}$をくっつけたが、この行列は単位行列と言って、掛け算で言えば「1を掛ける」に相当する。ここで1つの式に2つの行列が出てきているわけだが、この行列を2つ並べて

$$\begin{pmatrix} 1 & 0 & 3 & 1 \\ 0 & 1 & -2 & 5 \end{pmatrix}$$

とする。そうしてガウスの消去法のルールを使って変形していくのだが、

この場合のゴールは

$$\begin{pmatrix} \square & \square & 1 & 0 \\ \square & \square & 0 & 1 \end{pmatrix}$$

である。やってみよう。いろいろな道筋があるだろうが、まず2行目の「5」を消す方向で考えていく。1行目を2行目から5回引いて、

$$\begin{pmatrix} 1 & 0 & 3 & 1 \\ -5 & 1 & -17 & 0 \end{pmatrix}$$

分数が出てくるとミスのもとなので、1行目を17倍して…

$$\begin{pmatrix} 17 & 0 & 51 & 17 \\ -5 & 1 & -17 & 0 \end{pmatrix}$$

1行目に2行目を3回足す。

$$\begin{pmatrix} 2 & 3 & 0 & 17 \\ -5 & 1 & -17 & 0 \end{pmatrix}$$

2行目に −1を掛けよう。1行目と2行目を入れ替えて、全体を17で割れば、

$$\begin{pmatrix} \frac{5}{17} & -\frac{1}{17} & 1 & 0 \\ \frac{2}{17} & \frac{3}{17} & 0 & 1 \end{pmatrix}$$

この式は

$$\begin{pmatrix} \frac{5}{17} & -\frac{1}{17} \\ \frac{2}{17} & \frac{3}{17} \end{pmatrix} \begin{pmatrix} 5 \\ 8 \end{pmatrix} = \begin{pmatrix} 1 & 0 \\ 0 & 1 \end{pmatrix} \begin{pmatrix} x \\ y \end{pmatrix}$$

に対応する。さらに「式」まで戻すと、

$$\begin{cases} \frac{5}{17} \times 5 - \frac{1}{17} \times 8 = x \\ \frac{2}{17} \times 5 + \frac{3}{17} \times 8 = y \end{cases}$$

で、左辺は計算すると1, 2になるので、うまいこと解けていることがわかるだろう。まあガウスの消去法と同じじゃないかという話もある。それを言うなら結局は連立方程式を解くのだから、ある程度のところでや

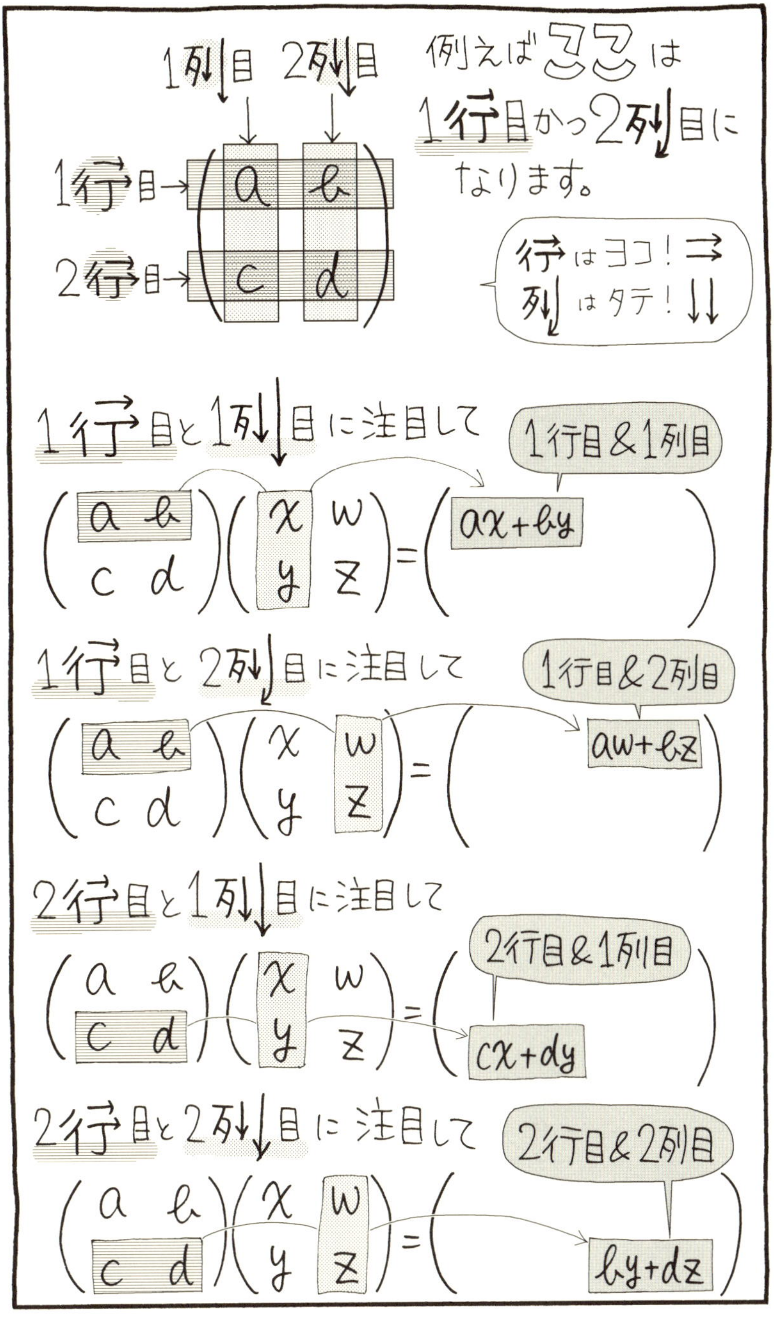
1列目
2列目
1行目
2行目
a b
c d
例えばここは
1行目かつ2列目に
なります。
行はヨコ！
列はタテ！
1行目と1列目に注目して
1行目&1列目
$\begin{pmatrix} a & b \\ c & d \end{pmatrix}\begin{pmatrix} x & w \\ y & z \end{pmatrix}=\begin{pmatrix} ax+by & \\ & \end{pmatrix}$
1行目と2列目に注目して
1行目&2列目
$\begin{pmatrix} a & b \\ c & d \end{pmatrix}\begin{pmatrix} x & w \\ y & z \end{pmatrix}=\begin{pmatrix} & aw+bz \\ & \end{pmatrix}$
2行目と1列目に注目して
2行目&1列目
$\begin{pmatrix} a & b \\ c & d \end{pmatrix}\begin{pmatrix} x & w \\ y & z \end{pmatrix}=\begin{pmatrix} & \\ cx+dy & \end{pmatrix}$
2行目と2列目に注目して
2行目&2列目
$\begin{pmatrix} a & b \\ c & d \end{pmatrix}\begin{pmatrix} x & w \\ y & z \end{pmatrix}=\begin{pmatrix} & \\ & by+dz \end{pmatrix}$

りかたは同じにならざるを得ないだろう。とりあえずは「いろいろな道筋があるんだ」ということがわかればいいのだ。

ベクトルと行列と連立方程式

行列とベクトルの演算は「あとでうまいルールとわかるはず」ではあるが、今は、

複雑怪奇なルールとしか思えなかったと思う。

ここで、申し訳ないが説明の都合上、もう少しこの「複雑怪奇なルール」の話を続ける。ここはとにかく

今は覚えなくていい。

でもこのややこしい話、「あとでうまいルールとわかってもらう」ために、一度は頭のなかを通過させておいて欲しい[注17)]。

普通の連立方程式、

$$\begin{cases} 2x + y = 3 \\ 3x - y = 7 \end{cases} \qquad [例 1]$$

これを x, y の共通部分に目を付けて、ベクトルを使った省略記法で書いてみる。

$$\begin{pmatrix} 2 \\ 3 \end{pmatrix} x + \begin{pmatrix} 1 \\ -1 \end{pmatrix} y = \begin{pmatrix} 3 \\ 7 \end{pmatrix}$$

となる。筆者はベクトルはタテに書くのが好きだが、それは連立方程式との対応が付けやすいからである。

この式をさらに省略して、

$$\begin{pmatrix} 2 & 1 \\ 3 & -1 \end{pmatrix} \begin{pmatrix} x \\ y \end{pmatrix} = \begin{pmatrix} 3 \\ 7 \end{pmatrix}$$

と書くことにしよう。何もそこまで省略する必要はない気もするだろうが、今は「新しい方法を模索中だ」という気持ちで、いろいろやってみよう。

注 17) 無理矢理に張った伏線だね。

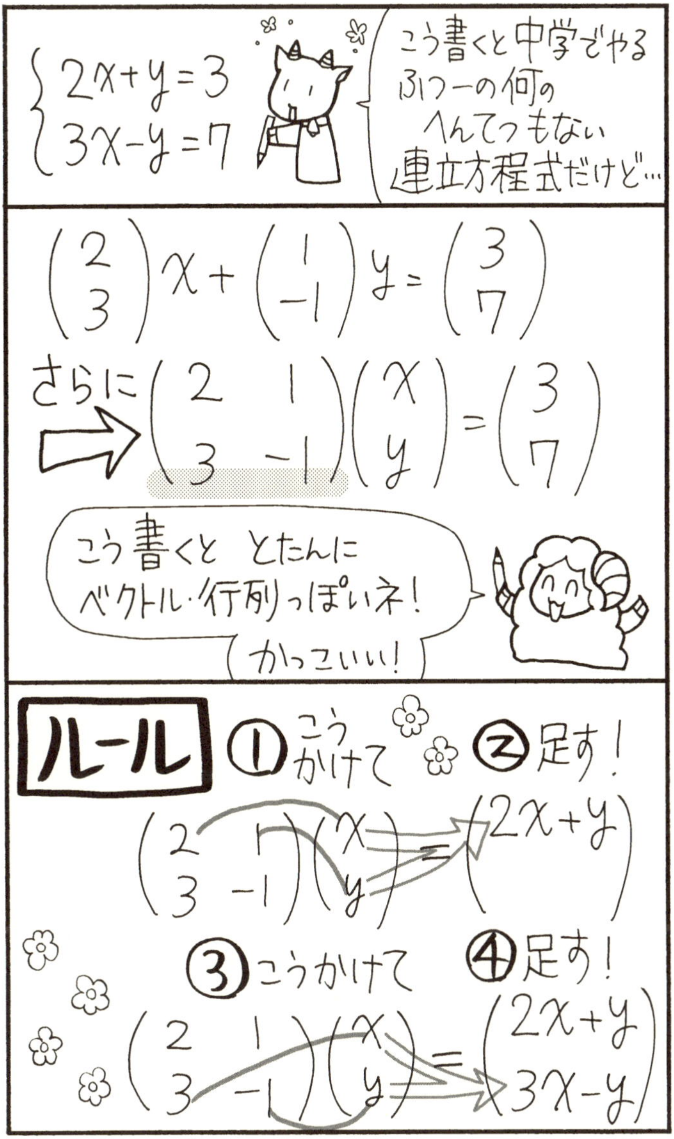
2x+y=3
3x−y=7
こう書くと中学でやるふつーの何のへんてつもない連立方程式だけど…
さらに
こう書くと とたんにベクトル・行列っぽいネ!
かっこいい!
ルール
①こうかけて
②足す!
③こうかけて
④足す!
2x+y
3x−y

もう1つ例を出す。

$$\begin{cases} a+2b=5 \\ 2a-b=0 \end{cases} \qquad [例2]$$

これなら、

$$\begin{pmatrix} 1 \\ 2 \end{pmatrix} a + \begin{pmatrix} 2 \\ -1 \end{pmatrix} b = \begin{pmatrix} 5 \\ 0 \end{pmatrix}$$

さらに、

$$\begin{pmatrix} 1 & 2 \\ 2 & -1 \end{pmatrix} \begin{pmatrix} a \\ b \end{pmatrix} = \begin{pmatrix} 5 \\ 0 \end{pmatrix}$$

となる。さらにもう1つ例を出そう。

$$\begin{cases} c+2d=1 \\ 2c-d=-1 \end{cases} \qquad [例3]$$

これなら、

$$\begin{pmatrix} 1 \\ 2 \end{pmatrix} c + \begin{pmatrix} 2 \\ -1 \end{pmatrix} d = \begin{pmatrix} 1 \\ -1 \end{pmatrix}$$

さらに、

$$\begin{pmatrix} 1 & 2 \\ 2 & -1 \end{pmatrix} \begin{pmatrix} c \\ d \end{pmatrix} = \begin{pmatrix} 1 \\ -1 \end{pmatrix}$$

となる。

ここで、例2と例3を見ると、結構似ていることに気づく。並べて書いてみると、

$$\begin{cases} \underline{\begin{pmatrix} 1 & 2 \\ 2 & -1 \end{pmatrix}} \begin{pmatrix} a \\ b \end{pmatrix} = \begin{pmatrix} 5 \\ 0 \end{pmatrix} \\ \underline{\begin{pmatrix} 1 & 2 \\ 2 & -1 \end{pmatrix}} \begin{pmatrix} c \\ d \end{pmatrix} = \begin{pmatrix} 1 \\ -1 \end{pmatrix} \end{cases}$$

下線部が同じってところがミソである。

この式2つを1本の式で書く

ことを考えよう。次のようにまとめる。

$$\begin{pmatrix} 1 & 2 \\ 2 & -1 \end{pmatrix}\begin{pmatrix} a & c \\ b & d \end{pmatrix} = \begin{pmatrix} 5 & 1 \\ 0 & -1 \end{pmatrix}$$

となる。さてこの式を眺めていて、ふと我に返ると

オレは何をやっているんだろう

という感じにならない？　筆者はなるよ。こういうのは、やってるうちに、すぐにワケわからなくなる。そんなときの教訓は、

困ったらいつでも連立方程式に戻せ

ということだ。省略記法は慣れるまでは面倒なだけだが、使われているのはそれなりに理由あってのことである。

授業だったら、「じゃ、この式を連立方程式に戻してみて」と言うところだ。学生が相手の授業では、多少の「訓練」に時間をかける。なぜなら

ここは「慣れが必要なところ」だから

だ。学生でない読者の皆さんは、まあ、そこまで頑張って訓練する必要はないが、一度くらいは手を動かしてみてもいいだろう。数学は手に勉強させるものだからね。

例題

次の式をまとめて記せ。

$$\begin{cases} 3x - y = 2 \\ 4w + z = 3 \\ 3w - z = 6 \\ 4x + y = 4 \end{cases}$$

これは簡単だろう。

$$\begin{pmatrix} 3 & -1 \\ 4 & 1 \end{pmatrix}\begin{pmatrix} x & w \\ y & z \end{pmatrix} = \begin{pmatrix} 2 & 6 \\ 4 & 3 \end{pmatrix}$$

例題

次の式をまとめて記せ。

$$\begin{cases} 2a + 3b = -1 \\ 3a - b = 0 \\ 3c - d = 1 \\ 4c + 6d = 2 \end{cases}$$

これは、

$$\begin{pmatrix} 2 & 3 \\ 3 & -1 \end{pmatrix}\begin{pmatrix} a & c \\ b & d \end{pmatrix} = \begin{pmatrix} -1 & 1 \\ 0 & 1 \end{pmatrix}$$

とすればいい。係数が揃っていないと、まとめられないのだ。

例題

次の式をまとめて記せ。

$$\begin{cases} 3x - y = 2 \\ 4w + z = 3 \\ 3w - 2z = 6 \\ 4x + y = 4 \end{cases}$$

まとめられません。イジワルでごめんなさい。

というわけで、同じカタチの

$$\begin{pmatrix} \square & \square \\ \square & \square \end{pmatrix}$$

こんなのが出てくるからまとめられるのである。今度はどうか。

例題

$$\begin{pmatrix} 2 & 3 \\ 3 & -1 \end{pmatrix}\begin{pmatrix} -1 & 1 \\ 0 & 1 \end{pmatrix}$$

を求めよ。

わからなかったら、バラしてやればいい。式4本になるはずである。慣れたらもちろん暗算をしてもいい。でもあくまで

慣れてからでいーよ!

やってみるとこのようになる。

$$\begin{pmatrix} 2 & 3 \\ 3 & -1 \end{pmatrix}\begin{pmatrix} -1 & 1 \\ 0 & 1 \end{pmatrix} = \begin{pmatrix} -2 & 5 \\ -3 & 2 \end{pmatrix}$$

ベクトルに掛け算はないの?(内積は後回しね)

ベクトルと行列の和と差と定数倍、これは前述のとおり、誰もがそれほど違和感を感じることなく、決まっていく。教科書では「ベクトルの公式」でサラサラと過ぎていくが、今やっていることはベクトルという

「新しい数」に「新しい演算ルール」を決めている

わけで、それほど簡単なことではない。「新しい演算ルール」は、使う人があまり違和感を感じないように既存のものに似せて作られるので、簡単に見えるだけである。我々は新しいクルマを買っても(もともと運転できる人は)普通はすぐに運転できる。アクセルを踏めば進むし、ブレーキを踏めば止まるし、ハンドルをきれば曲がるだろう。しかしそれは表面上をそういうふうに工夫してくれているからである。昔はブレーキを回せば油圧だのなんだのといったいろいろな物理的な仕組みを経由して、最終的にブレーキパッドが動いて摩擦をきかせた。今はブレーキをかけた状況をコンピュータが判断して、エンジンブレーキにしたりブレーキパッドを動かしたり、中でどんな仕組みが動いているか見当もつかないが、でもおそらく「クルマを止める」という目的のためには、昔よりも良くなっているに違いない。機械と人の接点となる部分をマンマシンインタフェースというが、それをなるべく既存のものと共通にしておけば、人が「新しい操作系を覚える手間」を減らすことができる。ときには新しい操作系を提案することも大事なのだが、そのさじ加減はとても難しい。昔はクルマにはハンドルやペダルが構造上必要だったと思われるが、今どきは電子制御なのだから、ハッキリ言って、ゲームのコ

ントローラのようなものでも動かすことはできるはず。ゲームのコントローラで運転できるなら、助手席の人に「ちょっと変わってよ」とポイと渡して運転を変わってもらえて便利だと思うのだが、

そうは言っても、ムリだよな。

モーションセンサーを使って、手を前に出したらクルマが進み、手をヨコにしたらクルマが止まる、といったシステムも、作ろうと思えば作れるだろう。しかし、

少なくとも筆者は、そんなクルマ、怖くて乗れねぇ。

その「怖い」ってのは、おそらくかなりの部分、「気のせい」なのだ。携帯電話やパソコンが10年後どんなカタチをしているか、あるいは消滅しているか、本書を執筆段階では想像もつかないが、今から10年前は、今は当たり前のフリック入力なんてなかった。クルマだってみんな「新しい操作体系」で運転するようになっちゃってるかもしれない。いや、そのクルマだって、過去には

オートマなんて、逆に怖くて運転できねぇ

という人がいた。私もそうだったのだが、私だけじゃなくて、結構ザラにいたんだよ。最近はたぶん絶滅危惧品種だと思うけどね。というわけで、発明発展は「新しいモノ」を作るところにあるわけだが、どんな「新しいモノ」にも既存の操作系を使うところと新しい操作系を提案するところがあって、既存の機能と共通する箇所は操作系も既存のものを踏襲すると良いのだ。

それでだな、ベクトルの和や差は既存の操作系と似ているところなので、「同じようにやればいいんだよ」で説明が終わるところなのだ。でも、やってることはあくまで、ベクトルという「新しい数」に対する「新しいルール」を決めていっている。「新しい数」に対する計算ルールで大事なのは…もうわかるよね。

・決まっていることはやっていい。
・決まっていないことを勝手にやってはいけない。

この2点である。

さて、和と差と定数倍は「決まっていること」になった。じゃあ、ベクトル同士の掛け算は？

掛け算はまだ決まっていない。というか、

ベクトルの「掛け算」は、ない。

掛け算がない代わりに、ベクトルには「内積」という別の新しい演算が決まっている。内積は次のような計算ルールである。

内積：ベクトル $\vec{a} = (a_1, a_2, \cdots, a_n)$ とベクトル $\vec{b} = (b_1, b_2, \cdots, b_n)$ の内積は $a_1b_1 + a_2b_2 + \cdots + a_nb_n$ で定義される。

「内積」というくらいだから「外積」というものもある。外積は高校数学の範囲ではないし、内容的にもそれほどやらなくてもいいかもしれないが、気になる人もいると思うので、あとでやろう。

それよりも、この内積のせいでベクトルを苦手にしている高校生も多いようだ。計算ルール自体が難しいわけではない。ただ「掛け算して足す」というだけのことが難しいはずがない。内積がわからない、という人は「内積の計算ルールがわからない」のではなくて、「内積がなぜ必要なのか」とか「なんのためにやるのか」がわからないのだろう。「なぜ」や「なんのために」には答えにくいのだが、内積がわかりにくい理由はわかる。それはきっと

「天下り」だから

だろう。数学の知識は「積み重ね」で理解できるものと、「あとで役に立つから、先取りでこうやって決めておこうね」というものがある。後者をよく「天下り」とか「天下り的」とか言う。天下り的なものは、マジメな人ほど「あれ、これどこから出てきた？」と思うはず。天下りが悪いわけではない。天下りを避けて教えるなんてことは、数学に限らず不可能だ。ただ、天下りなら天下りで「ここは天下りだよ」と教えてあげるべきと思う。

天下りとわかれば、待てる。わからなければ、悩む。

この差は大きいだろう。この点では、高校の数学教科書は不親切だ。

内積の使い方は追ってみていくこととして、ここでは内積を見るときの一般的な注意点を2つほど述べておく。まず、ベクトルとベクトルの内積をとった結果は「普通の数」になるということである。これはsin関数が「角度」を入れて「実数」を返すものだったり、logが「(正の)実数」を入れて「肩の世界の値」を返すものだったように、「ベクトル」と「ベクトル」で内積という演算をすると、計算結果は「実数[注18)]」になる。新しい演算が定義されたときに、このように「どの世界とどの世界をつなぐものなのか」を把握するのはとても大事なこと[注19)]である。

次に、内積の計算は掛け算したものを足していく「積和」と言われる計算で、

それほど特別なことではない。というか、とてもよくあるパターン

なんだけど、ただ、おそらくこの積和があからさまに出てくる最初がここなんじゃないかな。まあね、知識がないと同じものを見ていても気づかない。それまでは、たぶん積和に遭遇していても

なんとなく、スルー

していただけだったと思う。

積和は例えば単純には「大人1000円、子ども500円。今大人と子どもが3人ずついるから、$1000 \times 3 + 500 \times 3 = 4500$円だ、などと登場する。理科では「支点から左に3のところに5のおもり、支点から左に2のところに7のおもりがあるとき、支点から右に1のところにおもりをどれだけ載せれば釣り合う？」というときに、$3 \times 5 + 2 \times 7 = 1 \times m$という感じで出てくる。いやマジで、いくらでもあるので、人生で一度くらいは積和探しをやってもいいかもしれない。人の観察力は知識にも依存し、知識がなければ同じものを見ても気づかない。興味と知識があれば、すれ違いざまでもハンドバッグのブランドと値段を言い当てることだってできるのが人間だ。これからは皆さんもきっと「あっ、こ

注18) 複数の数字をまとめた「ベクトル」に対して、1つの値だけのことを「スカラー」という。その言い方を使うと、ベクトルの内積はスカラー量になる、となる。

注19) ここでは曖昧に「世界」と書いたが、例えばlogは「普通の世界のモノ」を入れて「肩の世界のモノ」を返すんだけど、「モノ」というのはどちらも実数である。つまり、世界観には「概念」と「形式」があって、「肩の世界」というのは概念の話、「実数」というのは形式の話である。どちらも把握する必要がある。

んなところに積和が！」と気づくようになるだろう。ついでに、「積和のあるところは、もしかしたら内積を使えるかもしれない」と思って欲しい。実際そうやって、「こんなところにもベクトル使えるんじゃね？」といろいろ試した結果、実際いろいろ使えたのである。

というわけで、積和はそれほど特別なことではないのだが、

「これからの普通」が最初に起こったときは、誰にとっても衝撃

である。初めての学校、初めての職場、初めてのお店、初めてのスポーツ、初めてのラブレター。だから内積で混乱する高校生の気持ちもわからんではないし、そういうのを上から目線で「そんなの普通だよ」というオトナがいたら、それは真実かもしれないが優しくはない。まあ内積はこのあといくらでも出てくるので、

具体的な使い方はそのときにやるとして

内積はとりあえず「なんだか知らんが積和のパターンになるのね」程度の理解で保留にしておいて欲しい。

Section 3.3
ベクトルを座標に応用しようぜ

平面はたった2次元

　ここまで、ベクトルという「新しい数」を作って、「演算ルール」もいくつか決めてきた。段取りからすると本当はもう少し言いたいこともあるのだが、読者の皆さんも疲れたと思うが、筆者も疲れた。このあたりでさ、サッカーチームで言えば、とりあえずドリブルとかの基礎トレをやってきて、

もう飽きた。そろそろ試合やろうよ

という感じじゃないだろうか。本というものは一般に、Aのこと→Bのこと→Aのこと→Bのこと、という構成にすると「読みにくい」とされる。まあそれはそれで一理あると思うのだが、プールに来て準備体操だけで半日過ぎてしまったら

もう泳ぐ気なくなるよね。

準備体操は必要だと思うけれども、やり過ぎはいかんとも思うんだ。というわけで、ベクトルはもう準備体操やり過ぎた。ここからは平面幾何をベクトルで解いてみよう。平面幾何はベクトルの応用として一番身近と思う。まあね、高校生はいきなり平面幾何からベクトルを始めるので、

ここがやっと、高校生の出発点

なのだけどね。高校生と、準備運動をやり過ぎた我々との差はなんでしょう。高校生はもともとが1次元の住人で、ベクトルの話で次元が2に「増える」のだが、我々はもともとが多次元なので

次元を2に「減らした」というスタンス

であることだ。そしてもう1つ大事なことがある。我々はもともとが多次元なので

必ず多次元への応用を念頭に置こう。

本来ベクトルは多次元のもので、多くの考え方は2次元でも多次元でも共通なのだ。ただ、確かに「2次元だけに使える手法」というものも存在するし、とくに高校生は「試験」があることを考えると「2次元だけに使える手法」も無視はできない。本書では「2次元だけに使える手法」はそれとわかるように説明するつもりだ。

それではベクトルを使って「座標」を表してみる。最初に何をやろうかな…。そうだな、「中点」を求めよう！

例題

点 A(1, 5)と点 B(3, −3)を結んでできる線分 AB の中点 $C(c_x, c_y)$を求めよ。

まずどんなやり方でもいいから答えを出そう。さしあたり、図解するのがおすすめだ。

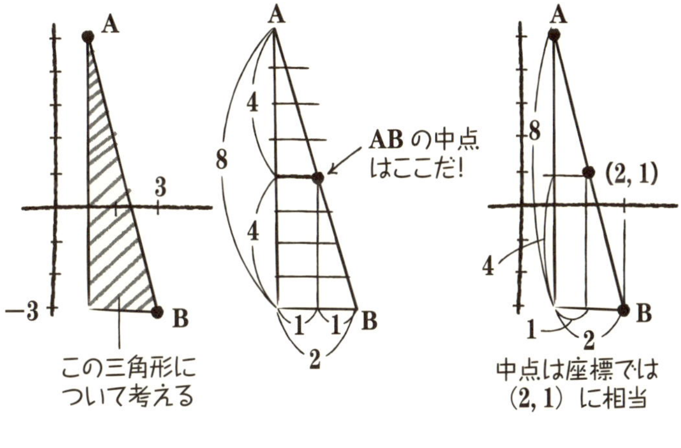

ここで大事な注意だが、以下では他に書きようがないので「点Aが」とか「線分ABが」とか書くけど、読者の皆さんは必ず

「点Aが」という記載を見たらすぐ図を見て
指をさして「これが」と言い換えて

読むようにして欲しい。「点Aが…点Bが…」という言葉は絶対に頭に入ってこない。必要ならアニメーションの絵コンテのように、同じ図を何回も描き直そう。最終的には「あれがこうなって、これがああなって」というような「映像が動いて」見えていなければだめだ。数学に慣れた人が「点Aが」で理解／記憶できているように見えたとしても、それは「点A」→映像化→記憶、としているし、それを誰かに言う時には、映像の記憶→「あれがこうなって」→「点Aが…」と

オンデマンドで変換して

口に出しているのである。つまり「慣れた人」とは、その「変換」に慣れているということであって、「点A」を直接記憶から出し入れできる人のことではない。楽譜を目で見て楽曲を理解できる人もいるし、将棋を盤面を見ずに「三4歩、五2金…」という言葉だけで指せる人もいるが、それだって頭のなかでは音楽や映像になっているはずだ。こういうものは、言葉だけでは絶対に理解できない。だから練習では必ず「あれがこうなって」と頭のなかで映像を動かして理解するようにして欲しい[注20)]。

小学生で習う幾何の定理に、三角形の底辺に平行な線を引くと相似になる、というものがある。

注20) こういうことを書くと、今どきなのだから「動画で教えてくれた方がラクなのに」と思う人もいるだろう。動画は確かに理解の役に立つが、すべてがそれではダメだ。与えられた動画を受身的に見るのと、文字から自分で動画を「作る」のでは積極性が全然違う。ここは「譜面から頭のなかで音楽を鳴らす」練習をするところである。もちろん、楽譜の読めない音楽家や棋譜の読めない棋士のような「例外的な天才」はいくらでもいるが、最初から「例外的な天才」を目指すのは賢いとは言えない。

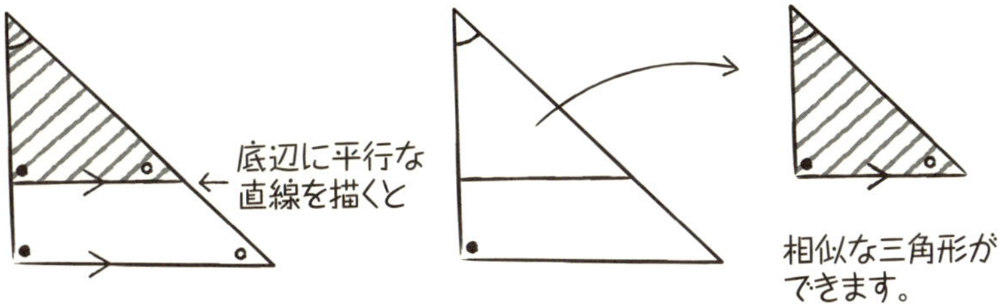

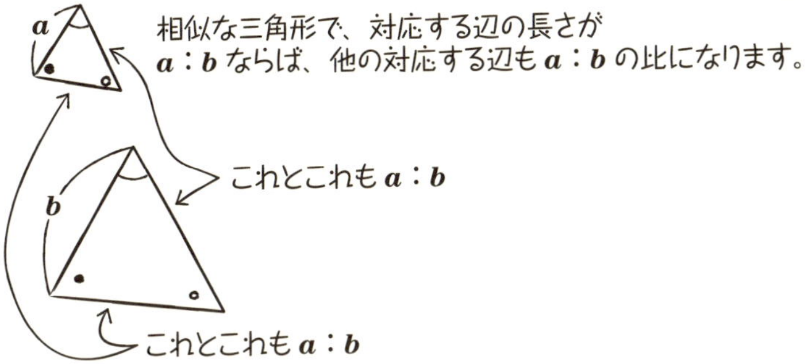

a
相似な三角形で、対応する辺の長さが
a：b ならば、他の対応する辺も a：b の比になります。
b
これとこれも a：b
これとこれも a：b

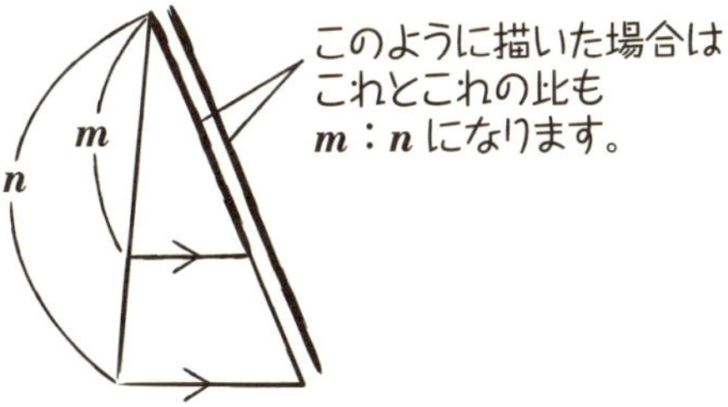

まずは相似の知識を使って、まず x 座標を処理しよう。線分 AB が斜辺、y 軸に平行な線を底辺とした三角形を考える。線分 AB を $m:n$ に分けたとして、その分けたところから「底辺に平行な直線」を引くと、その直線は y 軸に平行になるので、先の相似の理論により x 軸方向についても $m:n$ になる。今は「中点」なので、$m:n=1:1$ で考えればいいのだが、説明の都合上、少しこのまま $m:n$ で押すことにする。$\boldsymbol{a}$ と $\boldsymbol{b}$ を $m:n$ に内分するとはどういうことかは、公式もあるけれど、

小学生的に順序良く考えるのがよい。

(1) とりあえず$a<b$としておく。

(2) aとbの距離は$b-a$だ。

(3) それを$m:n$に分けるということは、$m+n$分割してm個分とn個分。

(4) つまり、長さで言うと$\frac{m}{m+n}(b-a)$と$\frac{n}{m+n}(b-a)$

(5) $m:n$に分ける「点」は、aのところから距離「$\frac{m}{m+n}(b-a)$」のところ。

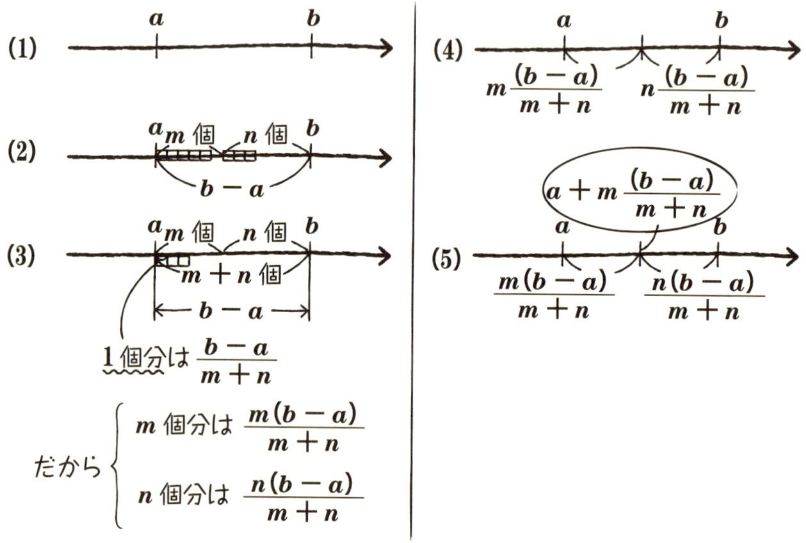

この問題の場合は、点Aと点Bのx座標の差は「2」、中点だからその半分の「1」を、点Aのx座標に加えれば、

$$c_x = 2$$

となる。次はy座標についても同じようにやろう…。え、めんどくさい？　まあそうだな。じゃあ次のことだけ見てくれ。x座標の$m:n$内分点の求め方（1）で、点Aと点Bで「点Bのx座標の方が大きかった」が、y座標の場合は「点Aの方が大きい」。だったら点Aから点Bを

引き算するかたちで「y座標の差」を出せばいいわけだが、ここであえて、点Bから点Aを引いて「y座標の差」を出してみよう。そうすると長さが負になって出てくるが、その後の計算もそのまま「同じように」やる。点Aのy座標にその「負の長さ」を加えれば、うまく辻褄があって、点Cのy座標がちゃんと求まる。

▼内分点の求め方

（素朴な方法）Aのy座標が5、Bのy座標が－3だから、その距離は「8」。中点なので2分割すると距離は「4」。5から4を引いても、－3に4を足してもいいが、とにかく、c_yは1になる。

（定式化した方法）Bのy座標からAのy座標を引いて「－8」。それを2で割って「－4」。これを点Aのy座標に足して「1」。

素朴な方法

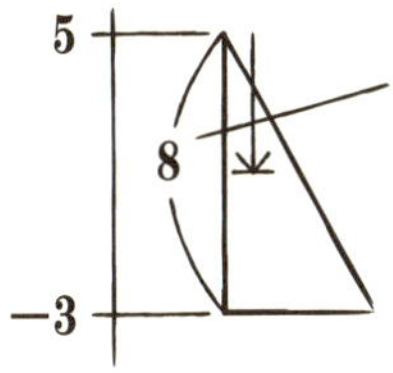

差は8だから
半分は4。
5から4下がって1が
中点のy座標。

実は頭を
使うところ
॥
ミスを起こす
ポイント

これはわかりやすいが、実は
長さが負にならないように
さりげなく計算の順序を考えている。

ま、いずれにしても人間は
ミスを犯すんだ。
どちらが良いということはない。
一長一短ある。
使い分けしていきたい。

定式化してしまう

中点の座標は　「$\dfrac{(\text{B}の y 座標 - \text{A}の y 座標)}{2} + \text{A}の y 座標$」

ということにして、機械的に代入処理する

← 人間は機械的な作業は苦手。

$$\frac{-3-5}{2}+5=\frac{-8}{2}+5=1$$

人間にはわかりにくいが、ルール／マニュアル化すると「誰でもできる」
…はずだが

この「同じようにやってもできる！」というのはとても嬉しくて、複数の式で同じ計算をするなら、ベクトルの表記法を使って同時に記述できる。

$$\begin{pmatrix}1\\5\end{pmatrix}+\frac{1}{2}\left\{\begin{pmatrix}3\\-3\end{pmatrix}-\begin{pmatrix}1\\5\end{pmatrix}\right\}=\begin{pmatrix}2\\1\end{pmatrix}$$

点Aを表すベクトルを$\vec{a}$、点Bを表すベクトルを$\vec{b}$、点Cを表すベクトルを$\vec{c}$としよう。上式をベクトルで表記すると、

$$\vec{a}+\frac{1}{2}(\vec{b}-\vec{a})=\vec{c}$$

となる。

ところで点Aと点Bが「3次元空間」にある設定の場合、今までの計算に加えてz座標も「同じ計算法」をすることになる。3次元空間の場合にはベクトルが3次元になるだけで、やることはほとんど変わらない。ベクトルで表記した場合は「全く同じ式」になる。また、点Aと点Bが「数直線上（1次元）」にある設定の場合も同様。そしてベクトルで表記した場合は「全く同じ式」になる[注21)]。

内分点と外分点

2次元の点だろうが、3次元の点だろうが、ベクトルで表記した場合には1次元（数直線）の場合と同じ形の式になる。ということは逆に、3次元の点（ベクトル）を扱う際でも、数直線のイメージで立式すれば、それがそのままベクトルの式になる。これは嬉しい。

その嬉しさを味わってもらうために、内分点と外分点を考えてみる。筆者はこの例が好きだが、なぜかというと

それほど難しいことじゃないのに、公式がそれなりに複雑になる

からである。だから、公式を覚えようとすると損をすることになる。筆者はねぇ、

注21）　数値1個を保持する変数だったらおなじみのxやaなどを使えばよく、ベクトルを持ち出す必要はないが、ベクトルを使ったって悪いってことはない。

公式を「覚える」人には損をしてもらいたいんだよ。

いやもちろん、ひいきの選手の試合は勝った方が嬉しいに決まっている。自分の教え子にはトクをしてもらいたい。ただ、

成長のためには、ここで１回負けてくれ

と思うことも、ないわけではないんだ。というわけで、この「内分点・外分点」は、公式を覚えると損をする例なので、皆さんは一緒に公式を作るところからはじめよう。

まず、内分・外分という用語だが、公式と同じく定義も無駄にややこしいので

ちゃんとした定義はさておき

「ABを4：5に内分または外分する点をC」と言われたら、よーするにAC：CBが4：5になるようにすればいい。そういう点Cは直線上には2ヶ所あるから、そのうち2つのうち、ABの間にあるものが「内分点」、間にないものが「外分点」である。

このような決まりなので、算数の範囲でできる。

ある棒を3：1に内分する点はどこか。
→全体を4つに分けて、3つと1つになるような点のこと

このように、$m:n$に分けるときは、「全体を$m+n$で割って、その何個分かで考える」というのが戦略になる。簡単だよね。

数直線上で、A地点は130、B地点は230であるとする。ABを3：1に内分する点Cはどこか。

AB間距離は100なのだから、3：1となると75のところである。ただし、「Cは75」と答えたら間違いである。答えは「Aから75のところ」なので、Aは130なのだから、Cは205(＝130＋75)ということになる。

これまでベクトルのルールをいろいろと決めてきたが、それは「複数

の数値を、あたかも１つの数値のように扱うため」の苦労だったはず。

そろそろその恩恵を受けたいところだ。

数値の場合

数直線上で３と12を５：４に内分する点はどこか。ただし、こんな問題、答えを出すのは簡単過ぎる。今回は答えが重要なのではない。答えに至る計算を「１つの式」で表現することを考えよ。

12－３が「間の距離」。５：４に分けるってことは、５＋４＝９つに分割して、その５つ分を３に足せばいいだろう。これを１つの式で書く[注22)]と、

$$3 + \frac{12 - 3}{5 + 4} \times 5$$

これでいいはずだ。数値だと簡単に計算できてしまうが、

あえて、計算しないのがポイント

である。いつもは計算なんかキライなくせに、こういうときになると「あっ、これできる！」とすぐパパっと計算しちゃう。

「エサだ！　パクッ」状態

になっちゃう人が多いんだよねー。それで出題者にまんまと釣り上げられちゃうんだ。違うんだって。そういうことをするとかえってわからなくなっちゃうんだよ。何で今さらこんな簡単な問題出してるかというと、

数値での考え方をそのまんま、文字の場合に使うことができるよ

ってことが言いたいんだよ。エサパクにならず「計算しない」ことや、「計算の優先順位」を理解することって、さりげなく「数学の土台」だったりするんだよね。

注22)　高校生に教えていると、ここで必ず何人かは「計算の優先順位の理解」に乏しいことが判明して、「1つの式に書く」ということがそれほど簡単ではないことがわかる。でもそんなのは意識的に練習すればすぐにできる。

5
4
3
12
ココ!
12−3=9
これを5:4に分けるんだから
1マスぶんの★は 9÷(5+4)=1
つまり★5こぶんだけ進んだトコロが
答えだ!!
だから8!!
正解
じゃーそれを式で書くと?
どうなる?
うっ
ココだ!!
5
4
3
12
こうなります
これ★
3 +
(12−3)
(5+4)
×5
2つの差
★を5つ分
始点から
足す
いくつに分けるか

文字の場合

では文字を使ってやってみよう。

a と b を $m : n$ に内分する点はどこか。

$b - a$ が「間の距離」。$m : n$ に分けるってことは、$m + n$ 個に分割して、その m 個分を a に足せばいいだろう。これを1つの式で書くと、

$$a + \frac{b - a}{m + n} \times m$$

となる。

これでいいのだが、ちょっと式全体のバランスが均質になるように式変形すると、こうなる。

$$\begin{aligned} a + \frac{b - a}{m + n} \times m &= \frac{(m + n)a + m(b - a)}{m + n} \\ &= \frac{na + mb}{m + n} \end{aligned}$$

これが教科書などに載っている「内分の公式」だ。しかし、こんな式は覚える必要などない。前述のとおり

困ったら、数値で考えればいい

のである。そして必要に応じて公式を「作る」ことである。数値だとなまじ計算できてしまうが、計算したい気持ちをぐっとこらえて、

やり方をきっちりとトレース

するようにしよう。筆者が小学生の頃、式を書け、という回答欄を面倒だとしか思っていなかった。先生が部分点をくれるための場所だとしたら、正解を出せば文句はないよな。カンニングしてないことの証明なら、誰よりも早く答案を提出すればいいだろう。そんなふうに考えていた生意気なガキだったが、しかし、違うんだよ。式というのは「考え方」そのものであって、場合によっては「結果」よりも大事である。文字での「抽象的な式操作」のときに、数値の場合の具体的なイメージを重ねるのだ。

ベクトルの場合

点 A と点 B を $m:n$ に内分する点はどこか。

$\vec{a}=\overrightarrow{\mathrm{OA}}, \vec{b}=\overrightarrow{\mathrm{OB}}$ とすると、

$$\vec{a}+\frac{\vec{b}-\vec{a}}{m+n}\times m=\frac{(m+n)\vec{a}+m(\vec{b}-\vec{a})}{m+n}$$

$$=\frac{n\vec{a}+m\vec{b}}{m+n}$$

文字の場合とほとんど変わらない。というか、

そういうふうにできるように、苦労してきた

んだよね。これこそが、わざわざ新しい体系を作りだしてまでベクトルを使うメリットなのである。ベクトルは「新しい道具」だが、新しい道具というものは、使い慣れるまでに時間が必要である。慣れるまでに新しい道具のメリットを何も感じないと、修得する気をなくなって、結局昔の道具に戻ってしまうことになる。皆さんはぜひここで、このベクトルのメリットを実感しておいて欲しい。「ベクトルのメリット」という話はさらに次に続く。

ベクトルで「移動」をあらわそう

ベクトルの記号は上に矢印を乗せているが、ベクトルは「移動」を表すのが

高校生の「普通」

である。ベクトルは複数の数字を同時に扱えるものなので、ベクトルを「座標」と考えても悪くないはずだが、高校生の「普通」はベクトルを「移動」と考えて、「移動」と、後述の「位置ベクトル」をあわせて「座標」を扱うのが標準的なやり方である。移動を表すとはつまり、サンタさんが「東へ 100m、北へ 40m」行って 1 軒目の家に寄り、そのあと「東へ 20m、北へ 60m」進んで 2 軒目に行ったという話を

$$\begin{pmatrix}100\\40\end{pmatrix}+\begin{pmatrix}20\\60\end{pmatrix}=\begin{pmatrix}120\\100\end{pmatrix}$$

という式で表すということだ。この話には「出発点はどこか」ということが

言及されてない

ということがミソである。サンタさんの出発点は秘密…という話ではなくて、ベクトルはあくまで「移動」を表すという話である。

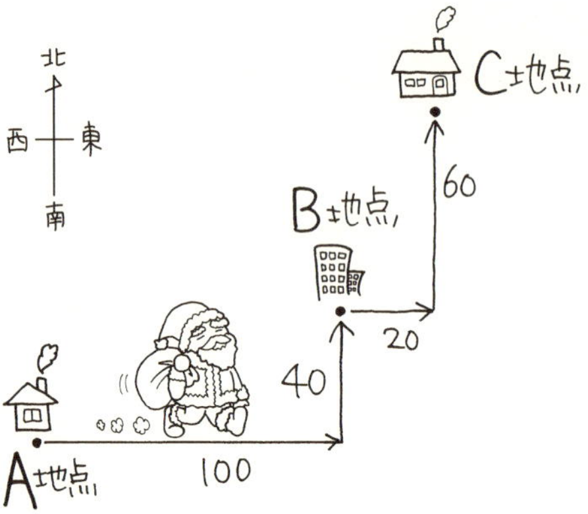

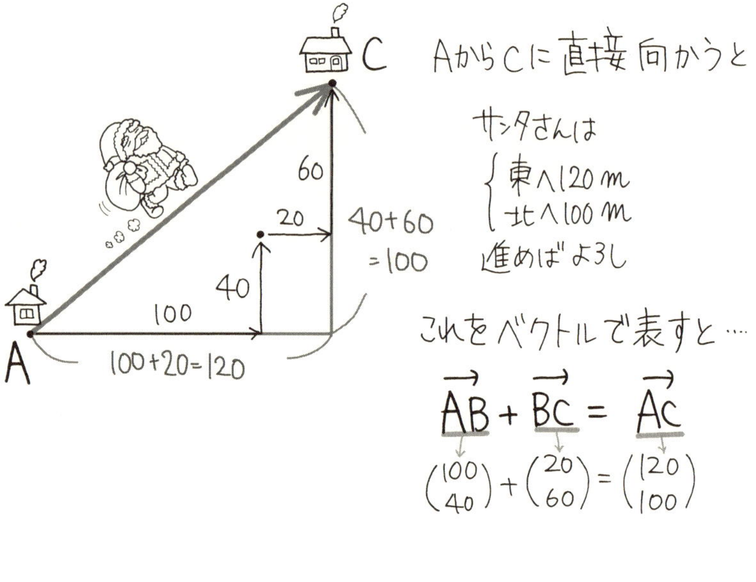

C
AからCに直接向かうと
サンタさんは
東へ120 m
北へ100 m
進めばよろし
60
20
40+60
=100
40
100
A
100+20=120
これをベクトルで表すと…
$\overrightarrow{AB}+\overrightarrow{BC}=\overrightarrow{AC}$
$\begin{pmatrix}100\\40\end{pmatrix}+\begin{pmatrix}20\\60\end{pmatrix}=\begin{pmatrix}120\\100\end{pmatrix}$

移動を表すベクトルは、「木の上に立って見るのが親」や「髪は長い友達」の類で、記号の由来そのものといえるだろう。A(1, 2)からB(4, 4)に移動するには、x 方向に 3、y 方向に 2 だけ動けばいい。これを、

$$\overrightarrow{\mathrm{AB}} = (3, 2)$$

と書くことにしよう。同様に、C(8, 2)から D(11, 4)に行く場合は、

$$\overrightarrow{\mathrm{CD}} = (3, 2)$$

と書くことができる。ベクトルが「相対的な移動」を表すということに注意しつつ、ベクトルを $\overrightarrow{\mathrm{AB}}$ などと書く書き方に慣れよう。ベクトルの和は「移動が連続する場合」と考えられる。例えば A から B、B から C、と移動をつなげれば、当然「A から C」への移動になるよね。式で書けば

$$\overrightarrow{\mathrm{AB}} + \overrightarrow{\mathrm{BC}} = \overrightarrow{\mathrm{AC}}$$

ということになる。そのことをいちおう成分表記で検証してみると（B から C への移動は「x 方向に 4、y 方向に -2」だから）、

$$\overrightarrow{\mathrm{AB}} + \overrightarrow{\mathrm{BC}} = \begin{pmatrix} 3 \\ 2 \end{pmatrix} + \begin{pmatrix} 4 \\ -2 \end{pmatrix} = \begin{pmatrix} 7 \\ 0 \end{pmatrix}$$

となり、ちゃんと A(1, 2)から C(8, 2)への移動（$\overrightarrow{\mathrm{AC}} = (7, 0)$）に一致する。だから $\overrightarrow{\mathrm{AB}} + \overrightarrow{\mathrm{BC}} + \overrightarrow{\mathrm{CD}}$ のように、あるベクトルの「終点」に次のベクトルの「始点」が運良くつながっていれば

成分表記などというめんどくさいことは考えず、答えを出す

ことができる。

また、例えば A(1, 2)から B(4, 4)に移動するのは $\overrightarrow{\mathrm{AB}} = (3, 2)$ だったが、B(4, 4)から A(1, 2)への移動は $\overrightarrow{\mathrm{BA}} = (-3, -2)$ である。つまり、

$$\overrightarrow{\mathrm{AB}} = -\overrightarrow{\mathrm{BA}}$$

である。これはすでに決めた「成分表記でのベクトルのマイナス符号」のルールにも合致するし、直観にも合う。難しくない。

ところでここで簡単だが大事な注意を。上で $\overrightarrow{\mathrm{AB}}$ も $\overrightarrow{\mathrm{CD}}$ も同じく (3, 2)

である例を出したわけだが、ということは

$$\overrightarrow{\mathrm{AB}} = \overrightarrow{\mathrm{CD}}$$

が成り立つ。実はこの式の意味がわからなくて討ち取られる人が多い。$\overrightarrow{\mathrm{AB}}$ と書いたとき、

「相対的な移動」だけが問題になるのであって、
出発点と終着点には意味はない

のだが、ここが

強力な落とし穴

である。本書の読者で本当の初学者がいたらぜひ気をつけてもらいたい。まあ、ワナというものは

気づかずに通りすぎた人にとっては、たいしたことのないものに思える

ので、運良く何も疑問を持たなかった人にとっては「疑問を持つ人の気持ち」はたいへんわかりにくい。筆者も自分が学生のときはこの部分を「運良く何の疑問も持たずに通りすぎた」ので、「全く話が噛み合わない学生」と出会って大変苦労した記憶がある。

彼の主張は、$\overrightarrow{\mathrm{AB}}$ は「A から」、$\overrightarrow{\mathrm{CD}}$ は「C から」の移動だから、出発点からして違うじゃないか、ということである。わかっている人から見ればバカみたいに思えることかもしれないが、そういう素朴な疑問を持つのが初学者というもので、初学者の無知は責めるべきじゃない。「成田からニューヨークへの航空券」は「成田」という出発点に意味がある。むしろ「出発点が固定される」のが普通で、「相対的な移動」を表す方が日常の常識に反すると思われる。

えっ、今の話のどこが「何がわからないのかわからずに苦労した」のかって？　そうねぇ、こうやって書いちゃうと「相対的な移動」を表すという「定義がわかってない」とわかるけれど、実際に起こったことはもう少し複雑なのだ。

まず「$\overrightarrow{\mathrm{AB}} = \overrightarrow{\mathrm{CD}}$」はわかるというんだ。まあ必ず「相対的な移動を表す」という話はするし、

習ったばかりのことだしね。

その後、ベクトルの足し算の話になって、練習問題をやったりする。そのとき、最初は易しい問題が続くわけだが、この場合「易しい問題」とは「お尻をつなげる」ような出題だったりするのだ。例えばこんなふうに。

$$\overrightarrow{AB} + \overrightarrow{BC} = \overrightarrow{AC}$$

お尻をつなげるようなベクトルの和は、

「ベクトルが相対的な移動を表す」とわかってなくても、
解けるし、納得できてしまう。

AからBに行って、BからCに行ったら、「AからCに行った」になる。これは、成田からニューヨークに行って、ニューヨークからパリに行けば、結局成田からパリに行ったことになるのと同じだよね。しかしそのうちに、

$$\overrightarrow{AB} + \overrightarrow{CD} = ?$$

という問題が混ざってくる。もちろんこれは「絶対的な移動」と考えるとよくわからない。「成田からニューヨークに行ったあと、パリからロンドンに行ったらどうなるか」は、よくわからないよね。そんな感じで、解ける問題と解けない問題が混ざってくる。あとでわかったことだが、問題集を見直すと、

ベクトルが相対的な移動を表すとわかっていなくても、
解ける問題は結構ある

のである。だから逆に、原因究明がとても困難だった。結構できる子だったんだよ。でもなぜか一部に「易しいはずの問題が解けない」という現象があって、不思議だった。いろいろ質疑応答して、原因を見つけたときには「これかぁ！」と内心脱力したんだ。わかってみれば、そんなもんなんだよな。バグの原因なんて、わかってみれば他愛のないことで、しかも

バグの原因とバグの発生場所は必ずしも一致しない

なんてことはプログラミングでは日常茶飯事だから、事件としては珍しくないが、それ以来筆者が気をつけているワナの１つではある。

ベクトルの「平行四辺形の法則」

ベクトルに「平行四辺形の法則」というものがあり、たいしたことのない話のはずなのになぜか混乱する高校生が多い。これもおそらく、混乱のもとは

ベクトルが「相対的な移動」ということをわかってない

ということなのではないかと思われる。

まず、平行四辺形の法則とは、$\overrightarrow{\mathrm{AB}}+\overrightarrow{\mathrm{AC}}$ に対して、四角形ABCDが平行四辺形になるような点Dをとると、

$$\overrightarrow{\mathrm{AB}}+\overrightarrow{\mathrm{AC}}=\overrightarrow{\mathrm{AD}}$$

となる、というものである。

この法則は、ベクトルを「絶対的な移動」と思って「AからBに行って、そのあと、AからCに行ったら…」と解釈すると意味が不明になる。しかし、ベクトルが「相対的な移動」であるということがわかっていれば、全く難しくない。$\overrightarrow{\mathrm{AB}}$ でも $\overrightarrow{\mathrm{AC}}$ でも適当に平行移動すればいいだけだ。

というわけで、$\overrightarrow{\mathrm{AB}}$ などと表したときに「A」や「B」自体には意味はない。AとB、CとDが同じ「x 方向に3、y 方向に2」という相対的な位置関係にあれば、「$\overrightarrow{\mathrm{AB}}=\overrightarrow{\mathrm{CD}}$」と書いていいのだ。

ベクトルが「相対的な移動」を表すということに注意しつつ、ベクトルを $\overrightarrow{\mathrm{AB}}$ などと書く書き方に慣れよう。移動が連続する場合、例えばAからB、BからC、と移動をつなげれば、当然「AからC」への移動になるにきまっている。いちおう成分表記で検証してみると、(BからCへの移動は「x 方向に4、y 方向に -2」だから)

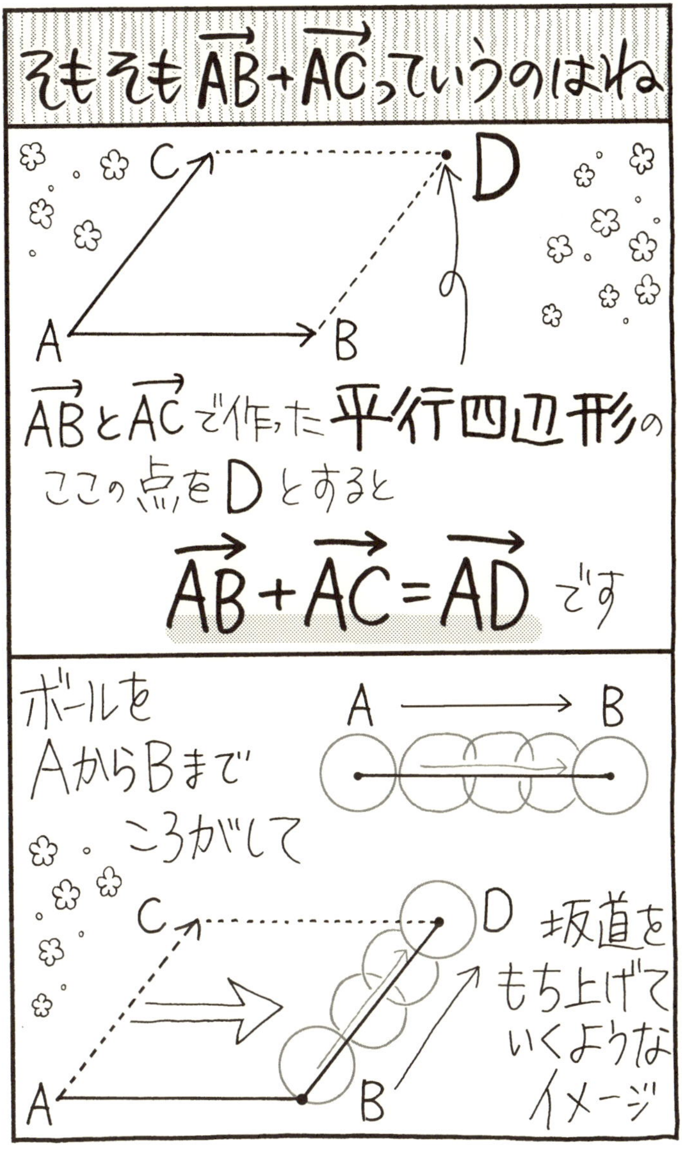
そもそも $\overrightarrow{AB}+\overrightarrow{AC}$ っていうのはね
C
D
A
B
$\overrightarrow{AB}$ と $\overrightarrow{AC}$ で作った平行四辺形の
ここの点をDとすると
$\overrightarrow{AB}+\overrightarrow{AC}=\overrightarrow{AD}$ です
ボールをAからBまでころがして
A
B
C
D
A
B
坂道をもち上げていくようなイメージ

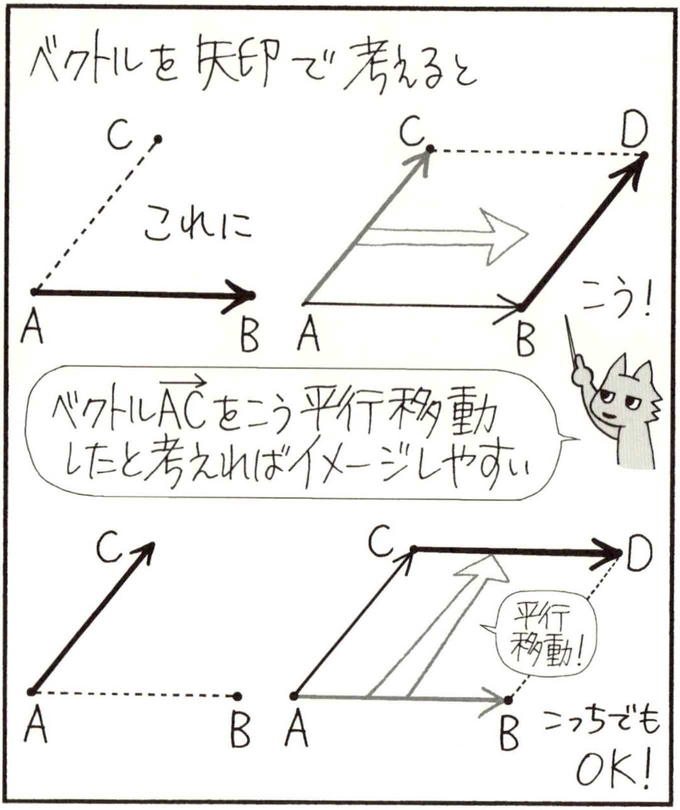

ベクトルを矢印で考えると
C
これに
A
B
C
D
A
B
こう!
ベクトルACをこう平行移動したと考えればイメージしやすい
C
A
B
C
D
平行移動!
A
B
こっちでもOK!

$$\overrightarrow{AB}+\overrightarrow{BC}=\begin{pmatrix}3\\2\end{pmatrix}+\begin{pmatrix}4\\-2\end{pmatrix}=\begin{pmatrix}7\\0\end{pmatrix}$$

となり、ちゃんと A(1, 2) から C(8, 2) への移動（$\overrightarrow{AC}=(7,0)$）に一致する。つまりは「ベクトルの足し算」もちゃんと機能している。だから、$\overrightarrow{AB}+\overrightarrow{BC}+\overrightarrow{CD}$ のように、あるベクトルの「終点」に次のベクトルの「始点」が運良くつながっていれば

なにも考えず、答えが出る。

力のベクトル

　ベクトルの「平行四辺形の法則」は、物理では「力のベクトルの和」として登場してくる。例えば「二人で荷物を持った時に、それぞれの力がどうなるか」という感じで。この「力のベクトル」は、「方向が『力の方向』、大きさが『力の大きさ』を表すというルール」のベクトルのことである。本書では一貫して

ベクトルにどう意味付けをするかは使う人の自由

という立場をとっているので、読者の皆さんは「力のベクトル」と聞いて

ああまあそういうパターンね

と流せると思うが、ベクトルを座標だの移動だのと決めつけて覚えていると、「力のベクトル」がとても不思議なものに見えてしまうだろう。というか、

新しい意味付けのベクトルが出てくるたびに

理解不能となるリスクを抱えることになる。

ベクトルの差を図で表すと

　次はベクトルの差を考える。ベクトルの差も、成分で考えればあまり迷う人はいないのだが、$\overrightarrow{\mathrm{AB}}$のように書いたときの「ベクトルの差」はやはり

高校生の大混乱ポイント

であり、それも「なぜかなー」と思っていたが、「ベクトルが相対的な移動」であることを忘れていることに混乱の一因があると思う。例えば

$$\overrightarrow{AB} - \overrightarrow{AC} = \overrightarrow{CB}$$

という式について、「ABからACをトルと…」などと考えていくと、確かに頭がモジャモジャしてくるよね。いくつかの考え方を用意しておくとよい。

その1）移項する

$$\begin{aligned} \overrightarrow{AB} - \overrightarrow{AC} &= \boxed{\qquad\quad} \\ \Leftrightarrow \overrightarrow{AB} &= \boxed{\qquad\quad} + \overrightarrow{AC} \\ \Leftrightarrow \overrightarrow{AB} &= \overrightarrow{AC} + \boxed{\qquad\quad} \end{aligned}$$

これなら答えは $\overrightarrow{CB}$ とすぐわかる。図もあわせて見ておきたい。

その2）その場で文字を入れ替える

$$\begin{aligned} \overrightarrow{AB} - \overrightarrow{AC} &= \boxed{\qquad\quad} \\ \Leftrightarrow \overrightarrow{AB} + \overrightarrow{CA} &= \boxed{\qquad\quad} \\ \Leftrightarrow \overrightarrow{CA} + \overrightarrow{AB} &= \boxed{\qquad\quad} \end{aligned}$$

これでも答えは $\overrightarrow{CB}$ とすぐわかるだろう。

いずれの方法でも、とくに問題はない。自分でわかりやすい方で考えておけばいい。筆者のおすすめは、ベクトルの文字の間に適当な文字を割りこませる方法である。例えば $\overrightarrow{AB}$ のAとBの間に適当な文字Xを割り込ませて

$$\overrightarrow{AB} = \overrightarrow{AX} + \overrightarrow{XB}$$

を作る。もちろんXはなんでもいいので、問題に応じて好きな文字でよい。

① 
$\overrightarrow{AB}$ってベクトルがあります。
このベクトルに対して

② 勝手にCって点をとって

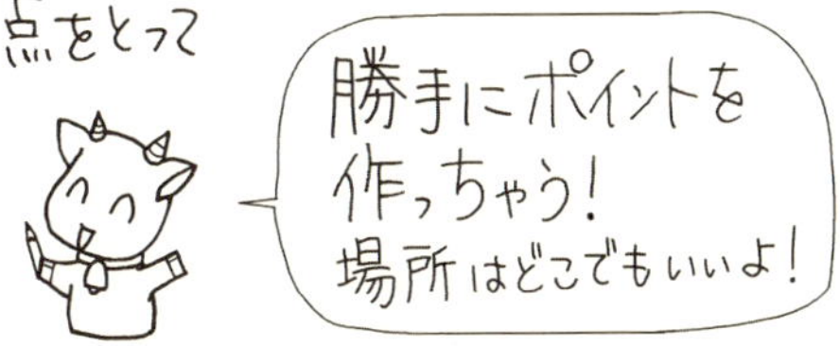

③ こーすると……

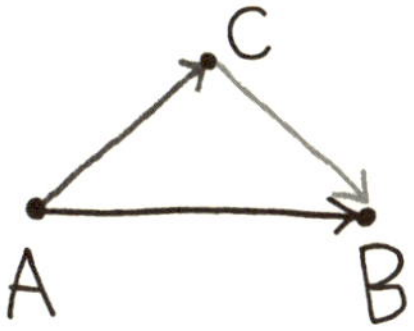

④ $\overrightarrow{AB}$は確かに

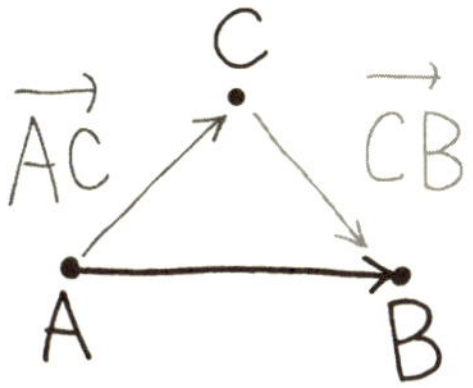

$\overrightarrow{AC}+\overrightarrow{CB}$でたどり着く!

⑤ よって $\overrightarrow{AB}=\overrightarrow{AC}+\overrightarrow{CB}$

移動!!

$\overrightarrow{AB}-\overrightarrow{AC}=\overrightarrow{CB}$ （ひく）（は） となります。

例題

$\overrightarrow{\mathrm{AB}}-\overrightarrow{\mathrm{AC}}$ はどんなベクトルか？

これに対して、$\overrightarrow{\mathrm{AC}}$ の A と C の間に B を割りこませて、$\overrightarrow{\mathrm{AC}}=\overrightarrow{\mathrm{AB}}+\overrightarrow{\mathrm{BC}}$ とする。そうすると、

$$\overrightarrow{\mathrm{AB}}-\overrightarrow{\mathrm{AC}}=\overrightarrow{\mathrm{AB}}-(\overrightarrow{\mathrm{AB}}+\overrightarrow{\mathrm{BC}})=-\overrightarrow{\mathrm{BC}}=\overrightarrow{\mathrm{CB}}$$

とできる。

まあ、どんな方法でもいい。いずれにしても、ベクトルの引き算というのは、普通の引き算のように見えて普通の引き算ではない。ベクトルという「新しい数」に対する演算なのである。「$2^{3.5}$」を、「2 を 3.5 回掛けるの？　ハテ？」と思ってはいけないように、

ベクトルの引き算は、そもそも「新しい演算」

なので、常識で考えるのは限界があるということだ。直観のレベルでは、移動は「足し算」だけしか考えられない。だから、基本的に足し算で理解するのがよいと思う。

ベクトルをベクトルのまま処理できるか

複雑化したシステムを作ろうとしたとき、現代では全てを一から作るなんてことはしないし、やろうとすると相当たいへんだ。先日筆者は『ゼロからトースターを作ってみた』という本を読んだが、その本はたかがトースターを、電熱線のための金属を鉱山から採取するところから作る、という話で、それはそれで企画としてはとても面白かったし、また、「人は一人では生きていけない」ということを実感するにはよい話だったが、作るならある程度の部品から作らないと手間ばかりかかってどうにもならないということの証明でもあった。部品というものはある程度の規格があるからこそ使い物になる。規格を満たせば他のものと交換がきくということでもある。規格というより「インターフェース」と言った方が馴染みの深い方も多いかもしれないが、ここでは同じ意味である。例えばクルマの基本的なインターフェースはアクセルとブレーキとギアとハンドルで、それがほぼ統一されているから人はクルマを乗り換えても割りとすぐに順応できる。

さてベクトルだが、ベクトルの成分、すなわちベクトルの「中身」を考えながらベクトルを操作するのは

ベクトルの基本

ではある。しかし、いずれはベクトルをベクトルのまま、処理していかなければならない。つまり、「中身がどうなっているかは考えず」、「うまくいっていると信じて」、使っていくということだ。中身がどうなっているかを考えない、ということを「ブラックボックス化」という。中身をわからなくしたのなら、中で何が起ころうとも外に影響を出されては困る。影響を中にきちんと閉じ込めることを「カプセル化」という。「カプセル化」なんて言葉は数学用語ではなく、プログラミング用語[注23)]である。というか、最近その概念自体が当たり前（他人に迷惑をかけないのなんて当然でしょ、みたいな）になってきたせいか、その言葉自体も

注23)　コンパイラが吐く機械語を想像しながら最適化できそうなコードを書いてあげていたのは今は昔。コンパイラの最適化性能が良くなった（プロセッサの複雑化で人間では対応しきれなくなったと言うべきか）ことなどからすっかりブラックボックス化している。今どきは高速化はコンパイラにお任せして、その代わり可読性重視・メンテナンス重視でコーディング。

消えてきた印象がある。本書は数学の本だしこんな用語は

全く覚えなくてよい

が、こういった「階層化」によってより複雑な現象を簡単に処理できるようにしたいという要求と解決法があるんだということは知っていても損はない。我々が電卓を叩いたときに、中で何が起こっているかわからないが、電卓は答えを出してくる。電卓がまだ普及していない頃、筆者のおばあちゃんは、電卓の出した答えをソロバンで検証して「合ってるわね」と言っていたのを思い出すが、

信頼は一朝一夕には得られない。

ある程度の時間をかけて、「これでうまくいくはず」という自信を深めていくしかないのだろう。まだその信頼を得ていない段階では、電卓の結果をソロバンで確かめるように、ベクトルの演算を、必要に応じて、ベクトルの成分を使って検証していけばよいのだ。

さてそれではこのあたりを組み合わせた問題を見てみよう。

問題

点 P は $-7\overrightarrow{\mathrm{PA}}+13\overrightarrow{\mathrm{PB}}+11\overrightarrow{\mathrm{PC}}=\vec{0}$ を満たすものとする。このとき、

$$\overrightarrow{\mathrm{OP}}=x\overrightarrow{\mathrm{OA}}+y\overrightarrow{\mathrm{OB}}+z\overrightarrow{\mathrm{OC}}$$
$$x+y+z=1$$

と表したとき、x, y, z の値を求めよ。　　　（センター試験 1996 改）

まあなんというか、これだけを見ると

問題のための問題

という感じしかしないと思うし、多くの受験生はとくに意味も考えず解いただろう。センター試験は基本的に時間との闘いなのでそれでいい。とりあえず解答を作ってみる。

■**解答**

まず1番めの式と2番めの式を見比べよう。1番めの式に文字「O」が全く出てきていない。ということは、$\overrightarrow{\mathrm{PA}}, \overrightarrow{\mathrm{PB}}$ などすべてに文字「O」を割り込ませれば、2番めの式に近くなりそうじゃない？　そこで、1番めの式を

$$-7(\overrightarrow{\mathrm{PO}}+\overrightarrow{\mathrm{OA}})+13(\overrightarrow{\mathrm{PO}}+\overrightarrow{\mathrm{OB}})+11(\overrightarrow{\mathrm{PO}}+\overrightarrow{\mathrm{OC}})=\vec{0}$$

と変形する。これで $\overrightarrow{\mathrm{PO}}$ を右辺に寄せれば…（$\overrightarrow{\mathrm{PO}}$ じゃなくて $\overrightarrow{\mathrm{OP}}$ に直して…）

$$-7\overrightarrow{\mathrm{OA}}+13\overrightarrow{\mathrm{OB}}+11\overrightarrow{\mathrm{OC}}=-7\overrightarrow{\mathrm{OP}}+13\overrightarrow{\mathrm{OP}}+11\overrightarrow{\mathrm{OP}}$$

右辺は $17\overrightarrow{\mathrm{OP}}$ になる。これと「目標」である2番めの式をよく見ると、全体を17で割れば、

$$-\frac{7}{17}\overrightarrow{\mathrm{OA}}+\frac{13}{17}\overrightarrow{\mathrm{OB}}+\frac{11}{17}\overrightarrow{\mathrm{OC}}=\overrightarrow{\mathrm{OP}}$$

となるので、$(x, y, z)=\left(-\frac{7}{17}, \frac{13}{17}, \frac{11}{17}\right)$ である。■

ま、普通に計算したら解けました、という感じだが、それでは理解した気がしないので、この問題の背景も解説しておく。

設問の「点Pは $-7\overrightarrow{\mathrm{PA}}+13\overrightarrow{\mathrm{PB}}+11\overrightarrow{\mathrm{PC}}=\vec{0}$ を満たす」という言い方だが、まず最後の「$=\vec{0}$」を日本語で言えば「釣り合ってる」ということだ。単純に $\overrightarrow{\mathrm{PA}}$ を「PからA方向に引っ張る力」と考えると、「$a\overrightarrow{\mathrm{PA}}+b\overrightarrow{\mathrm{PB}}+c\overrightarrow{\mathrm{PC}}$」からは、ある点Pから三方向に引っ張り合っている様子がイメージされる。つまりこの設問は、「ある点PがA, B, Cからそれぞれある力で引っ張られているとき、落ち着く点はどこか」と読むことができる。

「落ち着く点はどこか」というところで、センター試験なので、少しヒントをくれている。その点は「ABCで作られる平面上にある」ということだ。ある点PがA, B, Cの三方向に引っ張られてそれが釣り合うというとき、その点Pは「ABCで作られる平面上にある」だろう。これは冷静に考えればわかる（次ページ図を参照）。一方で「ABCで作ら

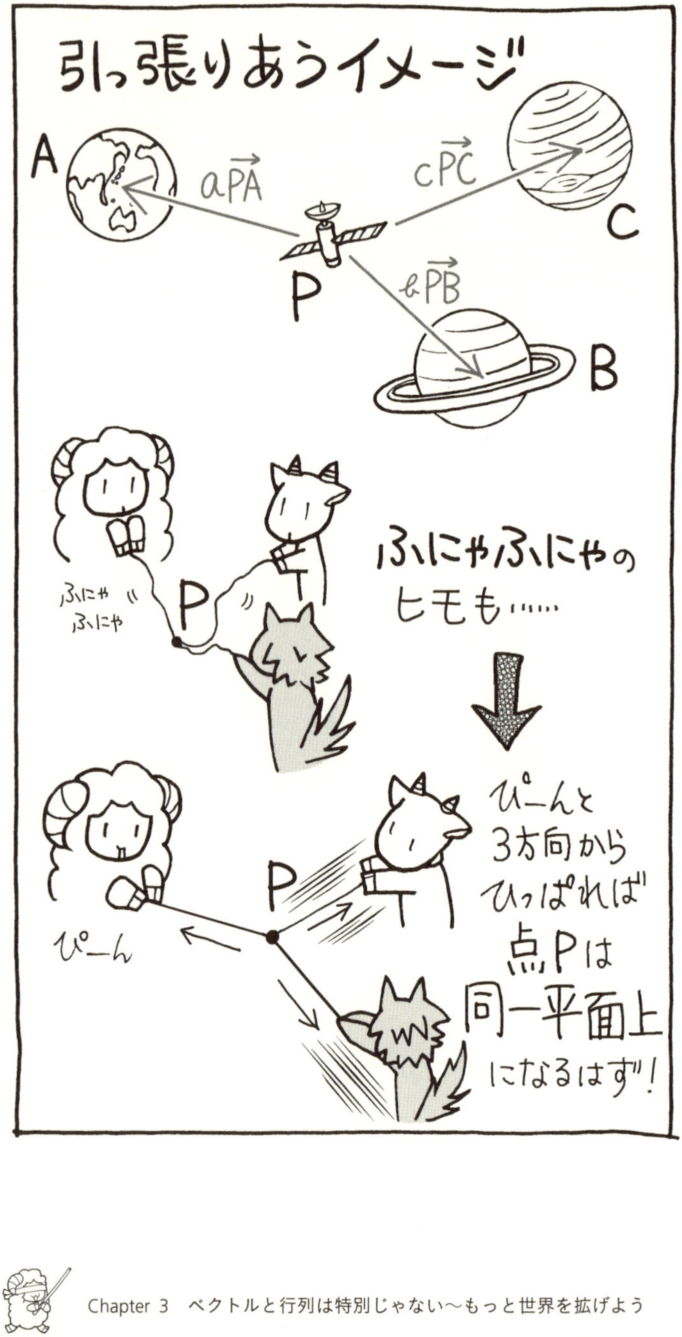
引っ張りあうイメージ
A
$a\overrightarrow{PA}$
$c\overrightarrow{PC}$
C
P
$b\overrightarrow{PB}$
B
ふにゃ
ふにゃ
P
ふにゃふにゃの
ヒモも……
ぴーんと
3方向から
ひっぱれば
点Pは
同一平面上
になるはず！
P
ぴーん

れる平面上にある点」は「$x\overrightarrow{\mathrm{OA}}+y\overrightarrow{\mathrm{OB}}+z\overrightarrow{\mathrm{OC}},\ x+y+z=1$」というかたちで表せる。これは次のように考えるとわかりやすい。$z=1-x-y$ だから、

$$x\overrightarrow{\mathrm{OA}}+y\overrightarrow{\mathrm{OB}}+(1-x-y)\overrightarrow{\mathrm{OC}}$$

$$=\overrightarrow{\mathrm{OC}}+x(\overrightarrow{\mathrm{OA}}-\overrightarrow{\mathrm{OC}})+y(\overrightarrow{\mathrm{OB}}-\overrightarrow{\mathrm{OC}})=\overrightarrow{\mathrm{OC}}+x\overrightarrow{\mathrm{CA}}+y\overrightarrow{\mathrm{CB}}$$

この式は「Cを出発点（$\overrightarrow{\mathrm{OC}}$）に、$\overrightarrow{\mathrm{CA}}$ と $\overrightarrow{\mathrm{CB}}$ で到達できる場所」と読めるので、つまりは「平面ABC上」ということになる。

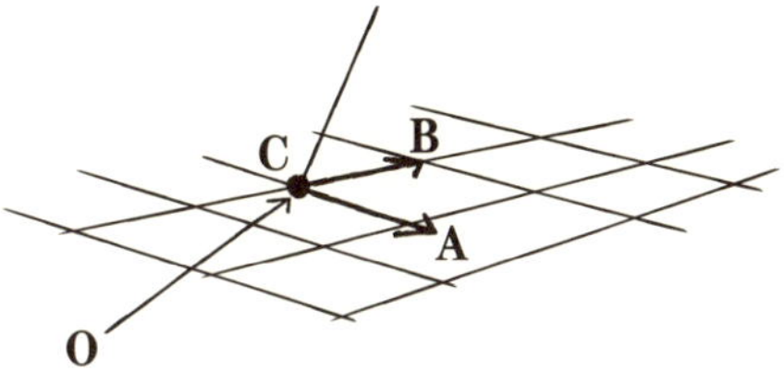

本論からは外れるが、この設問はさらに図形的な解答を考えることもできる。実は $a\overrightarrow{\mathrm{PA}}+b\overrightarrow{\mathrm{PB}}+c\overrightarrow{\mathrm{PC}}=\vec{0}$ のパターンは幾何学で「加重平均」として知られる「よくあるパターン」である。まあ図形の問題っていろいろな「裏ワザ」が紹介されることがあるけど、だいたいは算数や幾何学の知恵が元ネタになっていて、そんなの裏ワザでもなんでもないんだよね。個人的には算数好きだし幾何も好きだし、遊びとして[注24]は「裏ワザ」で解くのは大好きだが、試験ではそういう奇抜な解法を求めてはいけない。試験では基本的に汎用性のある方法をきっちりと運用しよう。

注24）　遊びや執筆や企画や、（実際にやったことがないとホントのことは思えないかもしれないけれど）授業や研究でさえも、遊び心や奇抜な発想は必要である。

位置ベクトル

ここで「位置ベクトル」という考え方を導入する。今は

「中点ってことは$\frac{1}{2}\overrightarrow{AB}$を考えて」←ベクトル世界の話

「Aの座標が(1, 2)、Bが(4, 4)だから…」←座標の世界の話

と、ベクトルで考えたり座標で考えたりしていたが、

世界観の違う空間の行き来はストレスを伴う

ので、なるべくベクトルの世界で話が済むようにできると便利である。アイディアは単純で、原点をOで表して、「Aの座標が(1, 2)」というものを見たら、「$\overrightarrow{OA}=(1,2)$なんだな」と思おうぜ、というものだ。こうすれば座標とベクトルの数値が揃うよね。座標とベクトルの数値が揃うといろいろ便利なので、そのような調整を入れたベクトルのことを「位置ベクトル」という。難しくはない。つまり、位置ベクトルと言われたら

基点は原点なんだなあ

と思っておけばいい。

ベクトルを使って図形の問題を解こうとして、例えば「重心を求めよ」とか「内分する点を求めよ」とかいう問題に出くわしたとしよう。これらはいずれも解答として「どこかの点の座標」が要求されている。こういう問題は、

位置ベクトルで考えなさいよ

と言ってるようなものなのだ。

これを使うと、先ほどのAとBの中点を求める問題は、次のように解ける。文字がないと不便なのでABの中点をMとしておこう。このとき、求めたいものはMの座標で、位置ベクトルで言えば「$\overrightarrow{OM}$」である。

「Aから$\frac{1}{2}\overrightarrow{AB}$だけ移動すれば、そこはABの中点M」なので、原点

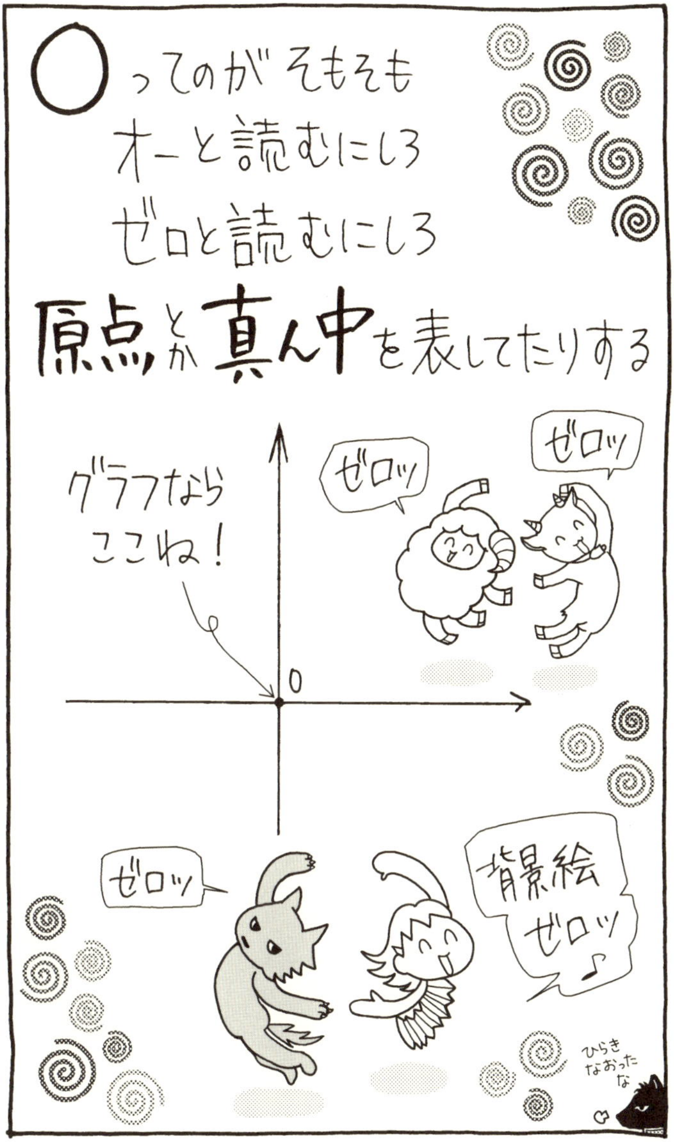
○ってのがそもそも
オーと読むにしろ
ゼロと読むにしろ
原点とか真ん中を表してたりする
グラフならここね！
O
ゼロッ
ゼロッ
ゼロッ
背景絵ゼロッ♪
ひらきなおったな

Oを基準に考えれば、「OからAに行き、Aから$\frac{1}{2}\overrightarrow{AB}$だけ行けば、結局、OからMに行ったのと同じになる」となる。これをそのまま数式に直すと

$$\overrightarrow{OA}+\frac{1}{2}\overrightarrow{AB}=\overrightarrow{OM}$$

となる。ベクトルを成分表記すれば

$$\begin{pmatrix}1\\2\end{pmatrix}+\frac{1}{2}\begin{pmatrix}3\\2\end{pmatrix}=\begin{pmatrix}\frac{5}{2}\\3\end{pmatrix}$$

となる。Oからのベクトルは座標と数値が揃うはず（位置ベクトル）なので、右辺の「$\left(\frac{5}{2},3\right)$というベクトル」はそのままで座標と思ってよく、

「$\left(\frac{5}{2},3\right)$という座標」が答えとなる[注25)]。

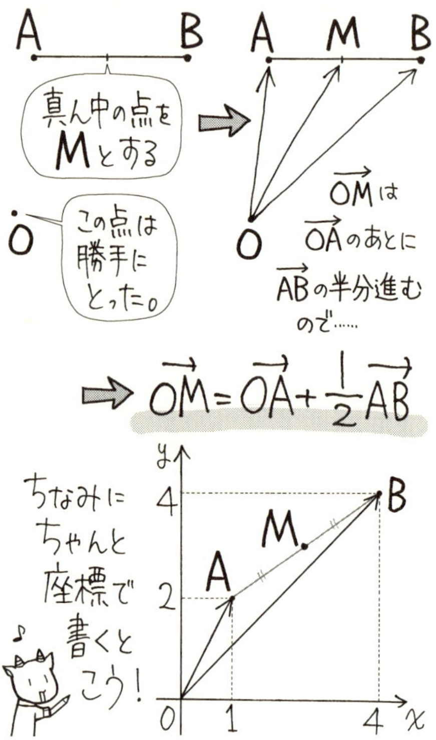

注25)　ここでは説明上「$\left(\frac{5}{2},3\right)$というベクトル」だの「$\left(\frac{5}{2},3\right)$という座標」だのと書いたが、答案は（たぶん）採点者が好意的に読んでくれると思うので単に$\left(\frac{5}{2},3\right)$と書いておけばマルがもらえるだろう。

座標の世界とベクトルの世界をつなぐ扉

「位置ベクトル」について前項では「ベクトルの表記と座標の表記が揃うから便利だ」と書いたが、それだけでは「位置ベクトル」の持つ本当の価値を伝えたことにはならない。ベクトルの世界と座標の世界は「世界が違う」。芸能界と天空界ぐらい違う。3kmと3kgぐらい違う。そのぐらい「ぜんぜん違う世界」の話を、あるルールでつなげようとしているのだ。3kmと3kgはぜんぜん違う世界というのは皆さんもおわかりと思うが、例えば5g/cmの針金では重さを測って2000gならば400cmとわかる。20mを測るのは大変だが10kgを測るのはそれほど大変ではない。長さでも重さでも、測りやすい方を測ればいい。こういうことができるのは「5g/cm」という、

2つの世界をつなぐ扉

があるからである。位置ベクトルとは、ベクトルの世界と座標の世界をつなぐ扉なのだ。ベクトルの始点を原点Oにしましょうね、というルールを使って、ベクトルの成分がそのまま座標を表すようにする。こうすればベクトルの世界と座標の世界が行き来できるようになる。座標の世界とベクトルの世界にはそれぞれに得意な領域と苦手な領域があって、ある種の問題は座標で考えようとすると複雑になってしまうが、ベクトルを使えば簡単に解ける、なんてことがある。もちろん逆もある。問題を解くにあたって、苦手な領域で頑張ることに意味はなく[注26]、解きやすい方で解けばいいのだ。道が複数あるときに重要なのは、自在に道を切り替えられることようにしておくことである。それがないと「解きやすい方で解けば」が実現されない。位置ベクトルの技術的なことは、まったくたいしたことではない。ただ原点Oを導入しているだけなのだが、それによって座標の世界とベクトルの世界がつなげられるってことが重要で、『ドラえもん』の道具「どこでもドア」に似たロマンを感じて欲しいところ[注27]である。

注26)　まあね、教育的効果、みたいな特殊な意味はあるかもしれないけどさ。

注27)　入門者にそんなこと言っても絶対無理と思っているのでご心配なく。簡単な問題ならどの世界でも解けるが、難しい問題になってくると「ある世界に行かないと解けない」ようになる。そうなると意識的に「その世界に行く」ように誘導しなければならなくなり、はじめて意識的に「世界を変える」感覚が養われる。逆に言えば、困らないうちは意識もしないものなんだよね。

ベクトル語への翻訳

ベクトルの世界で問題を扱うには、他の世界の言葉をベクトルの世界のそれに翻訳しないといけない。こういうことは本当は体系がだいたいできたらいつも考えることである。日本語からベクトル語に翻訳して、ベクトルの世界で考えて、日本語に再翻訳して答えを出すというのがパターンである。だから日本語からベクトル語への翻訳が自由にできないと、せっかく作った体系も役に立たない。小学校の頃は、「りんごがふたつ」を「2」と翻訳した。中学校になると、「りんごがいくつかあって…」を「x」と翻訳できる。カリキュラムが進むにつれて

数学語に変えられる日本語が徐々に増える

と考えて欲しい。というわけでここからは、どんな日本語がどんなベクトル語に翻訳できるかを知ろう。

直線上という言葉を翻訳しよう

「C は直線 AB 上にある」と言われたら、どういう式にしたらいいだろうか。どこかに原点 O があるとすると、$\overrightarrow{\mathrm{OA}}$（別に直線上ならどこでもいいから $\overrightarrow{\mathrm{OB}}$ でもいいが）で直線まで進んでおいて、あとは $\overrightarrow{\mathrm{AB}}$ の何倍か、という動きをすれば必ず直線上にあることになるだろう。今の考察をそのまま式にして

$$\overrightarrow{\mathrm{OC}} = \overrightarrow{\mathrm{OA}} + k\overrightarrow{\mathrm{AB}}$$

と書いて、「$\overrightarrow{\mathrm{OC}}$ がこのように書ける（はずだ）」とすれば、これで「C は直線 AB 上にある」を数学語に翻訳したことになるのだが、これが直線と思えない人は、もう一度「ベクトル方程式（346 ページ）」で解説するのでそれを待ってもらいたい。

これは（慣れれば）公式として覚える必要が全くない。

「Cへは、Aまで行って、あとはABの方向（k倍）だー」とつぶやきながら

式を書いていけばいいだけである。これで「直線上という言葉の翻訳」は終わっているのだが、もう少し話を深めておく。今の式の$\overrightarrow{AB}$の間にOを割り込ませて変形すると、

$$\begin{aligned}\overrightarrow{OC} &= \overrightarrow{OA} + k(\overrightarrow{AO} + \overrightarrow{OB}) \\ &= \underline{(1-k)}\overrightarrow{OA} + \underline{k}\overrightarrow{OB}\end{aligned}$$

となる。「下線部を足すと1になる」というところがポイントである。我々は「もともと$\overrightarrow{OA}$の係数が1だった」のを知っているので、このように変形した場合に「下線部を足すと1になる」というのは当たり前に思えるよね。逆に、「Aの位置ベクトルを$\vec{a}$、Bの位置ベクトルを$\vec{b}$として、直線AB上は

$$k\vec{a} + (1-k)\vec{b}$$

と表現される」という言い回しでもそれとわかるようにして欲しいところだ。というわけで、問題文に「AB上に点Cをとり…」などとあったら、

$$\overrightarrow{OC} = (1-k)\overrightarrow{OA} + k\overrightarrow{OB}$$

としてもよい。そのようなやり方を「公式」としている本もある。

式を作る方はいいとして、問題は式を読む方である。つまり、下線部が足して1になる式を見たら

直線上だと思ってね

ということなのだが、これはなかなか難しいところだ。だって、「足して1」なんて、結構見落としがちだよねぇ。しかし、

たまたま足して1なんて、そんなに都合よくあるかよ

と言う方！　それは違うんだよ。世の中、見つけようとしないと見つからないものがある。あると思って探すと「ある」んだよ。

直線上にあるってことを
ベクトルで表現してみよー

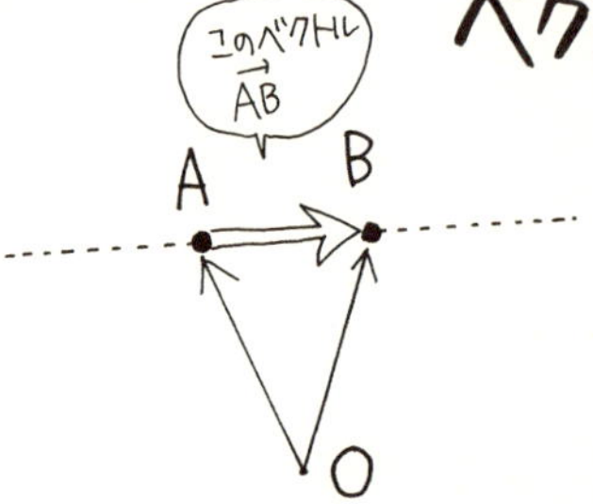

直線AB上にある点C
といったら……

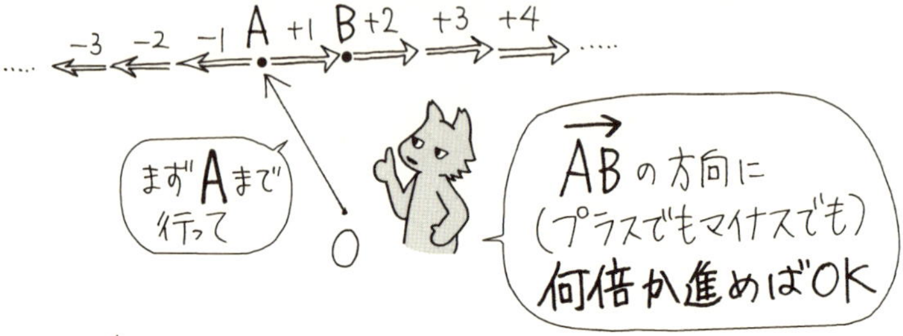

これを式にすると……

$$\overrightarrow{OC} = \overrightarrow{OA} + \overset{ケイ}{k}\,\overrightarrow{AB}$$
$$= \overrightarrow{OA} + k(\overrightarrow{OB} - \overrightarrow{OA})$$
$$= \overrightarrow{OA} + k\overrightarrow{OB} - k\overrightarrow{OA}$$
$$= (1-k)\overrightarrow{OA} + k\overrightarrow{OB}$$

直線AB上にある点Cは

$$\overrightarrow{OC} = (1-k)\overrightarrow{OA} + k\overrightarrow{OB}$$

ココとココを足すと1(いち)になる!!

例題

$$\overrightarrow{\mathrm{OC}} = (1 - 3k)\overrightarrow{\mathrm{OA}} + k\overrightarrow{\mathrm{OB}}$$

で表される C はどこにあるか？

とりあえず k でまとめると次のようになる。

$$\overrightarrow{\mathrm{OC}} = \overrightarrow{\mathrm{OA}} + k(\overrightarrow{\mathrm{OB}} - 3\overrightarrow{\mathrm{OA}})$$

これはつまり、直線の式である。「$\overrightarrow{\mathrm{OA}}$ まで行って、あとは $(\overrightarrow{\mathrm{OB}} - 3\overrightarrow{\mathrm{OA}})$ の方向だー」と読めるだろう。

直線の式になるということは、「2 つのベクトルで、係数が足して 1」に変形できるはず

なんだよ。つまり元の式を、係数が足して 1 にできるはずなんだ。ではその「できるはず」という気持ちを強くしてもう一度最初の式を見てくれ。この式をまず $\overrightarrow{\mathrm{OA}}$ と $\overrightarrow{\mathrm{OB}}$ に整理する。

$$\overrightarrow{\mathrm{OC}} = (1 - 3k)\overrightarrow{\mathrm{OA}} + k\overrightarrow{\mathrm{OB}}$$

ここでそれぞれの係数を単順に足すと $(1 - 3k) + (k)$ で 1 にはならない。だめだ、直線上にはない。いやまて、第 2 項を

$$k\overrightarrow{\mathrm{OB}} = 3k \cdot \left(\frac{\overrightarrow{\mathrm{OB}}}{3}\right)$$

と変形して、「$\overrightarrow{\mathrm{OB}}$ と係数 k」じゃなくて「$\dfrac{\overrightarrow{\mathrm{OB}}}{3}$ と係数 $3k$」と見る。つまり

ムリヤリ、係数を $3k$ と見る。

こうしてから

$$\overrightarrow{\mathrm{OC}} = (1 - 3k)\overrightarrow{\mathrm{OA}} + 3k\left(\frac{\overrightarrow{\mathrm{OB}}}{3}\right)$$

と書けば、

わーい、係数を足して1になったよ

となるので、Cは「OBの$\frac{1}{3}$のところ」とAを結んだ直線の上にあるということがわかる。この「ムリヤリ係数を$3k$と見る」という手だが、やりようによってはムリヤリに係数を$4k$にでも$5k$にでも見ることができる。つまりはこのようにして「係数を足して1」を作り出すことができるということだ。あると思ってみれば、見えるようになるのである。

しかしね…、まあこれは好みもあると思うんだけどさ、「足して1になる」を「直線上にあることの判断のために使う」ってのは、あんまり便利じゃないような気がするなあ。筆者は本当は、「こういうものはkでまとめた方がいい」と思っている。数学の問題を解くために、

「動く場所は1ヶ所にしろ」

という格言があるからね。筆者としてはkが1ヶ所になる

$$\overrightarrow{OC}=\underline{\overrightarrow{OA}}+k(\overrightarrow{OB}-3\overrightarrow{OA})$$

という書き方を推奨だ。こうしておいて、まず下線部を「Aを通り…」と読み、次に、k倍のついている方を「ベクトル$\overrightarrow{OB}-3\overrightarrow{OA}$に平行な直線上にある」と読むわけだ。

一般には、直線が

$$\vec{a}+k\vec{b}$$

と表されているとき、$\vec{b}=\vec{b}-\vec{a}+\vec{a}$を入れて変形すると

$$\vec{a}+k(\vec{b}-\vec{a}+\vec{a})=(1-k)\vec{a}+k(\vec{b}+\vec{a})$$

となるため、2つの表現法は数学的に同等である。読者の皆さんはお好みの方を使えばいい。

「円周上」や「角の二等分線」を翻訳したいが…

今度は「円の上にある」ことの翻訳を用意したいが、その前に1つ準

備が必要である。それは「ベクトルの大きさ」という概念だ。ちょっと長くなるが大事なことなので少し手間をかける。

ベクトルの大きさを表す記号は「大きさ」という言葉の響きから、

なんとなく、絶対値記号を使う

ことになっている。今はベクトルは「移動」を表すということにしてあるので、ベクトルの大きさは「移動距離」に相当する。つまりは「長さ」を三平方の定理（ピタゴラスの定理）で求めればいいだけだ。

$\overrightarrow{OA}=(100, 40)$ だったら、$|\overrightarrow{OA}|=\sqrt{100^2+40^2}$ である。

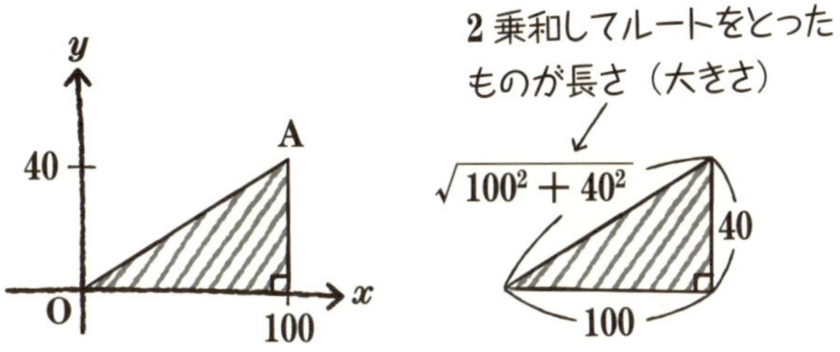

ところで、ベクトルは2次元ばかりではない。我々は3次元も4次元もすでにやっている。最近の高校生はあまり「3次元の距離」を学習していないようなので、それについても考えてみると、A(100, 20, 40)とすると、図を見てもらえばわかるが、$|\overrightarrow{OA}|=\sqrt{\left(\sqrt{(100)^2+(20)^2}\right)^2+(40)^2}$ $=\sqrt{(100)^2+(20)^2+(40)^2}$ となる（次ページ）。ベクトルは「複数の数字を同時に扱うもの」だが、複数と言いつつ、1つでもよい。ここで「ベクトルの大きさ」を並べて書いてみると

- $\overrightarrow{OA}=(4)$ のとき $|\overrightarrow{OA}|=\sqrt{(4)^2}$
- $\overrightarrow{OA}=(4, 3)$ のとき $|\overrightarrow{OA}|=\sqrt{(4)^2+(3)^2}$
- $\overrightarrow{OA}=(4, 3, 5)$ のとき $|\overrightarrow{OA}|=\sqrt{(4)^2+(3)^2+(5)^2}$

となる。

2次元も3次元も「大きさ」あるいは「距離」は、「成分の2乗和のルート」になっている。4次元以上になると「大きさ」という言い回しは具体的なイメージと結びつかないものになるが、それでも「成分の2乗和のルート」の値は便利なときもある。そこでこういうときのよくあ

▼3次元のベクトルでは…

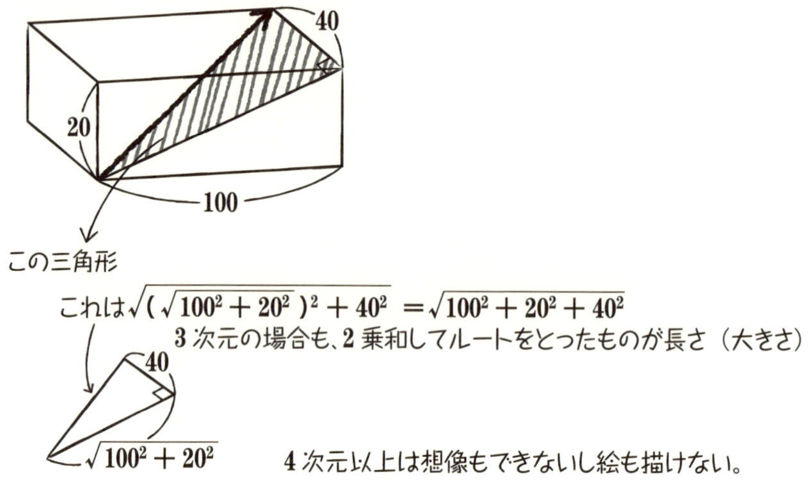

40
20
100
この三角形
これは$\sqrt{(\sqrt{100^2+20^2})^2+40^2}=\sqrt{100^2+20^2+40^2}$
3次元の場合も、2乗和してルートをとったものが長さ（大きさ）
40
$\sqrt{100^2+20^2}$
4次元以上は想像もできないし絵も描けない。

る方法は

定義の仕方を逆にして

「（たとえn次元のベクトルであっても）成分の2乗和のルートを『大きさ』と呼ぶ」ことにしてしまうことである。こうなるともはやベクトルのときの「大きさ」は日常語の「大きさ」とは違う。2次元、3次元での「大きさ」や「距離」（つまり我々の日常語の「大きさ」や「距離」）で考えると、4次元の場合に「大きさ」と言われても困るだろう。モノ自体がイメージできてないのに、そのモノの「大きさ」とか言われても知らんよね。世間では「数学者は5次元とか6次元をイメージできるらしいよ」などと言われ、それができない人は数学の才能がないように言われたりもするが、

5次元や6次元をイメージできるわけないだろ。

我々は3次元世界に生きていて、4次元以上はイメージできないことになっている。数学者は5次元をイメージできるんじゃなくて、

ただ定義にしたがって処理ができる

というだけのこと。逆に言えば、この定義にしたがえば、4次元だろうが10次元だろうが、「大きさ」を議論することができる。それってすごいことじゃない。もしかして「今から我々は凡人どもよりも一段上の世界にいった。それを知らない凡人どもは、2次元や3次元までしか『大きさ』を求めることはできまい。我々は神に一歩近づいたのだー、ぐはははは」、というような

あほな思想を抱く輩がでてきたり

するんじゃないかとも思ったりする。ま、人を見下すことは良くないが、上級者とはそういうものじゃないだろうか。街を走るぶんには軽自動車も普通自動車も変わりはないが、高速道路やサーキットとなるとエンジンの差が効いてくるのだ。

ここでやった「定義の仕方を逆にする」という手法、実はモノなり規則なりを

作る側の立場になると頻繁に経験

することである。例えば、子どもが乗るには危ない遊具があったとして「子どもは禁止」と貼り紙したとする。まわりが話のわかる人たちばかりならいいが、「どうしてウチの子はダメなの？」とクレームが来たら、「子ども」の定義に頭を悩ますことになるだろう。体が大きい子は危なくないのか、年齢が達していればそれでいいのか、知恵の発達の問題か…。ジェットコースターの場合はそこで「子どもじゃダメ」ではなく「身長110cm以下は乗れない」という言い方になる。「対象年齢3歳」というオモチャは「飲み込んだら危ない部品があるよ」ということで[注28)]、「口に入れないくらいの知恵がついたら」という意味でもある。他にも、「なぜこんな使いにくい場所にスイッチがあるの？」とか「なぜこんな不便なしくみになってるんだ」とか思うことはままあるが、それの多くは安全への配慮だったり、特許の問題だったりして、よーするに

注28）「対象年齢3歳」の基準は正確にはここまで単純ではない。

完成品を使うだけの立場ではわからない裏の事情

ってものがある（ことが多い）のである。

我々はもはやベクトルで「大きさ」といえば「各成分を2乗和してルートをとったもの」でしかなくなった。これはいわば「完成品」であって、それを初めて見た人は「なんてややこしい」とか思うだろう。歴史を知れば理解できる。歴史を学ぶとはこういうことだ。モノや規則を作るときには、まず定義を考える。いやまあ、あからさまには考えないかもしれないが、言葉を使うとは「その言葉の指し示すもの」をなんとなくでもイメージしているはずで、そのイメージこそが定義といえる。できれば最後まで定義を動かさずに話を進めたいのは人情だが、そうそううまくはいかない。そうして定義は必要に応じて変わっていくのである。定義が変わることが初学者の障壁になるのは前述のとおりだが、それってなかなか防ぎようがないので、逆に

初学者の方に賢くなってもらうしかない。

具体的には

「（自分にとって）不思議な定義を見たら、歴史を慮れ」

が障壁を越えるための1つの教訓、1つの方法論ということになるだろう。さて、余計な話が長くなったが、「距離」という言葉が日常語と違うということがわかったら、早速4次元や10次元の「距離」を考えて、まだそれを知らなかった頃の「無垢な自分」の一段上に立とう。

例えば「4つの数字を扱う」ことにしたベクトルの場合は

・$\overrightarrow{\mathrm{OA}} = (4, 3, 5, 2)$ のとき $|\overrightarrow{\mathrm{OA}}| = \sqrt{(4)^2 + (3)^2 + (5)^2 + (2)^2}$

と考えればいい。10個の数字を扱うことにしたベクトルなら、$|\overrightarrow{\mathrm{OA}}| = \sqrt{(4)^2 + (3)^2 + (5)^2 + (2)^2 + \cdots}$ と、全ての成分を2乗して和をとったものにルートを噛ませばよい。処理としては難しくない。難しいのは距離だの大きさだのといった

言葉が再定義されているところ

である。我々の知っている言葉が我々の知っているとおりに使われてい

ると思ったら大間違い。これは典型的な「数学にありがちな罠」である。

「日常語ほど、言葉の定義に気をつけろ」

は、皆さんが本書を読み終えて「次の本」を手にしたときの教訓として、ぜひ覚えておいてもらいたい。

「角の二等分線」を翻訳しよう

ある角を半分にするというのは、幾何での定番問題だが、実用でも「ピッタリ半分に折る」とか「反射板を設置する」などでけっこう需要がある（まあ、需要があるから、問題でもよく出るのだろうが）。さしあたり例題を見てみよう。

例題

三角形 OAB で、OA ＝ 3, OB ＝ 4, AB ＝ 5 とする。C を AB 上にとり、∠AOC ＝ ∠COB であるとき、C はどこか。

問題文に文字 O（オー）が使われている。こういうところから、出題者からの「O を原点として位置ベクトルで考えるといいよ」というメッセージを感じよう。ヒッカケ問題である可能性もゼロとは言わないが、普通は出題者からのメッセージどおりにやった方がラクになるはずだ。さて、ベクトル $\overrightarrow{OA}$ と $\overrightarrow{OB}$ から「∠AOB を 2 等分するベクトル」を作らなければならない。角度を 2 分するベクトルを求める公式としては、

$$k\left(\frac{\overrightarrow{OA}}{|\overrightarrow{OA}|}+\frac{\overrightarrow{OB}}{|\overrightarrow{OB}|}\right)$$

となるが、これは何をやっているのかというと、よーするに「長さを揃えている」のである。

公式は「一般化」の洗礼を浴びているので、こんなメンドクサイことになっているが、それぞれのベクトルを大きさで割っているのは、この式は

そりゃあ大きさで割れば、大きさが1に揃うよね

と思って欲しいところだ。こういう式を見てウンザリするんじゃなくて、「だからよーするになんなのよ」と考えてくれるようになるといいんだけど、まあそうはいっても、考えても答えが思いつくとは限らないわけだし、「考えろ」ってのは実はみんなに勧められる方法じゃない。その代わり、そういうコメントを「探す努力」はして欲しい。本を探してもいいけど、そういうのって普通の本にはあまり書いてないと思う。お友達にきけるならそれがいちばん。そうして「よーするになんなの」ってことがわかれば、公式なんてたいしたことはない。今回の場合は2つのベクトルの長さを揃えて、

ひし形を作る

というのがポイントだ。

これさえわかれば、公式通りにやらなくても、例えば$\overrightarrow{a}$と$\overrightarrow{b}$で長さが同じなら、わざわざ大きさで割る必要などない。$(\overrightarrow{a}+\overrightarrow{b})$とすれば「角度を2等分するベクトル」ができるので、「その何倍か」という意味で係数kを頭につけて

$$k(\overrightarrow{a}+\overrightarrow{b})$$

とすればそれで角を2等分するベクトルを表したことになる。筆者は割り算が嫌い[注29)]なので、大きさで割る代わりに適当に整数倍して大きさを揃える方法が好きだ。設問のように$\overrightarrow{\mathrm{OA}}$が3、$\overrightarrow{\mathrm{OB}}$が4なら、

$$k(4\overrightarrow{\mathrm{OA}}+3\overrightarrow{\mathrm{OB}})$$

とすれば二等分線が得られるはずである。「どちらか片方の長さに揃える」という方法もあるだろう。その場合は

$$k\left(\overrightarrow{\mathrm{OA}}+\frac{3}{4}\overrightarrow{\mathrm{OB}}\right)$$

とおいて、話を始めればよい。公式は「長さを1に揃える」ので、

注29) 計算ミスのもと。

① 適当(てきとー)なベクトルを2つ用意する

② 長さを1(いち)にする

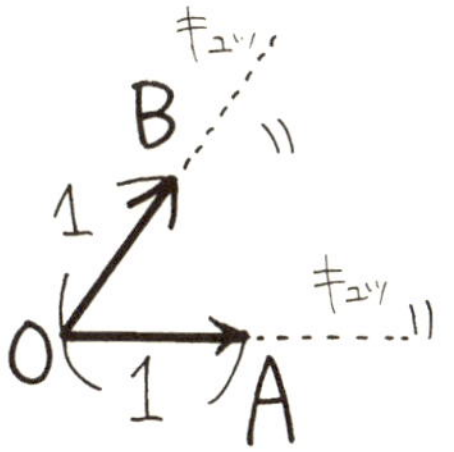

③ $\overrightarrow{OA}+\overrightarrow{OB}$ は点Aから $\overrightarrow{OB}$ というベクトルがはじまるように

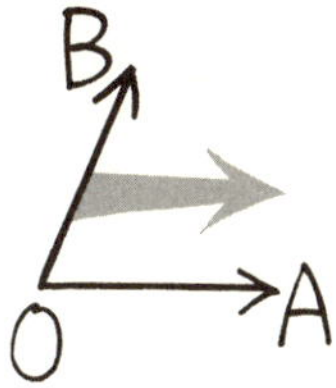

④ こう平行移動したのと同じだから……

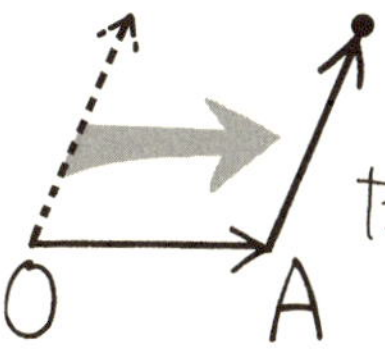

⑤

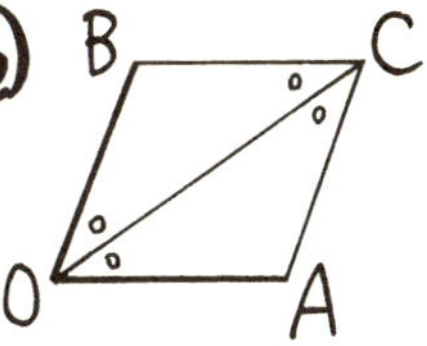

OAとOBで作った平行四辺形の最後の点をCとすると

$\overrightarrow{OC}=\overrightarrow{OA}+\overrightarrow{OB}$ になります。

いや、この場合辺の長さをそろえたからひし形か。

⑥

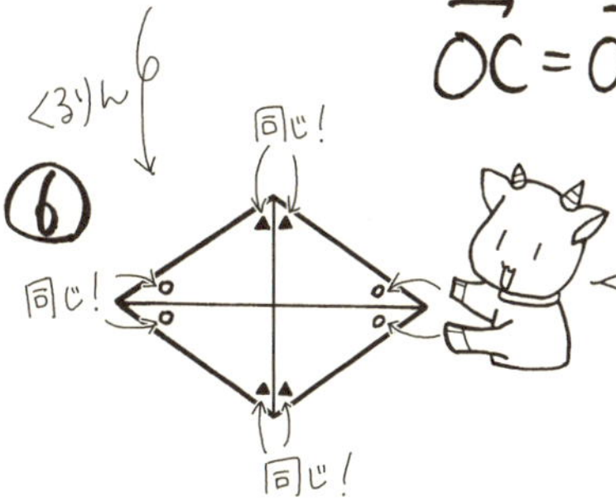

ひし形だとここの角度が同じになります
⇒角の2等分線になるよ!!

$$k\left(\frac{1}{3}\overrightarrow{\mathrm{OA}}+\frac{1}{4}\overrightarrow{\mathrm{OB}}\right)$$

である。Cは二等分線上にあるのだから、ここではとりあえず

$$\overrightarrow{\mathrm{OC}}=k(4\overrightarrow{\mathrm{OA}}+3\overrightarrow{\mathrm{OB}})$$

とおくことにする。この式は「Cは二等分線上」を数学語に翻訳したものである。Cというのは「二等分線上かつ底辺上」なので、次は「底辺上」を式にして、それらを連立方程式として処理すればいい。「底辺上」は、

$$\overrightarrow{\mathrm{OC}}=\overrightarrow{\mathrm{OA}}+m\overrightarrow{\mathrm{AB}}$$

で表すことができる。$\overrightarrow{\mathrm{AB}}$を$\overrightarrow{\mathrm{OA}}$と$\overrightarrow{\mathrm{OB}}$に書き直すと

$$\overrightarrow{\mathrm{OC}}=(1-m)\overrightarrow{\mathrm{OA}}+m\overrightarrow{\mathrm{OB}}$$

となる。これらを連立方程式として、

$$\begin{cases}\overrightarrow{\mathrm{OC}}=k(4\overrightarrow{\mathrm{OA}}+3\overrightarrow{\mathrm{OB}})\\ \overrightarrow{\mathrm{OC}}=(1-m)\overrightarrow{\mathrm{OA}}+m\overrightarrow{\mathrm{OB}}\end{cases}$$

係数を比較して、

$$\begin{cases}4k=1-m\\ 3k=m\end{cases}$$

これを解くと、$m=3$となる。このmは、もともとの$\overrightarrow{\mathrm{OC}}$の式に入れるのがわかりやすかろう。

$$\overrightarrow{\mathrm{OC}}=\overrightarrow{\mathrm{OA}}+\frac{3}{7}\overrightarrow{\mathrm{AB}}$$

つまり、AからABの$\frac{3}{7}$だけ進んだところがCだってことは、

$$\mathrm{AC}:\mathrm{CB}=3:4$$

ということで、これは同じ側の辺の長さの比に等しい。

今やってきたことは、幾何でもできる。相似を見つけることで、二等分線が底辺を斜辺の比に分割することがわかる。

▼角の二等分線：解答

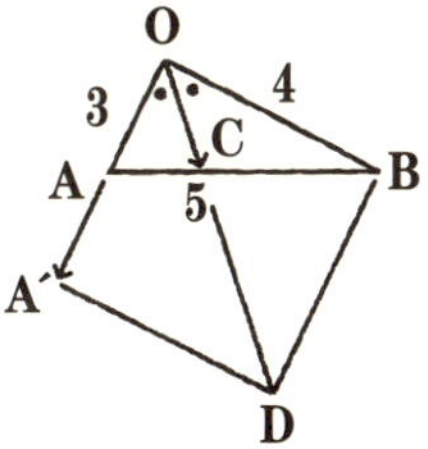

$\overrightarrow{OA}$ を $\frac{4}{3}$ 倍にして、ひし形を作る。
ひし形の頂点にとりあえず D という
名前をつけると、

$$\overrightarrow{OD} = \frac{4}{3}\overrightarrow{OA} + \overrightarrow{OB}$$

$\overrightarrow{OC}$ は $\overrightarrow{OD}$ の何倍かなのだから

$$\overrightarrow{OC} = k\overrightarrow{OD} = \frac{4}{3}k\overrightarrow{OA} + k\overrightarrow{OB}$$

これとは別に、C は AB 上にあるのだから

$$\overrightarrow{OC} = \bigcirc\overrightarrow{OA} + \bigcirc\overrightarrow{OB}$$

これとこれを足して 1 のはず。

つまりこの式をみると

$\frac{4}{3}k + k = 1$ のはずなのだから $k = \frac{3}{7}$

$$\therefore \overrightarrow{OC} = \frac{4}{7}\overrightarrow{OA} + \frac{3}{7}\overrightarrow{OB}$$

▼算数で

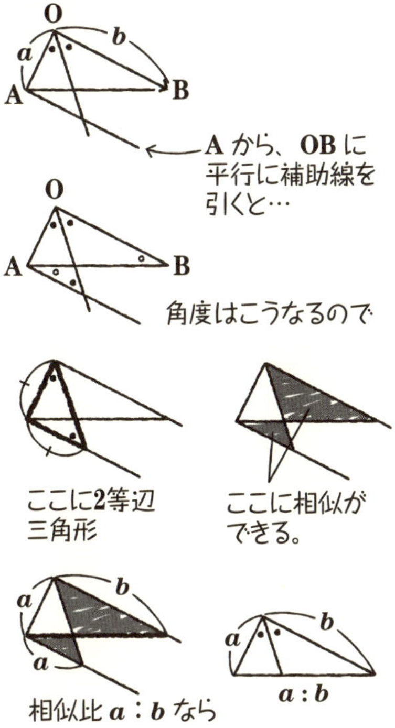

「円周上」を翻訳しよう

「中心(3, −1)、半径 2 の円の円周上に点 P をとる」という問題文を見て、これをベクトル語にするにはどうしたらよいだろうか。

円の中心を C とすると、「P が円周上にある」ということは、半径が 2 なんだから、「$|\overrightarrow{CP}|$ が距離 2 である」ということだろう。これをそのまま式にすれば、

$$|\overrightarrow{CP}| = 2 \quad (\text{ただし } \overrightarrow{OC} = (3,\ -1))$$

が翻訳結果になる。

三角関数による媒介変数

本書ではあまり三角関数は扱わないようにしようと思っているが、読者の皆さんには三角関数をすでに知っている人もいると思う。その場合、中心C、半径rに対して、

$$\overrightarrow{\mathrm{OP}} = \overrightarrow{\mathrm{OC}} + r\begin{pmatrix}\cos\theta \\ \sin\theta\end{pmatrix}$$

と書いて、「このようなθを見つけることができる」ということを「Pが円周上」の翻訳と扱うこともできる。三角関数にあまりなじみのない人は、まあこのへんはあまり気にしないでもいい。

$\begin{pmatrix}\cos\theta \\ \sin\theta\end{pmatrix}$というベクトルは

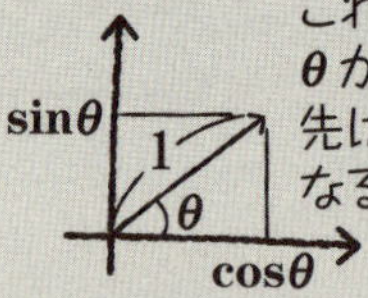

これのこと。
θが動くとベクトルの先は円上を動くことになるよね。

$r\begin{pmatrix}\cos\theta \\ \sin\theta\end{pmatrix}$は、これの$r$倍。

θが動くとベクトルの先は半径rの円上を動くはず。

$\overrightarrow{\mathrm{OP}} = \overrightarrow{\mathrm{OC}} + r\begin{pmatrix}\cos\theta \\ \sin\theta\end{pmatrix}$

と書くと

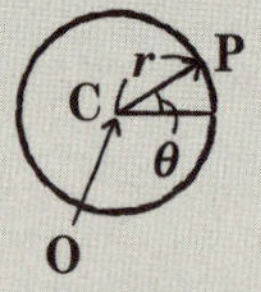

こうなって、θが動くと$\mathbf{P}$は「$\mathbf{C}$を中心、半径rの円上を動く」ことになる。

いざ内積

さて内積だ。内積がただの「積」でなくて「内積」であるのは、他に「外積」があるからである。外積はあとで登場してもらうが、とりあえず今は内積だけで十分である。内積は「積和」であるという説明はしたが、その使い方に関してはまだ説明していない。ベクトルの和や差と比較して、内積は

必要性が、普通には思いつかない

と思う。だからこそ「ベクトルを勉強したことの証明」として

大学入試での出題ポイント

になるというわけだ。

「内積って何？」という話は次項で詳しくやるとして、まずは計算ルールをマスターしてしまおう。内積は、次の2通りの方法で定義されている。この「2通り」ってのがミソである。もっとも片方の定義からもう片方を導き出すことはできるし、数学ではどちらかを「定義」と決めて、残りを「定義から導かれるもの（定理）」とするのが筋だろう。だから「2通りで定義」という言い回しは正確ではない。しかしどちらも非常によく使うし、高校ではほぼどちらも定義に準じた扱いをするので、定義が2種類あるように扱った方が現実的である。なお、内積の記号は「・」である。ベクトルでは「×」は外積の記号として使うので、内積は必ず「・」でないといけない。

あるベクトル$\vec{x}$と$\vec{y}$の内積は次のように計算される。

$$\vec{x}=(1,4),\ \ \vec{y}=(3,5)$$

のとき、

$$(1)\vec{x}\cdot\vec{y}=\begin{pmatrix}1\\4\end{pmatrix}\cdot\begin{pmatrix}3\\5\end{pmatrix}=1\times3+4\times5=23$$

$$(2)\vec{x}\cdot\vec{y}=|\vec{x}||\vec{y}|\cos\theta$$

ただし、ここで出てくるθは$\vec{x}$と$\vec{y}$のなす角である。

内積（ないせき）ってなに？せき？

⇨ 例えば $\vec{x}=\begin{pmatrix}1\\4\end{pmatrix}$ と $\vec{y}=\begin{pmatrix}3\\5\end{pmatrix}$ なら……

内積は $\vec{x}\cdot\vec{y}$ こう書く（ここ・なかまる）

定義1: $\vec{x}\cdot\vec{y}=\begin{pmatrix}1\\4\end{pmatrix}\cdot\begin{pmatrix}3\\5\end{pmatrix}=1\times3+4\times5=23$

こうかけて ⇨ 足す!! ← コレ内積の定義1

定義2: $\vec{x}=\begin{pmatrix}1\\4\end{pmatrix}$ と $\vec{y}=\begin{pmatrix}3\\5\end{pmatrix}$ を図にするとこう

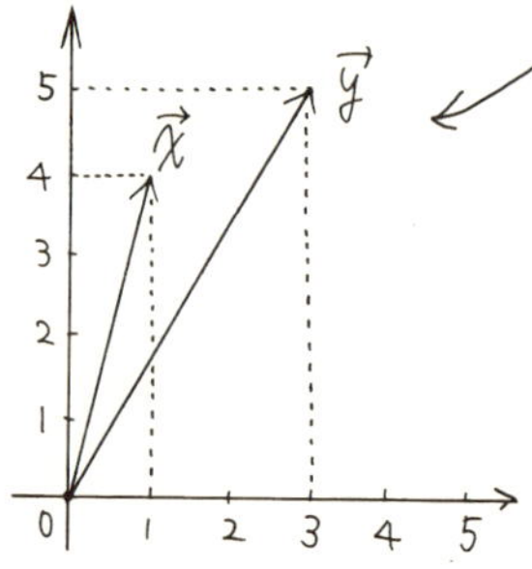

$\vec{x}$と$\vec{y}$だけ抜き出すとこんな感じ ⇨

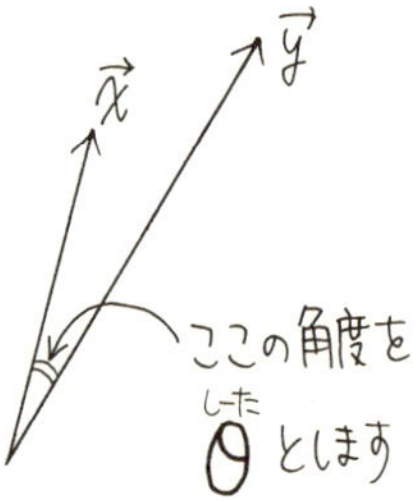

$$\vec{x}\cdot\vec{y}=|\vec{x}|\,|\vec{y}|\cos\theta$$

（こさいんしーた） ← コレ内積の定義2

$|\vec{x}|$：ベクトル$\vec{x}$それ自体の長さのこと

$|\vec{y}|$：ベクトル$\vec{y}$それ自体の長さのこと

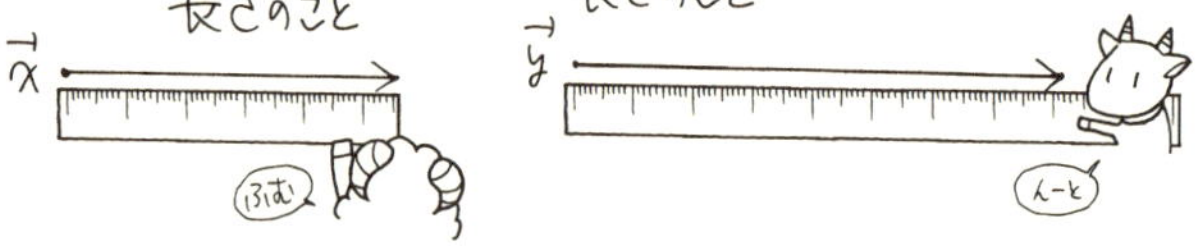

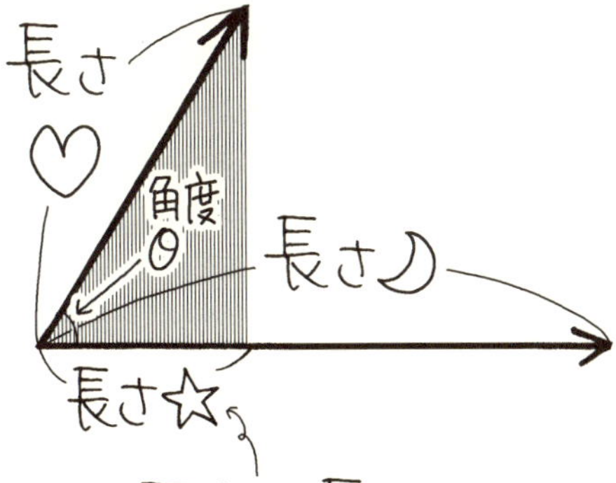

ココ☆の長さは♡×（かける）cosθ

⇒内積とは $|\vec{x}||\vec{y}|\cos\theta$ つまり

（矢印の長さ）×（かける）（もう片方の矢印の長さ）×（かける）cosθ

⇒内積イコール

（ココの長さ☆）×（かける）（もう片方の矢印の長さ☽ここ）

とも言えますね。

つまり、

(1)「成分ごとに掛け算して、全部足す」

(2)「大きさを掛け算して、さらに $\cos\theta$ を掛ける」

という2通りがあることになる。これは多次元であっても変わらない。この定義のされ方からして、内積の代表的な使い方は次のようになる。

(1) $\cos\theta$ を求める

(2) 内積 $=0$ で垂直を判定

(3) ベクトルの大きさ（$|\vec{x}|$）記号を外す

(4) 平面や直線を表す

以上のうち、(4) だけは「式をどう見るか」という問題であって、この項ではあまり触れない[注30]。それ以外はすべて、結局は$\cos\theta$の使い方のバリエーションだ。(2) は$\cos\theta = 0$の場合、(3) は$\cos\theta = 1$の場合である。(3) で「ベクトルの大きさの記号を外す」と書いたが、これは意外に重要で、

$$|\vec{x}|^2 = \vec{x} \cdot \vec{x}$$

である。ベクトルの大きさの記号を外すには、この方法と成分表記を使う方法の２通りがあるが、問題文でベクトルの成分が与えられていない場合にはこの手を使うしかない。

内積ってなに？

内積って、いったいなんなんだろうね。実は

筆者にもよくわからない。

いやもちろん、内積の計算はわかるし、使い方もわかる。内積の「掛けて足す」という「積和」のパターンは前述のとおり

無限の応用がある

と言ってよい。しかし「内積が何か」という質問への返答は困る。筆者はまるで「かつおだし」のようなものと思っている。「かつおだし」は

いろいろな食事のベースに使えるが、そのものを食べたりはしない。

内積はそんなもんなんじゃないかなあ。

ベクトルの加算や減算は普通に説明がつく。実数倍も、大きさも、まあ納得できるに違いない。しかし、常識的に「ベクトル同士の掛け算」はワケがわからない。誰だって、

$$\begin{pmatrix} 1 \\ 2 \end{pmatrix} \text{と} \begin{pmatrix} 2 \\ 2 \end{pmatrix} \text{を掛ける？…ハァ？}$$

注30)　例えば、$(2,3)\cdot(x,y) = 3$という式は、内積が３だともとれるが、$2x + 3y = 3$という直線ともとれる。つまり、ある式を単に「式」と見るか、「直線」のグラフと見るかは人間の都合なのだ。

となると思う。こういうことから考えると、内積とその他の計算では

出自が違う

ように思える。例えば古代に文字がどのように作られたかを考察すると、最初は表音文字か象形文字だと思う。話す音、もしくは、目に見えるもの、それを文字に置き換えるのが最初だろう。一方で例えば「愛」は聞こえないし、見えない。

音もなく見えもしないものに、文字を割り当てるというのは、一段階ハイレベルなこと

ではないだろうか[注31)]。で、そういうものの理解は、直観には頼れない。「なぜか？」と考えても「そう決めたから」というだけで、そこに意味を見つけるのは難しい。では次は「内積をなぜこのように決めたか」ということを考える。おそらく「現代の理由」は、もはや

世界がそうやってできているから

としかいいようがないだろう。きっかけがなんであるかは別として、今となっては内積は理学工学のありとあらゆる場面に顔を出すようになってしまった。会社名とやってることが全く違うから不思議だなと思ったら、もともとは会社名通りのものを作っていた、みたいな例はいくらでもあるはずだ。

そんなわけで「世界がそうなっているから、内積がこのように決まった」という

キツネにつままれたような結論

に落ち着けてもいいんだけど、そういうのって、初学者には優しくない気がする。なんか異世界の不思議なルールを押し付けてるみたいで気持ち悪い。だから、まあ上記の話は軽くわかってもらったという前提で、内積とは何かを説明する。いちおうここでは、

注31)　そういった「抽象操作」こそ、人間の人間たるところと思う。多少なりとは抽象操作ができる動物もいるかもしれんけど、でも人間ほど高度な抽象操作はきっとできない。

内積は、日常語をうまくベクトル語に直すための道具

という説明にしておこう。

例えば、「$\overrightarrow{\mathrm{AB}}$の$x$成分は3である」という文を式に乗せるにするにはどうするか。内積を使わないで

$$\overrightarrow{\mathrm{AB}} = \begin{pmatrix} 3 \\ \square \end{pmatrix} \quad (\square\text{は任意})$$

とか、「$\mathrm{AB} = (3, y)$」とか書いてもいいが、内積を使えば

$$\overrightarrow{\mathrm{AB}} \cdot \begin{pmatrix} 1 \\ 0 \end{pmatrix} = 3$$

と書ける。

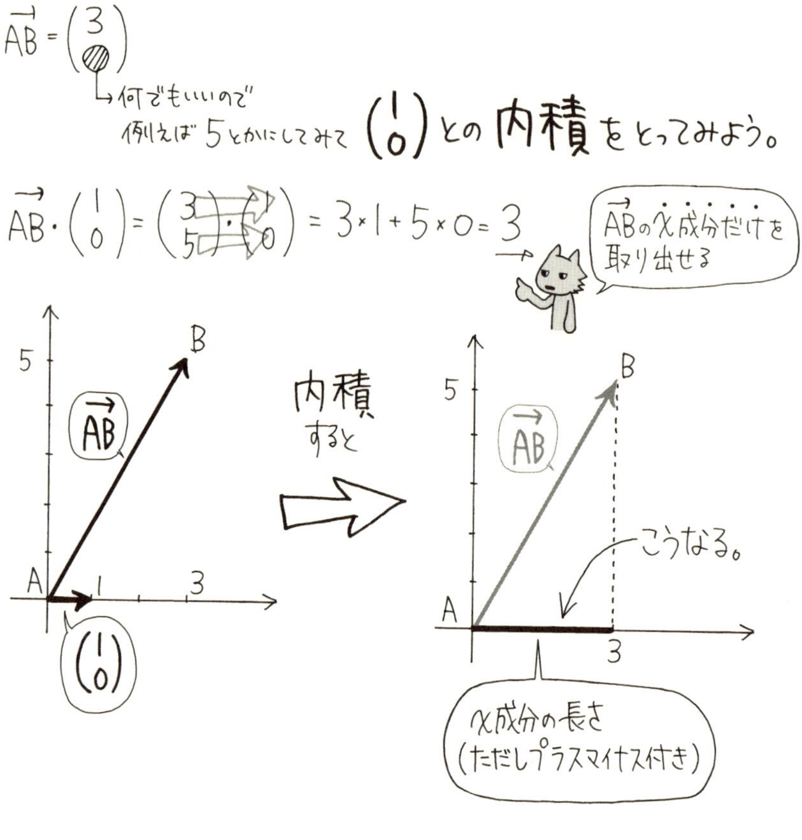

AB = (3)
何でもいいので
例えば5とかにしてみて (1 0) との内積をとってみよう。
AB・(1 0) = (3 5)・(1 0) = 3×1+5×0= 3
ABのx成分だけを取り出せる
B
5
AB
A
1
3
(1 0)
内積すると
こうなる。
x成分の長さ（ただしプラスマイナス付き）

…これだとあまりトクをした気がしないな…。「$(1,0)$ と内積をとれば x 成分だけを取り出せる。同様に $(0,1)$ と内積をとれば y 成分だけを取り出せる。なんて便利なんだ」というつもりでこの例を出したのだが、初学者にそのように思ってもらうのはムリかもしれない、と、書きながら思った。

やめよう。やめた。やはり、練習不足の段階で、内積の便利さをわかってもらうのは難しい。内積は「積和」というわりと複雑な計算を簡単に書ける。慣れないうちは面倒だと思うけど、慣れると必ず、内積が便利だと思うようになるはずなんだ。内積の便利さを理解してもらうのは、読者の将来に期待することにする。

「書き方」なんて、どうでもいいといえばどうでもいいんだ。汚い楽譜でも音楽が良ければいいし、小説の面白さと字の巧拙は関係がないし、スパゲッティなソースでもプログラムが正しく動けばいい。しかしいずれも規模が大きくなったり、複数人で開発するとなると「見栄え」が大事になってくる。複数人で開発するときには情報共有が必要だし、一人でやるにしても時間がかかると

過去の自分は他人と同じ

だから、書き方が悪いとすぐに見通しが立たなくなる。逆に、見通しの良い記述法は、それだけでときとして、その分野を大きく進歩させることすらある。うまい図解によって複雑な話が明解になることがあるだろう。「書き方」は単なる「見やすさ」を超えて、それ自体で研究を進める原動力になりうる。ちょっとしたことでも、よりわかりやすく、洗練された書き方を求める努力をしていこう。内積はベクトルのいろいろをキレイに書ける、とても便利な表記法だ。

あとは具体例を見よう。先に進むぜ。

「直交する」を翻訳しよう

内積もやったことだし、「直交する」を翻訳しよう。まあ答えはもう書いてしまっている。直交していれば内積の定義に出てくる $\cos\theta$ がゼロになるはずなので、内積の値もゼロになる。つまり「ベクトル $\vec{a}$ と $\vec{b}$

が直交」は内積がゼロ「$\vec{a}\cdot\vec{b}=0$」と翻訳すればいい。これはもう格言のように覚えておこう。

「直交といえば、内積ゼロ」

である。

例題

A(2, 1)から直線 $y = 3x + 5$ の上に下ろした垂線の足 H の座標を求めよ。

問題文から条件を考えると、次の2つ。

(1) H は直線上。　(2) $\overrightarrow{AH}$ は直線に垂直。

よって、これらを数式化してやれば、自ずから答えは得られるだろう。まず、第一の条件については「$H(h, 3h+5)$ とおく」とするだけでいい。次に「直線に垂直」というところだが、直線の方向を表すベクトルを求めよう。そいつを $\vec{u}$ という名前にすると、$\vec{u}$ は直線の傾きを考えると、「x 方向に1進んだら、y 方向に3上がる[注32)]」から、

$$\vec{u} = \begin{pmatrix} 1 \\ 3 \end{pmatrix}$$

とすればいいだろう。で、垂直だから「内積がゼロ」とする。つまり、

$$\overrightarrow{AH} \cdot \vec{u} = 0$$

だから左辺は、

$$\begin{pmatrix} h-2 \\ 3h+5-1 \end{pmatrix} \cdot \begin{pmatrix} 1 \\ 3 \end{pmatrix} = h - 2 + 3(3h+4)$$

これがゼロなんだから、

$$h = -1$$

で、H の座標は $(-1, 2)$ とわかる。よしよし。

注32)　別に「x 方向に2進んだら、y 方向に6上がる」でもなんでもいい。とにかく、直線の方向を表していればそれでいいのだ。

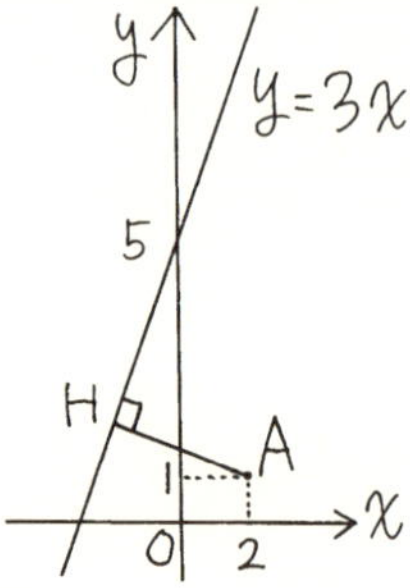
y
y=3x+5
5
H
A
1
O
2
x

グラフで描くとだいたい
こんな感じかなー

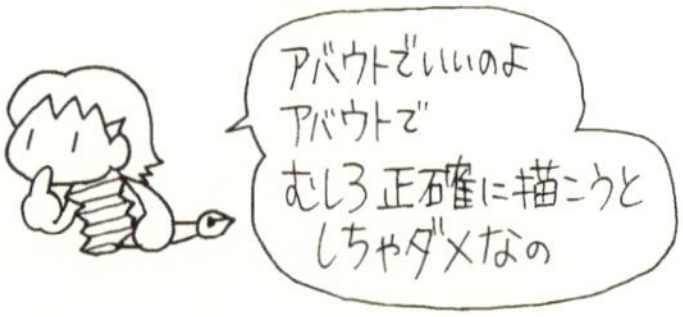
アバウトでいいのよ
アバウトで
むしろ正確に描こうと
しちゃダメなの

① 点Hは $y=3x+5$ 上の点なので

$H(h, 3h+5)$ とおこう。

② $\overrightarrow{AH}=\overrightarrow{OH}-\overrightarrow{OA}$

$$=\begin{pmatrix} h \\ 3h+5 \end{pmatrix}-\begin{pmatrix} 2 \\ 1 \end{pmatrix}=\begin{pmatrix} h-2 \\ 3h+4 \end{pmatrix} \text{ ——} (*)$$

で、$\overrightarrow{AH}$ と $y=3x+5$ ―（これは直線！）が

垂直なのかあ。ふむっ。

③ $y=3x+5$ は **傾き3** だから

傾きだけ見ると $\begin{pmatrix} 1 \\ 3 \end{pmatrix}$ って**ベクトル**で

表現できるね！（これはベクトル！）

④ $\overrightarrow{AH}$ と $\begin{pmatrix} 1 \\ 3 \end{pmatrix}$ が垂直なんだから、

内積を使って $\overrightarrow{AH}\cdot\begin{pmatrix} 1 \\ 3 \end{pmatrix}=0$（ゼロ）

(*)を入れると $\begin{pmatrix} h-2 \\ 3h+4 \end{pmatrix}\cdot\begin{pmatrix} 1 \\ 3 \end{pmatrix}=0$

あとはこれを
開くだけだ！

空間における直線上・平面上

空間における「直線上の点」、「平面上の点」を表現する方法を知っておこう。直線上なら、

$$\overrightarrow{\text{直線上の点}} + \alpha \cdot \overrightarrow{\text{方向}}$$

と表せばいい。平面上なら、やはり、

$$\overrightarrow{\text{平面上の点}} + \alpha \cdot \overrightarrow{\text{方向}1} + \beta \cdot \overrightarrow{\text{方向}2}$$

と表せばいい。よーするに、

物体が動くイメージ

を持てばよく、こういうときは矢印記号がピッタリくる。

ある点が直線上あるいは平面上にあるかどうかの判定は少し難しい。これは上記の式の α あるいは α, β が存在するかどうか、という問題になる。この「平面上にあるかどうか」が「α, β が存在するかどうか」に変わるところが難しい。そもそも多くの学生は

「存在するかどうか」という言い回しで撃墜される

ことになっている。

原理的には

できることを証明するのと、できないことを証明するのでは
できないことを証明する方がずっと難しい。

わかる？

なんかバラバラになった積み木パズルがあるとするでしょ。それができることを証明するには、

作り上げれば、できたことを証明できる。

しかし、「できないことを証明する」のは仮にどんな魔法があっても無理だ。

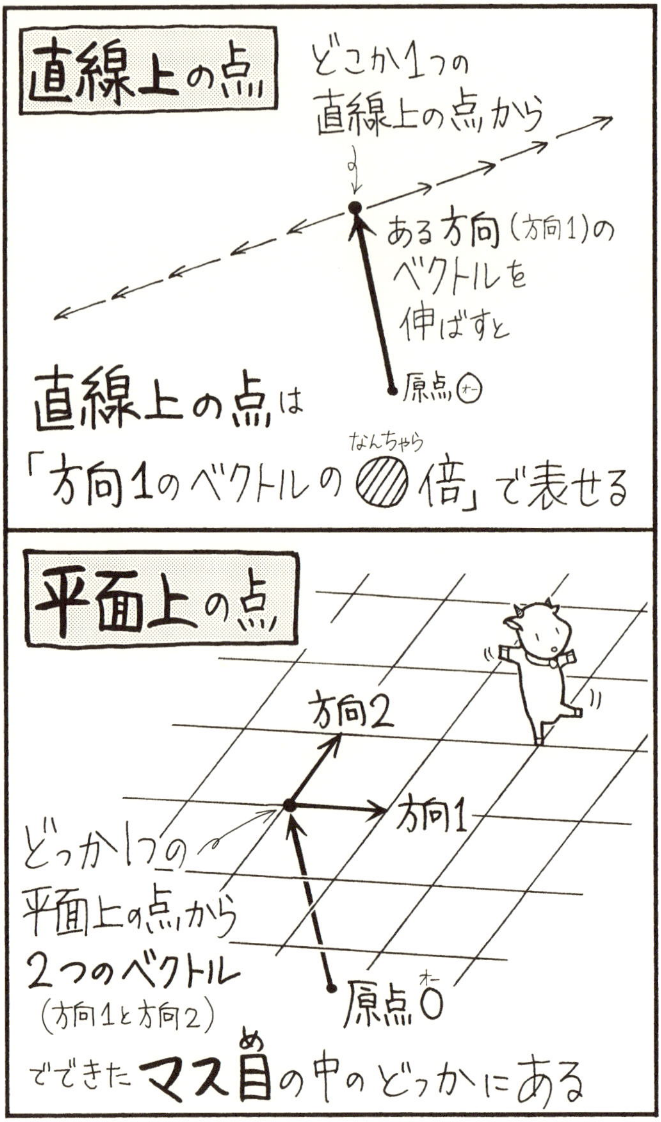
直線上の点
どこか1つの
直線上の点から
ある方向（方向1）の
ベクトルを
伸ばすと
原点Ⓞ
直線上の点は
「方向1のベクトルの▨倍」で表せる
なんちゃら
平面上の点
方向2
方向1
どっか1つの
平面上の点から
2つのベクトル
（方向1と方向2）
原点O
オー
でできたマス目の中のどっかにある
め

「私は魔法使いだが、このパズルは魔法を使ってもできない」と言っても、きっと信用してはもらえないだろう。仮に本当に魔法が使えたとしてもね。残念ながら

できなかったことを主張しても、できないことの証明にはならない

のである[注33)]。これはつまり、どういうことか。

問題の「難しさ」にも、レベルがある

ということだ。そして、「できる」ことよりも「できない」ことの証明の方が何倍も難しいのである。刑事事件のアリバイにしても「不在証明」は難しいので、

他の場所に存在したことをもって、不在証明としている

のである。

でも今回の場合は、幸いにしてそれほど難しくはならない。α, βが存在するかどうかを考える前に、そのように定数をおいてしまえばいいからである。そして計算してみれば、無理なら無理で、結果にちゃんと

求められない

と出てくれる。ちょっとやってみようか。

例題

ベクトル$\vec{a}=(1,1,1)$, $\vec{b}=(1,0,0)$, $\vec{c}=(0,1,0)$に対し、

$$\text{平面 } \pi:\ \vec{x}=\vec{c}+\alpha\vec{a}+\beta\vec{b}$$

を考える。このとき、$\vec{z}=(2,4,0)$は平面π上にあるか、判定せよ。

注33)　だから、何度弱音を吐いても、励まされてしまうのだ。「もうダメです～」「そんなことないよ、まだそうと決まったわけじゃないじゃん」。人生はツライねぇ。

まあなんとなく、平面π上にはない気がするけどどうだろうか。とりあえず、平面上にある、としてα, βを求める気分で式を立ててみる。すると、

$$\begin{aligned}\begin{pmatrix}2\\4\\0\end{pmatrix} &= \begin{pmatrix}0\\1\\0\end{pmatrix}+\alpha\begin{pmatrix}1\\1\\1\end{pmatrix}+\beta\begin{pmatrix}1\\0\\0\end{pmatrix}\\ &= \begin{pmatrix}\alpha+\beta\\1+\alpha\\\alpha\end{pmatrix}\end{aligned}$$

というわけで、

$$\begin{cases}2=\alpha+\beta\\4=1+\alpha\\0=\alpha\end{cases}$$

という式が3本でてきた。未知数2つで式3本。これは解ける場合と解けない場合があるが、今回はどうだろうか。

解けませんね。

こういうときは、

解なし、とズバリ言えばいい

のである。そしてこれは何を意味するのか。

「『平面上にある』として、求めようとしたら『解なし』を食らった。ということははじめの『平面上にある』という仮定自体が間違いだ」という理屈で、

$\vec{z}=(2,4,0)$は平面π上にはない

という結論になる。

「難しさ」について脅した割には、それほど苦労なく結論にたどり着いている気がするが、これは

背理法に慣れている人のセリフ

である。背理法は

(1) 仮定して
(2) 矛盾が見つかったら
(3) 仮定自体が間違っていたという結論を引き出す

論法である。ということはだ、

矛盾なんだか自分の計算ミスなんだか自信のもてない人は、
背理法が使えない

のである。それでも使いたいよーという場合、どうすればいいのか。

健闘を祈る

としか言いようがない気もする[注34)]が、とりあえず、「矛盾が起こるはずだ…、はずだ…、はずだ…」と、矛盾を見つけようという

強い意志によって、注意力をアップする

ことである。視野が狭いと、まずワケがわからなくなる。

注34)　計算ミスに関しては、何度かいろいろな対策を述べているが、根底にある考え方は「計算ミスを注意力のせいにするな」である。何かしら方法を考えるという姿勢こそが大事なのだ。

平行四辺形の面積

ここで「平行四辺形の面積」を求めることを考えてみる。

例題

次の平行四辺形の面積を求めよ。

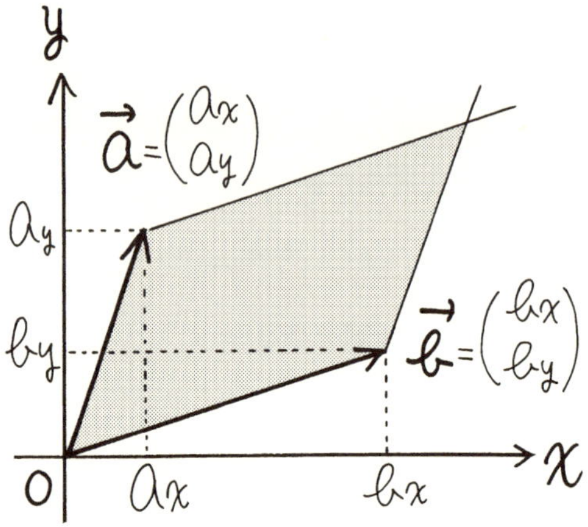

平行四辺形の面積は、今までやってきたベクトルの知識を使えば、次のような方法が考えられるだろう。

(1) 内積で $\cos\theta$ を求める。$\vec{a}\cdot\vec{b}=|\vec{a}||\vec{b}|\cos\theta$

(2) $\cos\theta$ から $\sin\theta$ を求める。$\sin\theta=\sqrt{1-\cos^2\theta}$

(3) $\sin\theta$ から平行四辺形の面積を求める。$|\vec{a}||\vec{b}|\sin\theta$

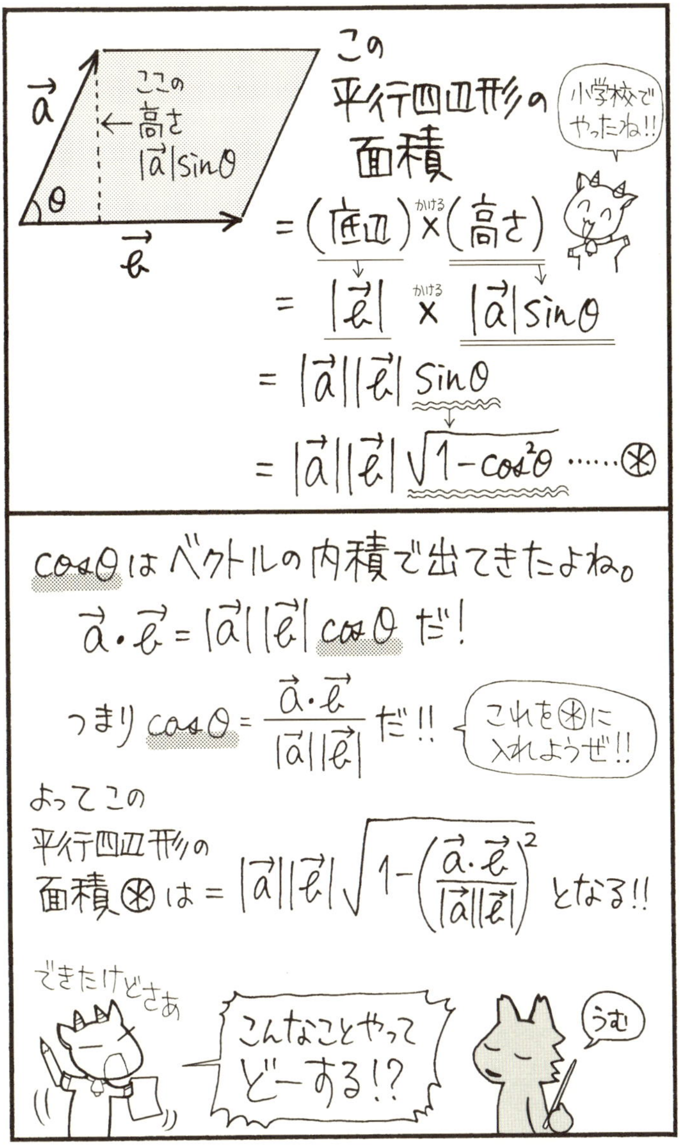

a
ここの
高さ
|a|sinθ
θ
b
この
平行四辺形の
面積
小学校でやったね!!
=(底辺) かける ×(高さ)
= |b| かける × |a|sinθ
= |a||b|sinθ
= |a||b|√1−cos²θ ……㊍
cosθはベクトルの内積で出てきたよね。
a・b=|a||b|cosθだ!
つまりcosθ= a・b / |a||b| だ!!
これを㊍に入れようぜ!!
よってこの
平行四辺形の
面積㊍は=|a||b|√1−(a・b / |a||b|)² となる!!
できたけどさあ
こんなことやってどーする!?
うむ

というわけで、この3式をまとめて書けば、

$$(\text{面積}) = |\vec{a}||\vec{b}|\sqrt{1 - \left(\frac{\vec{a}\cdot\vec{b}}{|\vec{a}||\vec{b}|}\right)^2}$$

という複雑怪奇な式になる。間違ってもこの式を覚えようなどと考えないで欲しい。筆者はこの式を黒板に一発で書けるが、だからといって、

この式を覚えているわけではない。

その場で作っているだけである。で、この式に、今度は成分をちまちまと代入してみる[注35)]と、結果は

$$|a_x b_y - a_y b_x|$$

と、超シンプルになる。逆に、

これだけシンプルだと、こんなに手間をかけるのはヘンでは?

と疑おう。というわけで、別の方法を考えてみる。実は算数的な手法で解けるのだ。次のページを見ていただきたい。

これならシンプルな結果にも納得できるだろう。この「平行四辺形の面積」だが、高校生が主に扱う2次元のベクトルでは

2つのベクトルが平行かどうかの判定

に頻用される。「平行かどうか」というのは2次元の場合には「1次独立かどうか」に対応するので結構重要なのだが、そのことを説明するには少し背景知識が必要である。次項でそれを説明しよう。

注35)　人生において、一度くらいはやってみてもいいかもしれない(笑)。面積の式の右辺に根号が入っているので、実際は(面積)^{2}を求めようとする。で、それが$(a_x b_y - a_y b_x)^2$になるので、2乗をはずすと$|a_x b_y - a_y b_x|$になるわけだ。

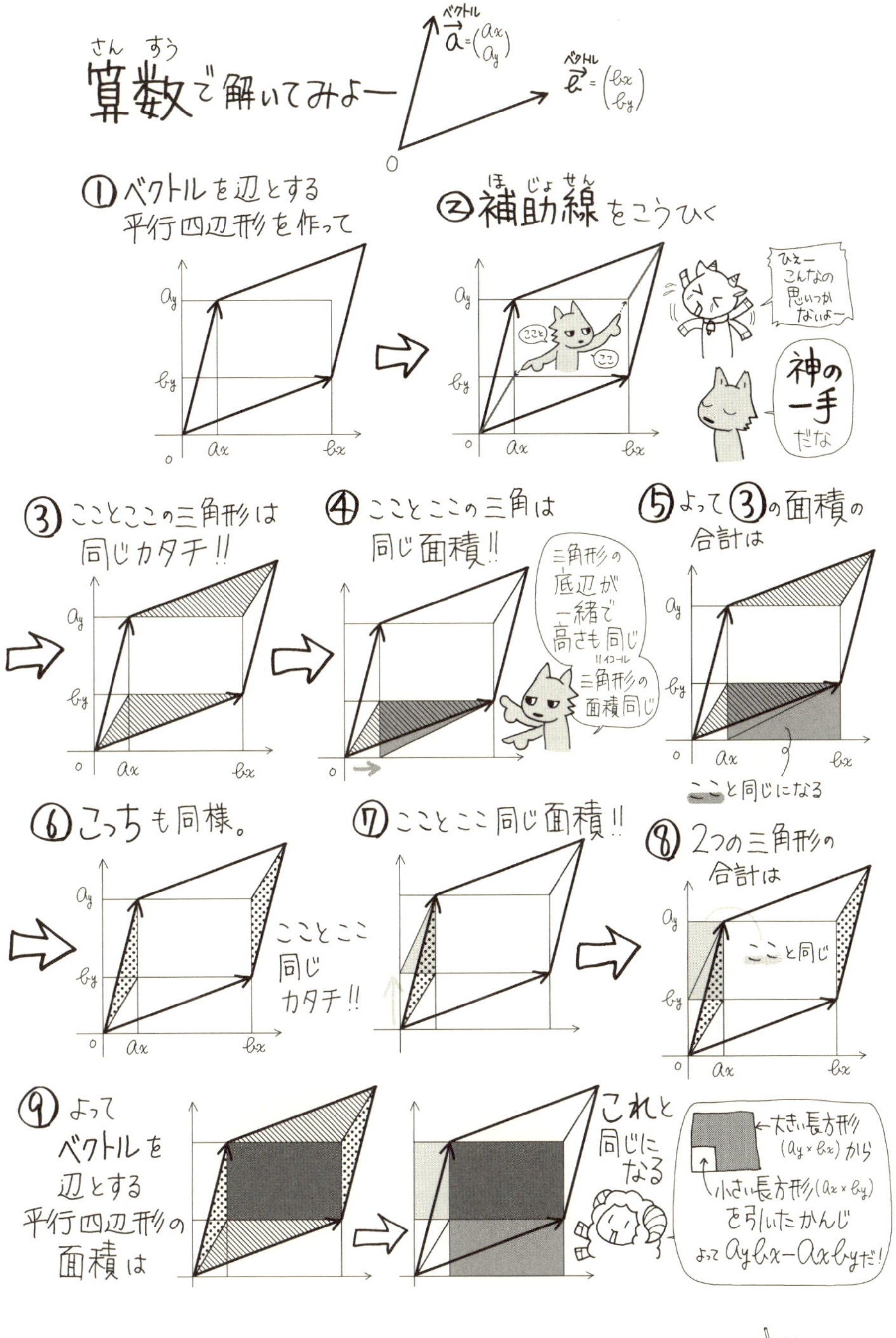

さんすう
算数で解いてみよー
ベクトル a=(ax ay)
ベクトル b=(bx by)
① ベクトルを辺とする平行四辺形を作って
② ほじょせん 補助線をこうひく
ここと
ここ
ひぇー こんなの思いつかないよー
神の一手だな
③ ここと ここの三角形は同じカタチ!!
④ ここと ここの三角は同じ面積!!
三角形の底辺が一緒で高さも同じ
イコール
三角形の面積同じ
⑤ よって③の面積の合計は
ここと同じになる
⑥ こっちも同様。
ここと ここ 同じカタチ!!
⑦ ここと ここ 同じ面積!!
⑧ 2つの三角形の合計は
ここと同じ
⑨ よって ベクトルを辺とする平行四辺形の面積は
これと同じになる
大きい長方形 (ay×bx) から
小さい長方形 (ax×by) を引いたかんじ
よって aybx−axby だ!

MKSにて
補助線ってある意味神のような思い付きが必要ですよね
そうだな天才的ひらめきを求められる常人には難しい
小学校の算数よりも中学の数学的手法で解く方がよっぽど楽ちんだと思いますぜい
ま俺は天才ですからスラスラ補助線も引けましたけどね
はぁ
フン
でもなそれじゃ天才じゃない大多数の普通の小学生はどうすりゃいいんだよ
そりゃパターンを覚えるしかないんじゃないっすかね
うーむ
おちこぼれる子はつくりたくないなぁ

1次独立と1次従属

ここで「1次独立」と「1次従属」という専門用語をおさえておこう。といっても、細かいことを言い出すと

よくわからないことを延々と話される苦痛

を味わうはめになるので、ここではとにかく簡単に理解しよう。まず2次元の場合、我々は直交座標系を見慣れているが、

要は平面上の点を特定できればいい

んだったら座標系が「直交」である必要はなく、例えばナナメの格子でもいい。その格子の「タテ」と「ヨコ」に相当するものを組み合わせれば平面上の1点が特定できるだろう。

今は「格子」から逆に「タテとヨコにあたるベクトル」を選んだが、逆に、基本となる「タテ」と「ヨコ」のベクトルを最初に選んで、そこから「格子」を作ることを考える。

この基本となる2本のベクトルをどう選ぶか、ということが問題となる。結論からして、

平行な2本を選んでしまうとだめ

である。2次元の場合には、平行でない2本のベクトルの関係性が「1次独立」、平行な2本のベクトルの関係性が「1次従属」である。1次独立と1次従属は、2次元ならば「平行か平行でないか」でいいのだが、それだと2次元どまりになってしまうので、もう少し深く考えておく。

3次元ではどうだろうか。

2次元の場合と同じく、「3本のベクトルを最初に選んで、3次元空間上の点を特定できるようにできるか」ということを考えればいい。そうすると、これはわりと簡単に想像できると思うが、

その3本が1つの平面上に乗ってしまうとだめ

だとわかるだろう。

イメージ的には「3次元空間上の1点を特定できそうな3本のベクトル」

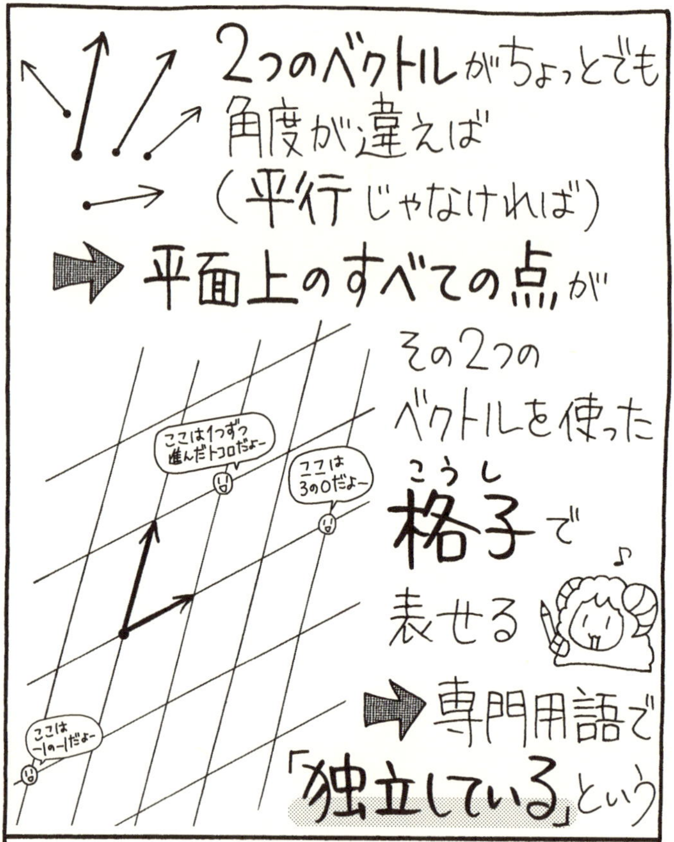
2つのベクトルがちょっとでも
角度が違えば
（平行じゃなければ）
平面上のすべての点が
その2つの
ベクトルを使った
格子（こうし）で
表せる
ここは1つずつ進んだトコロだよ～
ココは3の0だよ～
ここは－1の－1だよ～
専門用語で
「独立している」という

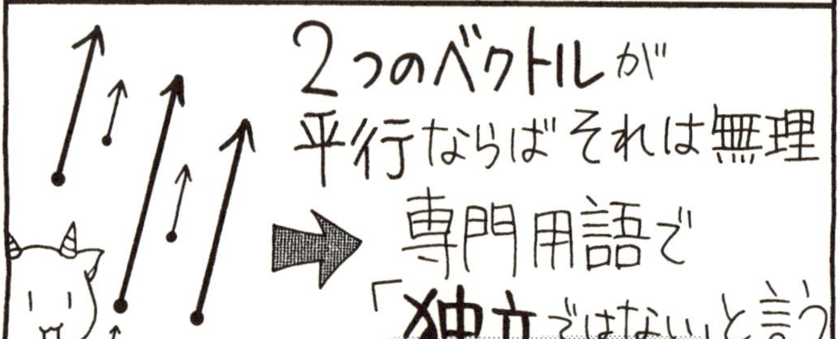
2つのベクトルが
平行ならばそれは無理
専門用語で
「独立ではない」と言う

ならばそれらは「1次独立」で、それができなそうなら「1次従属」である。ただこれは「平行である／平行でない」という言葉とはうまく対応しない。答えは

あるベクトルが他のベクトルで表されてしまうとだめ

なのである。3次元の場合のだめパターン（＝3本が1つの平面上に乗ってしまうとだめ）の場合にもそうなっているよね。つまり、互いに「誰かが代わりをできない」ことが1次独立の条件で、そうでない場合を1次従属という。

じゃあ、「1次独立のベクトルは何本とれるのか」ということを考える。2次元の場合、2本は頑張ればとれるが、3本目は必ず1次従属になってしまう。3次元の場合は3本まで、n 次元の場合 n 本まで、1次独立なベクトルを選ぶことができる。

3次元の場合に、2本の1次独立なベクトルでは「空間の1点を特定する」ことはできない。3次元の場合には3本必要だよね。n 次元の場合には n 本必要である。

以上をまとめて、専門用語を整理しておこう。空間上の一点を特定するためには、2次元なら2本、3次元なら3本、n 次元なら n 本の基本となるベクトルが必要である。その n 本がちゃんとその目的のために機能するためには、

誰かの代わりは誰にもできない

ことが条件である。「誰かの代わりは誰にもできない」、そういうベクトルの組を「1次独立」という。n 次元空間においては最大で n 本の1次独立なベクトルを選ぶことができるが、その最大（つまり n 本）のベクトルの組を「基底」という。これは「それらのベクトルを基準にすればその空間上の1点を特定できる」という意味だ。逆に、ベクトルの組のなかに「誰かの代わりが誰かでできる」ものが含まれている場合、それを「1次従属」という。n 次元空間の場合、$n+1$ 本以上のベクトルを選べば必ず1次従属になる。

1次独立なベクトルの組には「一意性」という性質があり、$\boldsymbol{a}, \boldsymbol{b}$ が1次独立ならば、$\boldsymbol{a}$ と $\boldsymbol{b}$ の1次結合（係数を掛けて、足したもの）、例え

この中の
誰が欠けても、
その"誰か"の代わりは
誰にもできないのです
ハート♡

ば「$3a + 4b$」は、それ以外の表し方では表せないということになっている。これは「座標$(3, 4)$は$(3, 4)$としか書けない」と言っているようなものなのだが、不思議な気がしてしまう人もいるだろう。1次独立というのは「他が代わりができない」というベクトルの組の意味なのだから、ここは「当たり前じゃん」と思えるまで頭を使って考えて欲しい。1次独立なベクトルの組で1つの「格子」を作っているようなものなんだよね。その「格子」で$(3, 4)$と表した点を、同じ格子で別の表し方が…

あるわけない

よね。これを仰々しく言ったのが「一意性」である。試験問題を解くときには、同じベクトルを2通りの方法で表して、「一意性より係数が一致するはずだから」という流れで使われる。

2次元の場合は「他のベクトルの代わりをできるかどうか」は「平行かどうか」に相当する。したがって、2次元の場合に限り、「平行でなければ1次独立、平行ならば1次従属」という言い方は正しい。一般的に「平行であるとか平行でないとかは、1次独立と1次従属には関係ない」のだが、お互いに2次元の世界の話だというコンセンサスがあれば「平行」を使って会話をしてもよい。世の中にはお互いの会話の前提となる知識（コンセンサス）によっては正しくなったり間違いになったりするフレーズがいくらでもあるよね。高校生は基本的に2次元の世界なので、「基底」は覚えなくていい。高校生が覚えておいた方がいいのは「1次独立」と「1次従属」で、それらはとりあえず「平行でない」と「平行である」に対応付けて考えてもいい。3次元以上の場合の1次独立性の判別は、2次元のように「平行かどうか」ではできず、ちゃんと「誰かの代わりは誰にもできない」ことを示す必要がある。これは簡単ではないのだが、実は我々はもうそれを解く方法をやってしまっている。「ガウスの消去法」だ。そこで出てきた「ランク」という用語が1次独立であるベクトルの本数を表していることになるのだ。

それはどれ?

「n 次元空間なら n 本までのベクトルを選ぶことができる」という話をすると、一人くらいは「それはどんなベクトルですか」という質問をしてくる。いやそれって、それがどれとか決まるわけないだろ、こういうのは数学というより日本語の問題じゃんか。「部屋に 20 個イスがある。だから最大で 20 人まで座れるよ」と言って、「その 20 人は誰？」とは普通言わね……。今「普通はそんなことは言わない」と書こうと思ったが、でも確かに「座れる 20 人は関係者だよ」とか「座れるのは来賓者だよ」とか

その質問に意味があるときもあるか。

そうか、自分が疑問を思いつかないからといって、こんな質問はアホだ、みたいな考え方はやっぱりだめだな。初学者ってのは無知がゆえに、必要もないものを怖がったり、怖がるべきのものを怖がらなかったり、ようするに

とんでもないことをするもの

なんだ。そして「どんなベクトルですか」も、数あるそういうことの1つなのだろう。特別な条件がついてたり、なにか「自分の知らない特別なこと」があるかもしれないと心配してるんだよ、きっと。だからこんなのは淡々と対応してあげればいいだけで、アホな質問だなどと断罪してる場合ではなかった。やはり初学者の無知は責めるべきではないし、初学者の質問を大事にすれば「自分では気づかなかった扉が開く」こともあるのだ。

2次元の場合の1次独立の判定

前項でいろいろと書いてきたが、高校生なら

「$(a_xb_y - a_yb_x)$ がゼロでないなら1次独立」

と覚えてしまっている人も多いだろう。筆者はあまり「覚えておけ」は言わない主義だが、1次独立かどうかの判定は高校生向けの問題には頻出するので、道具として覚えてしまっていても悪くはない。ただこれを「えーえっくすかけるびーわいひく…」と、お経か呪文のような覚え方をしてはいけない[注36]。「道具」として使うなら

使いやすいカタチで記憶に収納しておかないと役立たず

である。「平行四辺形の面積」から「格子が潰れるかどうか」につなげて「1次独立かどうかの判定」と考えるか、もしくは「平行」を「比が一致」とつなげて算数の「比例式の内項・外項」を持ち出してもよい。

注36) いや、お経や呪文だって、言葉の意味をちゃんとわかってないと覚えられないと思うけどね。

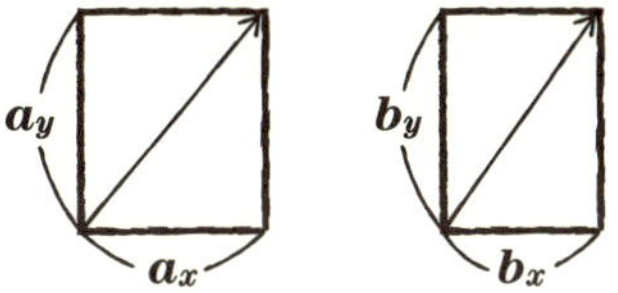

$a_x : a_y$ が $b_x : b_y$ だと平行。
$a_x : a_y = b_x : b_y$ なら平行。

算数だと内項外項という考えがあって、

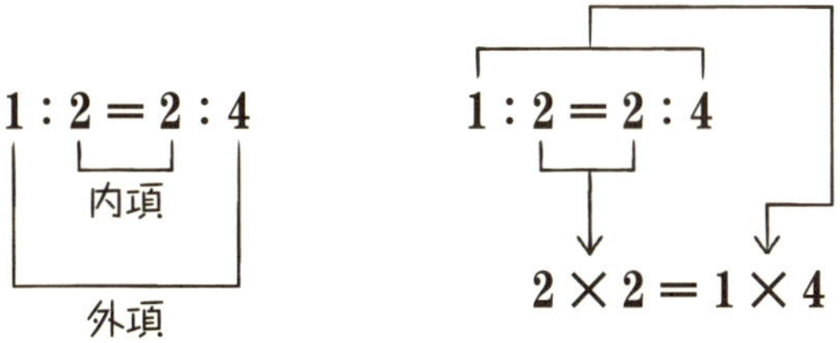

比が等しいかどうかを、内項の積と外項の積が等しくなるかどうかで判定する。

$$a_x : a_y = b_x : b_y \iff a_y b_x = a_x b_y$$
$$\iff a_x b_y - a_y b_x = 0$$

算数の比の話などは忘れてしまっている人もいるだろう。算数がカリキュラム的に遠く離れているとしても、数学（算数）の知識として離れているわけではない。筆者は「時間的に離れた知識」を持ちだしてくることを「伏線回収」と勝手に命名しているが、

伏線回収は、人をびっくりさせることができる

ので、イタズラ好きの筆者としてはとても好きである。ま、その成れの果てが本書であると言っても良いが、読者の皆さんもぜひ自分なりの伏線回収をみつけて楽しんで欲しい。

頭ではなく体で覚える

筆者の感覚では、ベクトルで

覚えることなんて、なんにもない！？

という感じである。実際はもちろん、覚えなきゃならないことは結構ある。そうなんだけど、もともとベクトルは

「普通に数値をイジる感覚で使えるように」設計されている

ので、慣れてしまえばホントにそんなもんなのだ。このあたり、剣術に慣れた人は剣を手のように使えるし、サッカーに慣れた人はボールを自在にコントロールできるし、ビデオゲームに慣れた人は画面上のキャラクターをあたかも自分の手足のように動かせるのと同様なことである。ギターでもピアノでも、頭で考えて弾いてるうちは「まだまだ」。闘いの最中に「頭を使わないと出てこない」ような技は、よほどの格下相手でないとくり出せない。いやもちろん頭は使ってる。でもどこまで無意識で、どれだけ意識下か、それが問題なんだよね。はじめは頭を使って一歩一歩やらないとうまくならない。まどろっこしい。しかしそのうち「考えなくても体が動く」ようになる。数学はサッカーやギターとは違うと言う人もいるけど、筆者は結局はどんなことも一緒だと思うんだよね。脳に情報を入れて、体で出力。だから数学もある程度は練習が必要である。

本書を読んでいるような人は、ある程度「大人」だと思う。大人は子どもとは練習法が違うんだ。筆者は子どもは練習あるのみだと思う。まあお尻をひっぱたいて支配や恐怖を原動力にやらせるか、ゲームや競争にして楽しくやらせるか、そういう違いはあると思うけどね。一方で大人は、目的的な練習をしないといけない。この目的のためにはこういう練習が必要。そういうことを理解してやるのと理解せずにやるのでは、成果が全

く違ってくる。本書は皆さんに目的を掴んでもらおうと思って書いているので、反面どうしても練習の部分が少ない。皆さんが数学を上達するために、ぜひどこかで練習する機会を確保して欲しい。

Section 3.4

センター試験でちょっと休憩

大学入試センター試験、略してセンター試験[注37)]は、大学入試の一次選抜として穴埋めのマークシート方式で出題されている。数学をマークシート方式で出題するのってどうなんだ？という根本的な疑問はあるが、

自分が受験するのでなければ、クイズみたいに楽しめる。

ここでは楽しむためにそのセンター試験の問題を使ってみる。

一般に、問題を解くためには複数の道があってしかるべきだが、センター試験の場合には試験が「穴埋め式」であるため、解き方の道筋が限定されている。ベクトルは自由度が高く、いろいろ発想すればいろいろな解法が可能で楽しいのだが、センター試験の場合にはその自由度の高さがかえって難しさを引き起こしてしまう。ま、センター試験は独創的な解法が好きな受験生のことをキライなんだよね。ここでは試験本番のような時間制限はないので、いろいろ楽しみながらやってみよう。

1989 年の問題

何はともあれ、問題だ。

問題

3 辺 BC, CA, AB の長さがそれぞれ 7, 5, 3 の三角形 ABC がある。

(1) ∠BAC の二等分線と辺 BC との交点を L とするとき、$\overrightarrow{AL}$ を $\overrightarrow{AB}$, $\overrightarrow{AC}$ で表せ。また、∠ABC の二等分線と線分 AL の交点を I とすると、$\overrightarrow{AI}$ を $\overrightarrow{AB}$, $\overrightarrow{AC}$ で表せ。

注 37)　センター試験の前は「共通一次試験」という名前だった。今後も入制度改革などで名前が変わったりやり方が変わったりすることはあるだろうが、「本格的な試験を課す前に、簡単に足切りをしたい」という需要はほぼなくならないと思われるので、同種の試験は当分続くだろう。

(2) 点 B から直線 AC に下ろした垂線と直線 AC の交点を R とするとき、$\overrightarrow{BR}$ を $\overrightarrow{AB}, \overrightarrow{AC}$ で表せ。また、点 C から直線 AB に下ろした垂線と直線 BR の交点を H とするとき、$\overrightarrow{AH}$ を $\overrightarrow{AB}, \overrightarrow{AC}$ で表せ。

（共通一次試験 1989 改）

穴埋めはマヌケなので、普通の文章題に変えたよ。こんな問題は、言われたとおりに数学語に翻訳していくだけで答えが出る。まず適当でいいから自分で図を描こう。

問題文中に図があっても、図を自分で描く。

頭のなかでわかっているつもりのことでも、いざ自分で図を描くとなると、細かいところにいろいろ気づくはずだ。図を描くことで頭が整理される。嘘だと思うなら今すぐミッキーマウスでもピカチュウでもいいから「知っているはずのもの」を絵に描いてみろ。しかしね、数学ができないヤツに限って、こういう

ほんのちょっとの手間をサボる。

で、それが原因になって大きなミスを呼ぶ。そして「ああ、俺には数学の才能がないんだ」とか言い出す。いいか、

才能のせいにするのは最後！

とくに学生諸君は、ほんのちょっとの手間をサボるなよ。学生を見下してるわけじゃない。学生には試験があって、試験には時間制限がある。時間制限があるとか解答用紙が狭いとか、そういう「言い訳」があるとついちょっとの手間をサボりたくなっちゃうものなんだ。人間ってさ、10 分遅れそうなのを「5 分くらい」と言い訳したり、1 歳くらいのサバを読んだり、クルマや不動産取引をするのに電話代をケチって「フリーダイヤル」に電話したり、どうせ読みもしない参考書を一応カバンに入れたりするもんだろ。そういう心理はわからんではないけど、でも、どうせサボるなら完全にサボれよな。夏休みの部活なら、

中途半端に遅刻するくらいなら、遊園地でも行け

と思う。図を描く一手間を惜しむくらいなら、もう最初から最後まで暗算するくらいの気合を見せてみろ。それができないなら「ほんのちょっとの手間」をサボらないこと！

まず、7, 5, 3 なんだから、テキトーに三角形を描こう。テキトーに、というのは

言葉のあや

で、この場合は

正三角形・二等辺三角形・直角三角形を避けて、描く

ということだ。「『適当に描きなさい』というと正三角形を描いちゃう人がいるから困る」という先生がいるから困る。教えてないくせに困らないで欲しい。自分にとっての常識は人にとっても常識だと思いがちなんだよな。生徒からしたらいい迷惑だと思うが、そこはひとつ寛容な心で許してやって欲しい。

また、まじめな人、ここでは「図を丁寧に描いている人」は、倫理・教育・感情的にとても「叱りにくい」のだが、あえて言おう！

正確に 7, 5, 3 を測るな！

なぜなら、時間もないし、意味もないからである。時間がないだけならともかく、意味もないのでは浮かばれない。丁寧な仕事は多くの場合「褒められること」ではあるが、時と場合によっては無意味になり、下手をすると害悪になる。これはどういうことかというと、今は

友達に「新しく見つけたお店」を教えるのと同じ状況

だと思って欲しい。ちゃちゃちゃっと地図とか目印とかを描いて、

早く、わかりやすく伝える

のが大事であって、そのために写実的なイラストを描く必要性は全くない。というか、写実的なイラストはむしろわかりにくい。でももし店が路地のわかりにくい場所にあるのだったら、必要に応じて写実的な絵をまじえた方がわかりやすいかもしれない。この

「必要に応じて」が大事

なのである。別に難しいことを言っているとは思わない。他人に「どのように伝えたらわかりやすいか」という、日常のコミュニケーションでいつもやっていることを、数学でもやれと言っているのだ。

というわけで、テキトーに三角形を描いて、それに A, B, C と書き入れる。テキトーにと言って、長さの大小関係までテキトーにする人がいるが、さすがに

それは、テキトーすぎ

だ。ああ、テキトーに描けとかテキトーすぎとかうるさいよね。まあね、地図を簡略化して描くのはいいけど、店の場所がわからないような地図を描いてはいけないという話だ。長さの条件を考えながら三角形を描くのって結構難しいので、筆者のおすすめは、

テキトーに三角形を描いてから、辺の長さを見て、
条件にうまくはまるように、A, B, C と名前をつける

という方法である。

では順次問題を見ていく。

(1)「二等分線と…」というのだから、読みながら

二等分線を、それっぽく、引く。

それっぽく、というのを具体的に言うと、角度をなんとなく二等分するように引くことと、「等しいよ」ということを表す記号を書き入れて「それっぽい」ことを主張することだ。で、「交点を L とする」というのだから、図にも L と書き込もう。

ここで、「角の二等分線は底辺を辺の比に分ける」ということを覚えている人も多いかもしれないが、ここでは「そんなことは忘れている」という設定で話を進めていく。設問から絵を描いたら、次は与えられた条件を式にしよう。問題文で「交点が L」という主張は、

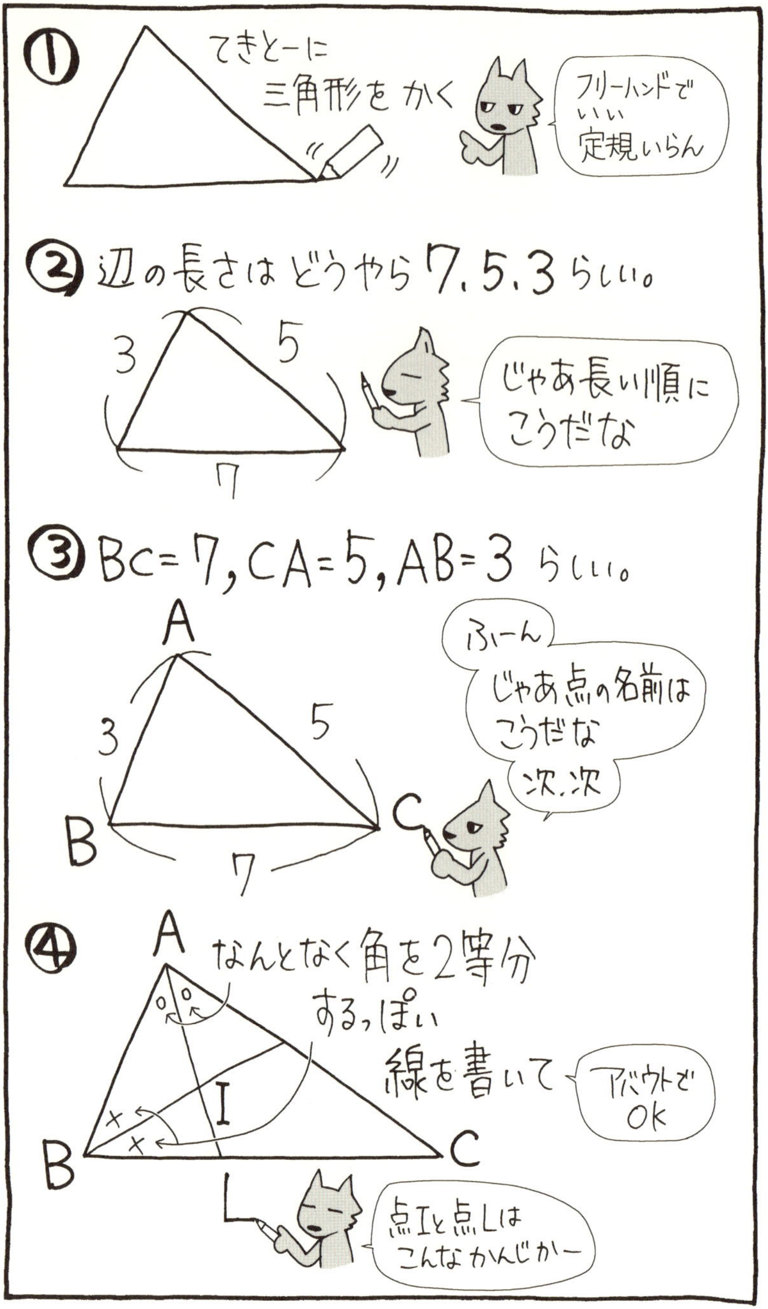
①
てきとーに
三角形をかく
フリーハンドでいい
定規いらん
② 辺の長さはどうやら7,5,3らしい。
3
5
7
じゃあ長い順にこうだな
③ BC=7, CA=5, AB=3 らしい。
A
B
C
3
5
7
ふーん
じゃあ点の名前はこうだな
次,次
④
A
B
C
I
L
なんとなく角を2等分するっぽい線を書いて
アバウトでOK
点Iと点Lはこんなかんじかー

$$\begin{cases} \text{L は二等分線上} \\ \quad\text{かつ} \\ \text{L は BC 上} \end{cases}$$

と言い換えられる。この日本語を数学語に翻訳していこう。ひし形を作れば、対角線が「角の二等分線」になるから、

$$\overrightarrow{AB} + \frac{3}{5}\overrightarrow{AC}$$

で、二等分線を表すベクトル。

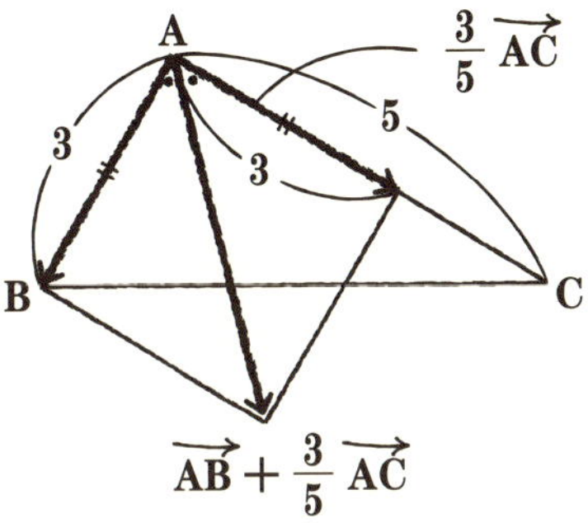

$\left.\begin{array}{l}|\overrightarrow{AB}| = 3 \\ |\overrightarrow{AC}| = 5\end{array}\right\}$ だから

$\frac{3}{5}\overrightarrow{AC}$ にすれば

$\overrightarrow{AB}$ と長さが揃う。

つまり、$\frac{3}{5}\overrightarrow{AC}$ と $\overrightarrow{AB}$ で

「ひし形」が作れる。

L が二等分線上となると、適当に k を使って、

$$\overrightarrow{AL} = k\left(\overrightarrow{AB} + \frac{3}{5}\overrightarrow{AC}\right)$$

となる。これで「L は二等分線上」を翻訳したことになる。

次、「L は BC 上」の翻訳に移る。L は BC 上ってのは、適当に m を使って、

$$\overrightarrow{BL} = m\overrightarrow{BC}$$

とすればいい。A を基準にした方がよさそうだから、$\overrightarrow{AB}$ を両辺に足して

$$\overrightarrow{AL} = \overrightarrow{AB} + m\overrightarrow{BC}$$

とすればいいだろう。$\overrightarrow{BC}$ の間に A を割り込ませて、

$$\overrightarrow{AL} = \overrightarrow{AB} + m(\overrightarrow{BA} + \overrightarrow{AC})$$

$$= (1-m)\overrightarrow{AB} + m\overrightarrow{AC}$$

としておく。これで「LはBC上」の翻訳オシマイ。

あとは、この2つの条件を「かつ」で結んでやればいい。

連立方程式

$$\begin{cases} \overrightarrow{AL} = k\overrightarrow{AB} + \dfrac{3k}{5}\overrightarrow{AC} \\ \overrightarrow{AL} = (1-m)\overrightarrow{AB} + m\overrightarrow{AC} \end{cases}$$

で、係数がそれぞれ等しいとして、

$$\begin{cases} k = 1 - m \\ \dfrac{3k}{5} = m \end{cases}$$

ゆえに（kかmのどちらかがわかれば$\overrightarrow{AL}$は求まるが）、

$$\begin{cases} k = \dfrac{5}{8} \\ m = \dfrac{3}{8} \end{cases}$$

となるから、

$$\overrightarrow{AL} = \frac{5}{8}\overrightarrow{AB} + \frac{3}{8}\overrightarrow{AC}$$

でオシマイ。次、行こう…と、その前に、今まで「角の二等分線は底辺を辺の比に分割する」という事実を「忘れている」という設定でやってきたが、この式を見てその事実を思い出そう。このような豆知識は「正確に覚えないとミスのもと」だが、正確に覚えるのは難しいというか、ほとんど不可能だ。でもこの式を見れば思い出せる。そして解く速さをスピードアップするのだ。

さて、次の問題。Iは∠ABCの二等分線上だ。正攻法で「二等分線上」を表現すると、

$$\overrightarrow{BI} = k\left(\overrightarrow{BA} + \frac{3}{7}\overrightarrow{BC}\right)$$

となるが、前述のとおり「角の二等分線は底辺を辺の比に分割する」を思い出したという設定で、

▼1989(1)−1　解答まとめ

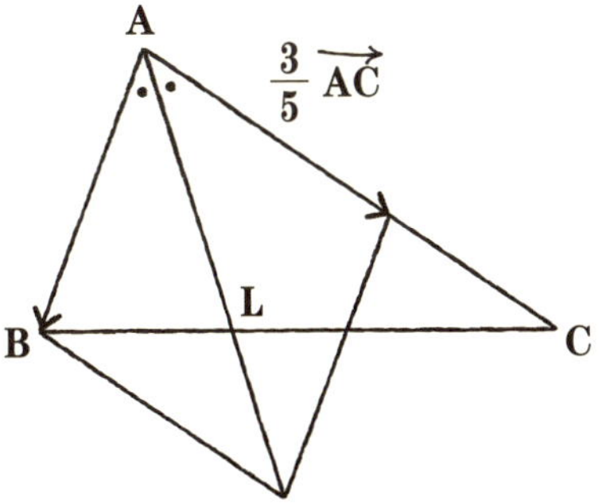

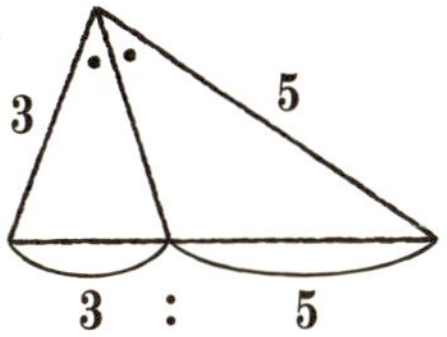

「角の二等分線は底辺を辺の比に分割する」のだけど、まあ、こういう知識は、すぐに忘れる。

ひし形を作って、

$$\overrightarrow{AL}=k\left(\overrightarrow{AB}+\frac{3}{5}\overrightarrow{AC}\right)$$

$$=k\overrightarrow{AB}+\frac{3}{5}k\overrightarrow{AC}$$

本編ではもう1つ文字 m を使って式を作っているが

「L が BC 上」を

$$\overrightarrow{AL}=\bigcirc\overrightarrow{AB}+\bigcirc\overrightarrow{AC}$$

ここを足して1

と考えると、

$$k+\frac{3}{5}k=1$$

のはずだから、

$$k=\frac{5}{8}$$

となって

$$\overrightarrow{AL}=\frac{5}{8}\overrightarrow{AB}+\frac{3}{8}\overrightarrow{AC}$$

となる。

▼1989(1)−2　解答まとめ

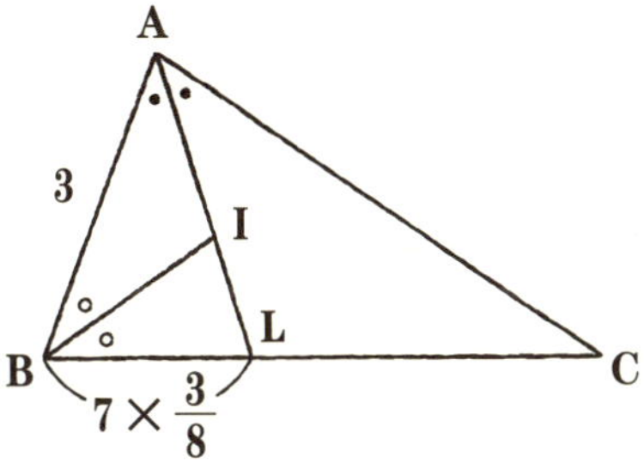

$$\overrightarrow{BI}=k\ (7\overrightarrow{BA}+3\overrightarrow{BC})$$

$$AI:IL=3:\frac{21}{8}$$

$$=8:7$$

そうすると

$$\overrightarrow{AI}=\frac{8}{15}\overrightarrow{AL}$$

$$=\frac{1}{3}\overrightarrow{AB}+\frac{1}{5}\overrightarrow{AC}$$

となる。

$$\mathrm{BA}:\mathrm{BL}=3:7\times\frac{3}{8}=\mathrm{AI}:\mathrm{IL}$$

これがわかれば

$$\mathrm{AI}:\mathrm{IL}=8:7$$

から、

$$\overrightarrow{\mathrm{AI}}=\frac{8}{15}\overrightarrow{\mathrm{AL}}=\frac{1}{3}\overrightarrow{\mathrm{AB}}+\frac{1}{5}\overrightarrow{\mathrm{AC}}$$

と簡単に求められる。

(2) 次は垂線シリーズ。R についての条件は

$$\begin{cases}\overrightarrow{\mathrm{BR}}\perp\overrightarrow{\mathrm{AC}}\\ \quad\text{かつ}\\ \mathrm{R}\text{ は AC 上}\end{cases}$$

だから、これを式に直すと、

$$\begin{cases}\overrightarrow{\mathrm{BR}}\cdot\overrightarrow{\mathrm{AC}}=0\\ \overrightarrow{\mathrm{BR}}=\overrightarrow{\mathrm{BA}}+k\overrightarrow{\mathrm{AC}}\end{cases}$$

これで解ける。第 2 式の $\overrightarrow{\mathrm{BR}}$ を第 1 式に入れると

$$(\overrightarrow{\mathrm{BA}}+k\overrightarrow{\mathrm{AC}})\cdot\overrightarrow{\mathrm{AC}}=0$$

となることから、

$$k|\overrightarrow{\mathrm{AC}}|^2=-\overrightarrow{\mathrm{BA}}\cdot\overrightarrow{\mathrm{AC}}$$

となる。AC の長さは 5 なのだから $|\mathrm{AC}|^2=25$ は簡単だが、問題は右辺の内積である。設問には三辺の長さが与えられているが、AB と AC のなす角の情報は与えられていない。まあ入試問題では「AB と AC のなす角の情報を与える代わりに、三辺の長さを与える」というのは

よくある手法

である。この手に対しては $|\overrightarrow{\mathrm{BC}}|^2$ を考えて対抗するのが定石である。

$$\begin{aligned}|\overrightarrow{\mathrm{BC}}|^2&=\overrightarrow{\mathrm{BC}}\cdot\overrightarrow{\mathrm{BC}}\\&=(\overrightarrow{\mathrm{AC}}-\overrightarrow{\mathrm{AB}})\cdot(\overrightarrow{\mathrm{AC}}-\overrightarrow{\mathrm{AB}})\end{aligned}$$

$$= |\overrightarrow{AC}|^2 + |\overrightarrow{AB}|^2 - 2\overrightarrow{AC} \cdot \overrightarrow{AB}$$

こうしておいてから、三辺の長さを入れると

$$49 = 25 + 9 - 2\overrightarrow{AC} \cdot \overrightarrow{AB}$$

となるので、$\overrightarrow{AC}$ と $\overrightarrow{AB}$ の内積を求めることができる。この場合は

$$\overrightarrow{AB} \cdot \overrightarrow{AC} = -\frac{15}{2}$$

となるはずだ。この内積は、この問題ではどうか知らないが、あとあと使うと予想される。というのも、2次元のベクトルも問題は

よーするに2本のベクトルが何か

が重要で、ベクトル $\overrightarrow{AB}$ と $\overrightarrow{AC}$ の長さは設問から得られるが、その2本のベクトルのなす角度は隠されている。この角度に相当する情報がこの内積 $\overrightarrow{AB} \cdot \overrightarrow{AC}$ なのである。

$$\overrightarrow{AB} \cdot \overrightarrow{AC} = |3||5|\cos\theta$$

だから $\cos\theta = -\dfrac{1}{2}$ となり $\theta = 120^\circ$ まで求めることができるが、θ を求めることができるのは「たまたま」であって、センター試験らしい感じがする。それよりも、たとえここで θ が具体的には求まらなくても、

内積 $\overrightarrow{AB} \cdot \overrightarrow{AC}$ を角度に相当する情報と思って

大事に扱う（あとで使うかもしれないと思って覚えておく）と、あとの問題を解くときにお得になることが多い。

それでは続き。

$$k|\overrightarrow{AC}|^2 = -\overrightarrow{BA} \cdot \overrightarrow{AC} = -\frac{15}{2}$$

とできるので、

$$k = -\frac{3}{10}$$

となり、

$$\overrightarrow{BR} = -\overrightarrow{AB} - \frac{3}{10}\overrightarrow{AC}$$

を得る。あれ、kが負？　そうか「Rは辺AC上にはない」んだね。設問をよく読むと(1)は「辺BCとの交点を…」とあるけど(2)は「直線AC上に下ろした…」で、「辺AC」とは書いてない。なるほど。ということは

Rが辺AC上にないことは、推理可能だった

わけか。気づくかよ。まあ設問を読んだ時点でそんなことに気づく必要はない。計算して結果を出したら、最後にその結果が妥当かどうかを検証する。そういうアタリマエのステップのなかで、なるほどそういうことかと納得できればそれでいいのだ。

最後。CからABに下ろした垂線とBRの交点Hを求めろと。これは

$$\begin{cases} \text{CH は AB と直交} \\ \quad\quad\text{かつ} \\ \text{H は BR 上} \end{cases}$$

ということなので、式に直して

$$\begin{cases} \overrightarrow{CH} \cdot \overrightarrow{AB} = 0 \\ \overrightarrow{AH} = \overrightarrow{AB} + k\overrightarrow{BR} \end{cases}$$

これで情報としては揃った。あとは$\overrightarrow{CH}$だの$\overrightarrow{AH}$だの、全てのベクトルを$\overrightarrow{AB}$と$\overrightarrow{AC}$の2本に書き直せば解けるはず。解けるはず、なのだが、これ実は結構タイヘンである。読者の皆さんは「解けるはず」というのを理解するのが大事で、やってみる必要ないと思うのだが、気になる人は付録405ページを参照して欲しい。結果は

$$\overrightarrow{AH} = -\frac{13}{9}\overrightarrow{AB} - \frac{11}{15}\overrightarrow{AC}$$

となる。

(2)は私にはむしろ「文章の方がわかりやすい」と思えたので図は描かなかったが、もし描くなら(2)になったら(1)とは別に描く。もう一度描く。△ABCなんて、何度描いてもそう大変なものではない。それよりも、くだらない手抜きをしてゴチャゴチャして間違えてしまう方がよ

ほどもったいない。

1992 年の問題

もう1問やってみよう。

問題

△ABC がある。AB = 4, BC = a, CA = 3 とし、重心を G、内接円の中心を I とする。
(1) $\overrightarrow{BC}$ の中点を M として、$\overrightarrow{AM}$ を $\overrightarrow{AB}, \overrightarrow{AC}$ で表せ。
(2) $\overrightarrow{AG}$ を $\overrightarrow{AB}, \overrightarrow{AC}$ で表せ。
(3) ∠BAC の二等分線と BC の交点を D とすると、$\overrightarrow{AD}$ を $\overrightarrow{AB}, \overrightarrow{AC}$ で表せ。
(4) $\overrightarrow{AI}$ を $\overrightarrow{AD}$ で表せ。 (5) $\overrightarrow{GI}$ を $\overrightarrow{AB}, \overrightarrow{AC}$ で表せ。
(6) $\overrightarrow{GI}$ と $\overrightarrow{BC}$ が平行であるとして a はいくつか。
(センター試験 1992 追改)

これも三角形の絵を描くが、「a」とかが入っているので、前にも増してテキトーに描こう。三角形としては AB と AC の大小関係がきちんと描かれていれば許される。それよりこの問題には「内接円」が出てくるので、こういうときには

内接円から先に描いた方がキレイな図が描ける。

これは数学の本質的なところと全く関係ないが、覚えておいて損はない技術だ。この設問、筆者ならざっと問題を読んだら、マルを描いて、それに外接する三角形を適当に描いてから、長い方の辺が AB、短い方の辺が AC になるように、A, B, C という名前を振る。反時計回りに A → B → C と振るのが「世間の慣習」のようなのだが、そんなのは数学的な本質とは全く関係ないのであまり気にしなくていい。重心と内接円中心については若干の周辺知識が必要そうで、いちおう付録で解説を書いておいたが、基本的にはそんなのを見なくてもこの問題は解けるはずだ。

重心って何だっけ？
重心とは「バランスのとれる点」のことです
平らな板で図形を作って
一本指で支えてバランスのとれるトコロ
中学校で習うのはコレ
@ちゅーがく♡
ここ!
中点をそれぞれ結んだ交点が重心になる
あー覚えさせられましたわー
なつかしー
でもなんでこれが重心になるか習ったおぼえあるか？
いやなんかただ覚えただけのよーな……
そういえばなんでだろ

ちなみにベクトルだと
三角形ABCの重心Gは

$$\overrightarrow{OG} = \frac{\overrightarrow{OA} + \overrightarrow{OB} + \overrightarrow{OC}}{3}$$

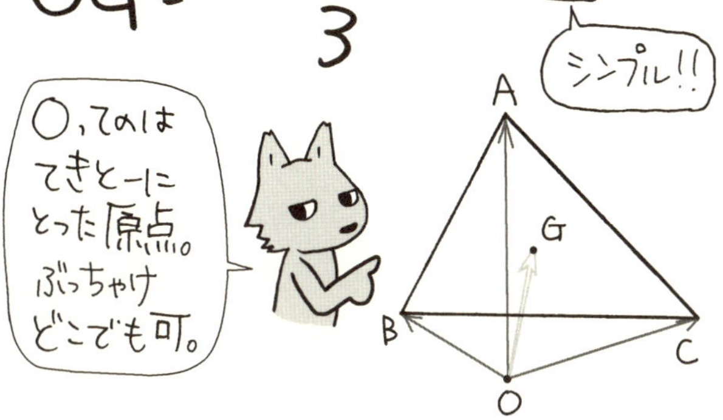

シンプル!!
Oってのはてきとーにとった原点。ぶっちゃけどこでも可。
A
G
B
C
O

三角形を描いてしまってから、この三角の内側に接する（内接円）円を描くのは

意外とたいへん

先に円を描いてしまってから三角形を描くとキレイに描けるよ!!

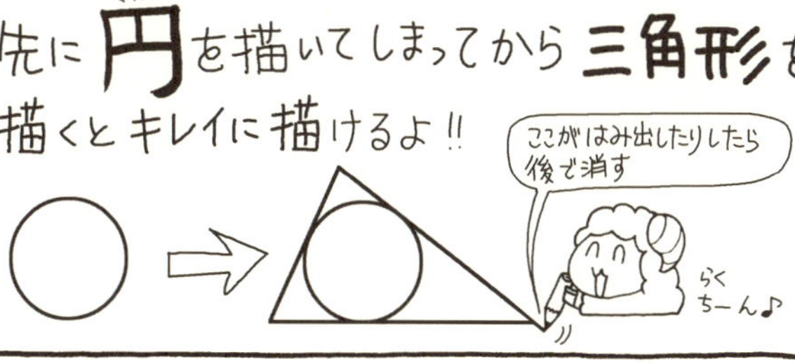

ここがはみ出したりしたら後で消す
らくちーん♪

(1) それではまずは「C は BM の中点だ」を式に直そう。

$$\overrightarrow{\mathrm{BM}} = \frac{1}{2}\overrightarrow{\mathrm{BC}}$$

$\overrightarrow{\mathrm{AM}}$ を $\overrightarrow{\mathrm{AB}}, \overrightarrow{\mathrm{AC}}$ で表したいから、左辺にも右辺にも A を割り込ませて、

$$\overrightarrow{\mathrm{BA}} + \overrightarrow{\mathrm{AM}} = \frac{1}{2}\overrightarrow{\mathrm{BA}} + \frac{1}{2}\overrightarrow{\mathrm{AC}}$$

よって、

$$\overrightarrow{\mathrm{AM}} = \frac{1}{2}\overrightarrow{\mathrm{AB}} + \frac{1}{2}\overrightarrow{\mathrm{AC}}$$

となる。

(2) 重心が何かということを全然知らないとどうしようもないのだが、ベクトルで重心を表すのは簡単で、例えば点 A, B, C, D, E の重心 G だったら、

$$\overrightarrow{\mathrm{OG}} = \frac{\overrightarrow{\mathrm{OA}} + \overrightarrow{\mathrm{OB}} + \overrightarrow{\mathrm{OC}} + \overrightarrow{\mathrm{OD}} + \overrightarrow{\mathrm{OE}}}{5}$$

とすればいい。この場合は A, B, C の重心だから、

$$\overrightarrow{\mathrm{OG}} = \frac{\overrightarrow{\mathrm{OA}} + \overrightarrow{\mathrm{OB}} + \overrightarrow{\mathrm{OC}}}{3}$$

ということである。この問題を解くには重心の知識としてここまでをわかっていればいい。

重心の定義のところで、原点 O は別に

自分の好きでどこにしてもいい

のだが、本当に好きにしても嬉しくはない。ここは $\overrightarrow{\mathrm{AG}}$ とかが将来的に欲しくなると見越して、原点として A をとる。そう決めたら、この「O」のところに A をブチ込もう。すると、「重心を G」という設問文の意味するところは

$$\overrightarrow{\mathrm{AG}} = \frac{\overrightarrow{\mathrm{AB}} + \overrightarrow{\mathrm{AC}}}{3}$$

ということになり（$\overrightarrow{\mathrm{AA}}$ は $\vec{0}$ だ）、これはそのまま設問の解答である。

(3) Dはさっきもやった「角の二等分線上」である。例によって、長さを揃えて足せばいいわけだけど、今回は $\overrightarrow{\mathrm{AC}}$ を4倍、$\overrightarrow{\mathrm{AB}}$ を3倍して長さを揃えよう。で、それの何倍かが $\overrightarrow{\mathrm{AD}}$ ということになるので、

$$\overrightarrow{\mathrm{AD}} = k(3\overrightarrow{\mathrm{AB}} + 4\overrightarrow{\mathrm{AC}})$$

これとは別に、「DはBC上」を翻訳して

$$\overrightarrow{\mathrm{AD}} = (1-t)\overrightarrow{\mathrm{AB}} + t\overrightarrow{\mathrm{AC}}$$

とも表せる。両方を満たすように k と t を決めれば、$k = \dfrac{1}{7}$, $t = \dfrac{4}{7}$、つまり、

$$\overrightarrow{\mathrm{AD}} = \frac{1}{7}(3\overrightarrow{\mathrm{AB}} + 4\overrightarrow{\mathrm{AC}})$$

となる。

(4)「内接円の中心」とはどういうことか。三角形の内部に接するように円を描くと、その中心は各辺からの垂線の交点で、また、各辺から等距離にあることになる。また、さりげなく、「内接円中心は三角形の二等分線の交点」になっている。だから

「角の二等分線」という言葉を出さずにそれを出題

するためによく使われる手法だ。それさえわかれば、あとは何度もやっている「角の二等分線」と一緒。Iに至る道筋を2通りで表して、係数比較で連立してやればいい。それだけだ。

$$\begin{cases} \overrightarrow{\mathrm{AI}} = k(3\overrightarrow{\mathrm{AB}} + 4\overrightarrow{\mathrm{AC}}) \\ \overrightarrow{\mathrm{AI}} = \overrightarrow{\mathrm{AB}} + t(9\overrightarrow{\mathrm{BA}} + 4\overrightarrow{\mathrm{BC}}) \end{cases}$$

これを解くと結果は

$$\overrightarrow{\mathrm{AI}} = \frac{1}{a+7}(3\overrightarrow{\mathrm{AB}} + 4\overrightarrow{\mathrm{AC}})$$

になる。

(5) ここまでわかれば $\overrightarrow{\mathrm{GI}}$ なんて、大したことはない。

$$\overrightarrow{\mathrm{GI}} = \overrightarrow{\mathrm{GA}} + \overrightarrow{\mathrm{AI}} = \frac{1}{3(a+7)}((2-a)\overrightarrow{\mathrm{AB}} + (5-a)\overrightarrow{\mathrm{AC}})$$

(6) 設問に「$\overrightarrow{\mathrm{GI}}$ と $\overrightarrow{\mathrm{BC}}$ が平行」とある。平行とは、

$$\overrightarrow{\mathrm{GI}} = k\overrightarrow{\mathrm{BC}}$$

とできることなので、このように書いて係数を比較すればよいのだが、これがセンター試験の問題であることを考えると（つまり時間制限がきつい）、平行を「$\overrightarrow{\mathrm{GI}} = \alpha_1\overrightarrow{\mathrm{AB}} + \beta_1\overrightarrow{\mathrm{AC}}$ と $\overrightarrow{\mathrm{BC}} = \alpha_2\overrightarrow{\mathrm{AB}} + \beta_2\overrightarrow{\mathrm{AC}}$ と書いたときに、$\alpha_1 : \beta_1$ と $\alpha_2 : \beta_2$ が等しい」と考えた方が計算が楽になる。

$$\overrightarrow{\mathrm{GI}} = \frac{1}{3(a+7)}((2-a)\overrightarrow{\mathrm{AB}} + (5-a)\overrightarrow{\mathrm{AC}})$$

なのだから $\overrightarrow{\mathrm{AB}}$ と $\overrightarrow{\mathrm{AC}}$ の係数の比は $2-a : 5-a$。一方で、

$$\overrightarrow{\mathrm{BC}} = -\overrightarrow{\mathrm{AB}} + \overrightarrow{\mathrm{AC}}$$

なので、AB と AC の係数の比は $-1 : 1$。つまり、

$$2-a : 5-a = -1 : 1$$

これを解いて結果は $a = \frac{7}{2}$ になる。

以上、いろいろやってきたが、どうだっただろうか。センター試験は時間制限がきついので、計算量を減らしたり、分数の計算を避けてミスを防ぐような工夫が必要である。それというのは数学の本質とはかけ離れたどうでもいい工夫であり、そんなものを練習したって数学の力には全然関係ない…と主張する人もいる。ただねぇ、筆者はそういう工夫を

そこまで無意味とも思わない

んだ。ちょっとのミスを防いだり、ちょっと計算を早くしたり、そういう工夫を考えると、いつかどこかで役に立つ。それは筆者のつたない人生経験から導かれる

人生の教訓

である。筆者のことをどの程度信じるかは読者の皆さんに任せるよ。いやぁ、お疲れさまでした。爆風スランプの『青春の役立たず』[注38]でも聞きながら、お茶でも飲みましょう。

注38) 爆風スランプの5枚目のシングル。作詞：サンプラザ中野、作曲・編曲：中崎英也。

Section 3.5
多次元空間へ

高校生向けにいったん2次元の世界にいっていたが、また多次元の世界に戻ろう。まあ多次元といっても

1, 2, たくさん

な感じはあって、つまり、3次元と多次元はあまりやること変わらない。ともかくベクトルはもともと多次元のものだ。ここからはなるべく多次元で考えて、必要に応じて2次元や3次元に話を特定することにする。

なんとなく *n* 次元

世の中に、年収でしか人の価値を判断しない人がいたとする。この人にとっては、顔も性格も関係ない。とにかく年収だけが基準である。この場合、

人は、年収直線上の1点として表される

と言って通じるだろうか。

「年収直線」なんて用語は、今、筆者が思いつきで勝手に作ったものであるから、あまり気にしないように。

では、年収と身長だけで人の価値を判断する人だったらどうだろうか。この人にとっては、

人は、年収身長平面上の1点として表される

となる。ここでも「年収身長平面」という平面を勝手に作った。よく x 軸と y 軸で作られる平面を「xy 平面」と言うでしょ。それと同じね。

では、年収と身長と体重だけを考える人だったらどうか。

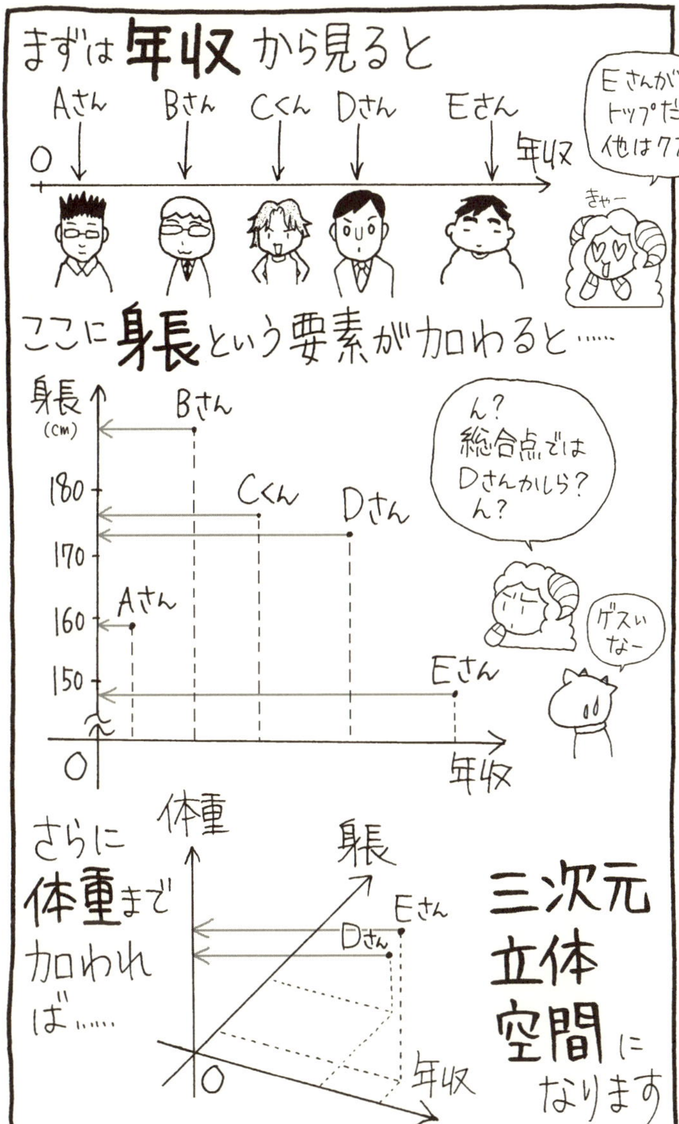
まずは年収から見ると
Aさん
Bさん
Cくん
Dさん
Eさん
0
年収
Eさんが
トップだわ♡
他はクズ!!
きゃー
ここに身長という要素が加わると……
身長
(cm)
180
170
160
150
Bさん
Cくん
Dさん
Aさん
Eさん
0
年収
ん?
総合点では
Dさんかしら?
ん?
ゲスいなー
さらに体重まで加われば……
体重
身長
Eさん
Dさん
0
年収
三次元立体空間になります

〜〜> 次ページへつづく!

体重は
マッチョだと
重くなるしー
体重の数字だけ
見てもねー
あ、でも太ってる人は
ちょっとNGかなー
自分のことは
棚に上げて
まったく
じゃあさらに
体脂肪率
まで
加えると？
ん!?どーなんの？4次元!?
これ以上の要素はもう
リアル社会の
絵やグラフでは
表現できない
我々の生きる現実は
三次元だからな
体重
身長
Eさん
Dさん
あれ？
あれ？
年収
うーん
どーしよー
まようわー
もてる女は
つらいわー
婚活資料
もう
かってに
しなさい

人は、年収身長体重空間の1点として表される

でよいだろう。基準が1つだったら、なんとなく「××直線上の」と言いたくなるし、基準が2つだったら、なんとなく「××平面上の」と言いたくなる。2次元空間とはあまり言わないが（言ってもいい）が、1次元と2次元は専用の言い回しがあるのでそれを使っておこう。3次元以上は「××空間の」と言わないと変だ。

では、年収・身長・体重・体脂肪率を考える人だったらどうか。

人は、年収身長体重体脂肪率空間の1点として表される

この場合、今までのような絵は描けない。我々がマトモに絵を描けるのは、パラメータが3個までの場合である。この場合は「年収・身長・体重・体脂肪率」と4つのパラメータがあるので、「年収身長体重体脂肪率空間」というのは、実は4次元空間である。しかし、「(描けないけど、）人は、年収身長体重体脂肪率空間の1点として表される」というのは理解できると思う。つまり、理解できることと描ける描けないは別問題。人は目に見えないものでも理解できる。見えないものは理解できないという人は、

自らが創りだした3次元の檻

に囚われている。もっと自由になろう。実際にはもちろん人は4つ程度のパラメータで表されているわけではない。数値化できるできないは別としても、いくつもの指標で総合的にいろいろな判断をしているはずだ。ということは、人間は普通に生きているだけで、何十次元空間の思考をしているハズなのである。それを描く道具が、たかが3次元までしか描けないという、それだけの話なのだ。こう考えると、だんだん「20次元空間」にビビらなくなってくると思うが、どうだろう。

もう一度、多次元空間を設定する練習をしてみる。世界の女性を、身長・体重・バスト・ウエスト・ヒップで表したとしよう。

ま、こういう設定自体がおっさん臭いわけだが、そんなことはどうでもいい。

このとき、「世界の女性は、5次元女性空間の1点として表される」

と言って、もう話は通じるよね。
　ポケモンのキャラクターにはどれだけのパラメータが設定されているのかしら。HP、攻撃力、防御力、すばやさ、などなどなどなど。まあ仮に6つのパラメータだけを重視するとしたら、「あるポケモンは6次元ポケモン空間の1点として表される」という言い方ができるだろう。
　上ではなんとなく「女性空間」とか「ポケモン空間」とか勝手に名前を付けているが、みなさんも、

そのくらい、遊んで欲しい

と筆者は思う。こういう冗談から、理解が深まっていくものである。

なんちゃらベクトル

　先の例で、「筆者の身長と体重を1つのベクトル$\vec{a}$と考える」と書いた。別に一度しか使わないなら名前などわざわざつける必要はないのだが、今後何度も登場してもらう運命にあるし、となると、いちいち「身長と体重を〜」と書くと面倒なので、勝手に「体格ベクトル」と名前を付けることにする。そうすると、「筆者の体格ベクトルを$\vec{a}$とし、あなたの体格ベクトルを$\vec{b}$とする」などと簡単に言えて嬉しい。もちろん、体格ベクトルを構成する要素は、さっき決めたとおり、身長と体重である。ベクトルを構成する要素のことは数学用語で「成分」という。「ある人の身長と体重を成分とするベクトルを考え、それを体格ベクトルと呼ぶ」と書くと少しちゃんとした数学っぽくない？
　繰り返しておくが、この「体格ベクトル」は

筆者が勝手に作った定義

であって、いきなり他人に話しても、全く通用しないから、そのつもりで。ならば何が言いたいのかというと、

こうやって、勝手に定義していいんだよ

ということが言いたい。便利になるように、自分勝手に定義していいのだ。それが他人にも便利だったら世間に受け入れられ、仲間うちで便利

だったら、仲間うちに受け入れられる。今書いている答案や論文に便利だったら、その答案や論文の間はみんな受け入れてくれるだろう。自分用のメモならどんな定義でも怒られない。自分にも便利じゃなかったらそんな定義は捨てればいい。答案や論文で独自の定義を使うときは、当たり前だが

定義をきちんと書いておくことが大事

である。極端な話、答案の前半で「ここからは＋は×の意味で使うことにする」と宣言すれば、以下で「3＋2＝6」としても間違いではない。ただし、

できるのと、やるのは違う。

トイレットペーパーは自由に使っていいのかもしれないが、1巻まるごと使っちゃうのは自由すぎだろう。間違いではないのを知っておくのは大事だが、わざわざ採点官に不快感を与えることはない。世の中には「みんなが便利だと思いそうな定義」がすでに提唱され教科書に載っているのだから、普通の記号用語で問題なく記述できるのならわざわざ独自の定義を持ちだす必要はない。

定義の具体例

この項では、6次元の「体格ベクトル」を、あらためて定義して遊んでみよう。

$$\text{個人ベクトル：}\overrightarrow{(\text{識別子})} = \begin{pmatrix} \text{身長} \\ \text{体重} \\ \text{立位体前屈} \\ \text{握力右} \\ \text{握力左} \\ \text{背筋力} \end{pmatrix}$$

とする。これを使って、Aさんと Bさんを $\vec{a}, \vec{b}$ であらわすことにして、例えば

$$\vec{a} = \begin{pmatrix} 171 \\ 61 \\ 12 \\ 51 \\ 50 \\ 130 \end{pmatrix}, \vec{b} = \begin{pmatrix} 161 \\ 61 \\ 6 \\ 60 \\ 60 \\ 180 \end{pmatrix}$$

のような感じになる。

平均

定義しただけで使わないと、

買っただけで作ってないプラモ[注39)]

みたいなものだから、何か使ってみようと思う。

さしあたり、「平均」を考える。平均を表す6次元ベクトルを$\vec{x}$として、

$$\vec{x} = \frac{\vec{a} + \vec{b}}{2}$$

矢印記号がなければ、普通に平均をとったのと全く同じに見えるだろう。しかし、これには矢印記号がある。つまり、

この式1本で、6倍お得

ということだ。

ベクトルの外積

ベクトルの「内積」は高校の範囲だが、「外積」は高校範囲外である。以下を読めば皆さんにも

まあ、高校範囲外になるのも当然だよな

とわかってもらえるだろう。よーするにマニアックな話である。でも「内積」だけやって「外積」をやらないってのもないよな、ということで、

注39） 結構あるんだな、これが。（笑）

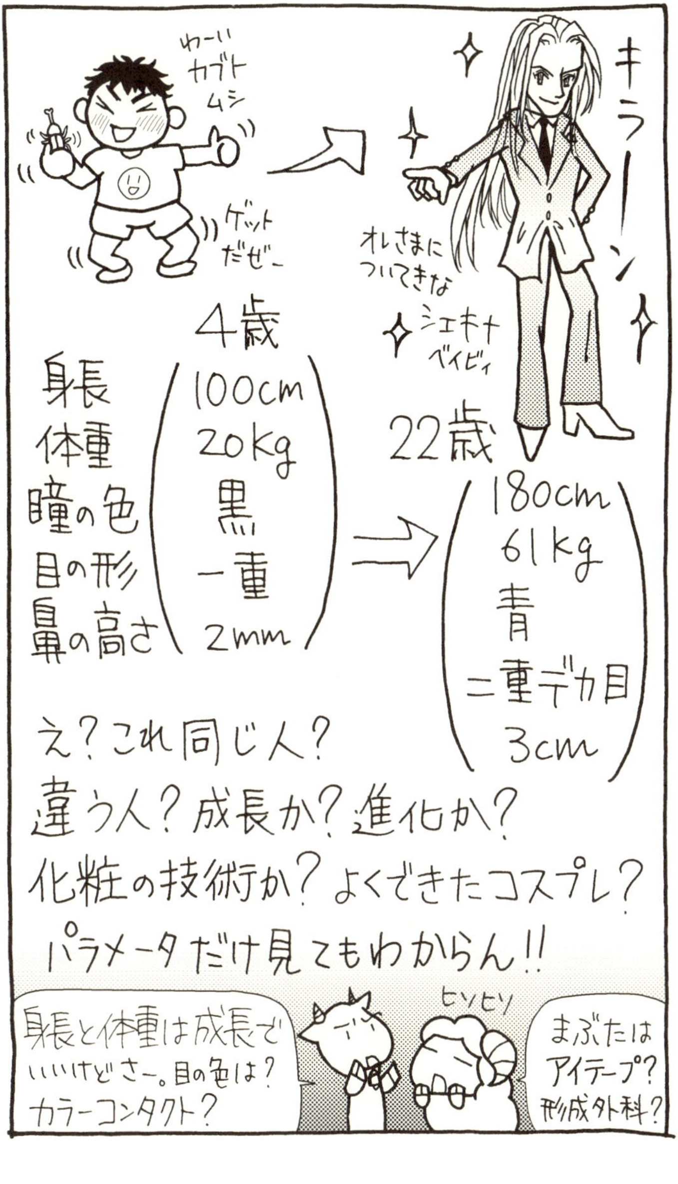
わーい
カブト
ムシ
ゲット
だぜー
キラーン
オレさまに
ついてきな
シェキナ
ベイビィ
4歳
22歳
身長
体重
瞳の色
目の形
鼻の高さ
100cm
20kg
黒
一重
2mm
180cm
61kg
青
二重デカ目
3cm
え？これ同じ人？
違う人？成長か？進化か？
化粧の技術か？よくできたコスプレ？
パラメータだけ見てもわからん!!
身長と体重は成長でいいけどさー。目の色は？カラーコンタクト？
ヒソヒソ
まぶたはアイテープ？形成外科？

少し、やる。本書は、少しだけマニア向けなのだ。

まず外積だが、ベクトルの外積は基本的に

3次元のベクトルに関して

設定されていると思ってよい[注40]。そして2本の3次元のベクトル$\vec{a}$と$\vec{b}$に対して、

$$\vec{a} \times \vec{b}$$

と書けば外積を表したことになる。外積の定義は内積に比べて複雑で、ベクトル$\vec{a}, \vec{b}$を

$$\vec{a} = (a_x, a_y, a_z)$$
$$\vec{b} = (b_x, b_y, b_z)$$

とすると、

$$\vec{a} \times \vec{b} = (a_y b_z - a_z b_y, a_z b_x - a_x b_z, a_x b_y - a_y b_x)$$

と定義される。見てるだけでクラクラしてくるんじゃないか。よーく見ると、以前に見た「平行四辺形の面積」に似てることがわかる。これは、次ページのようにたすき掛けをして覚えるのが一般的だ（皆さんは覚えなくていいよ）。

注40） 他の次元のベクトルは考えなくてよい。もし興味のあるひとは「外積」と「四元数」でググってみるとよい。

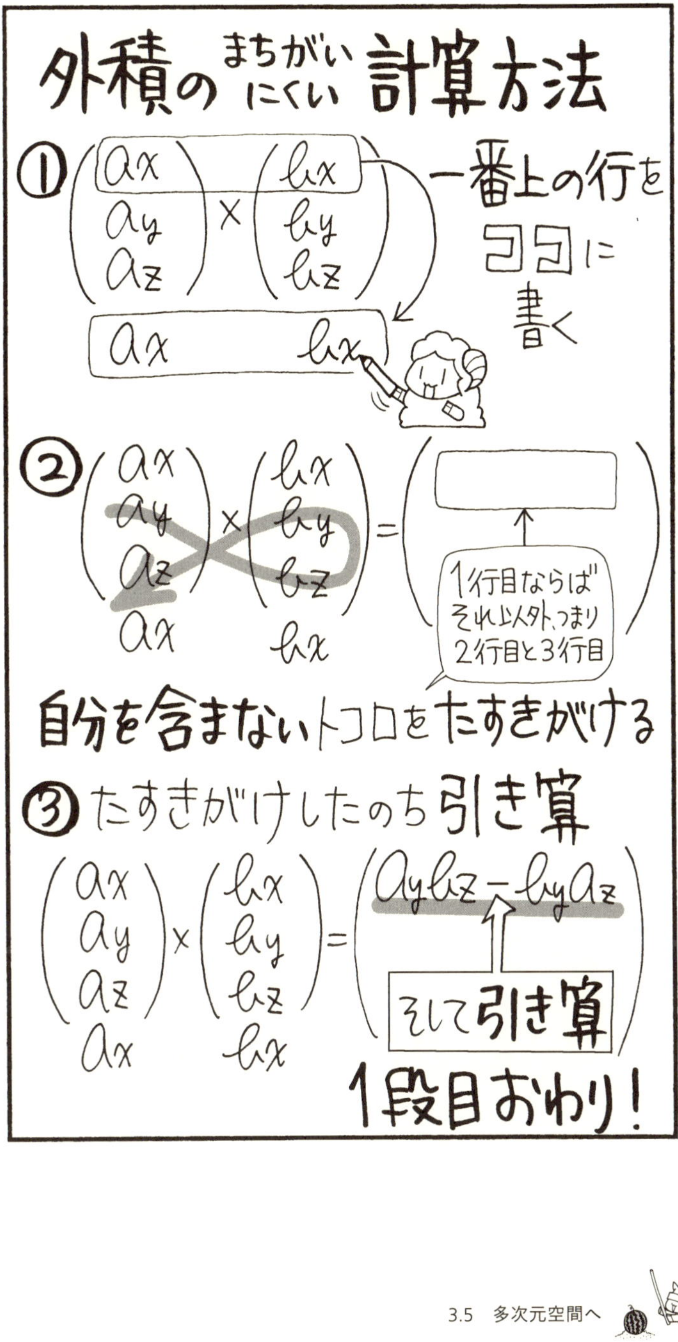
外積のまちがいにくい計算方法
①
ax
ay
az
×
bx
by
bz
ax bx
一番上の行をココに書く
②
ax
ay
az
ax
×
bx
by
bz
bx
=
1行目ならば それ以外、つまり 2行目と3行目
自分を含まないトコロをたすきがける
③ たすきがけしたのち引き算
ax
ay
az
ax
×
bx
by
bz
bx
=
aybz − byaz
そして引き算
1段目おわり!

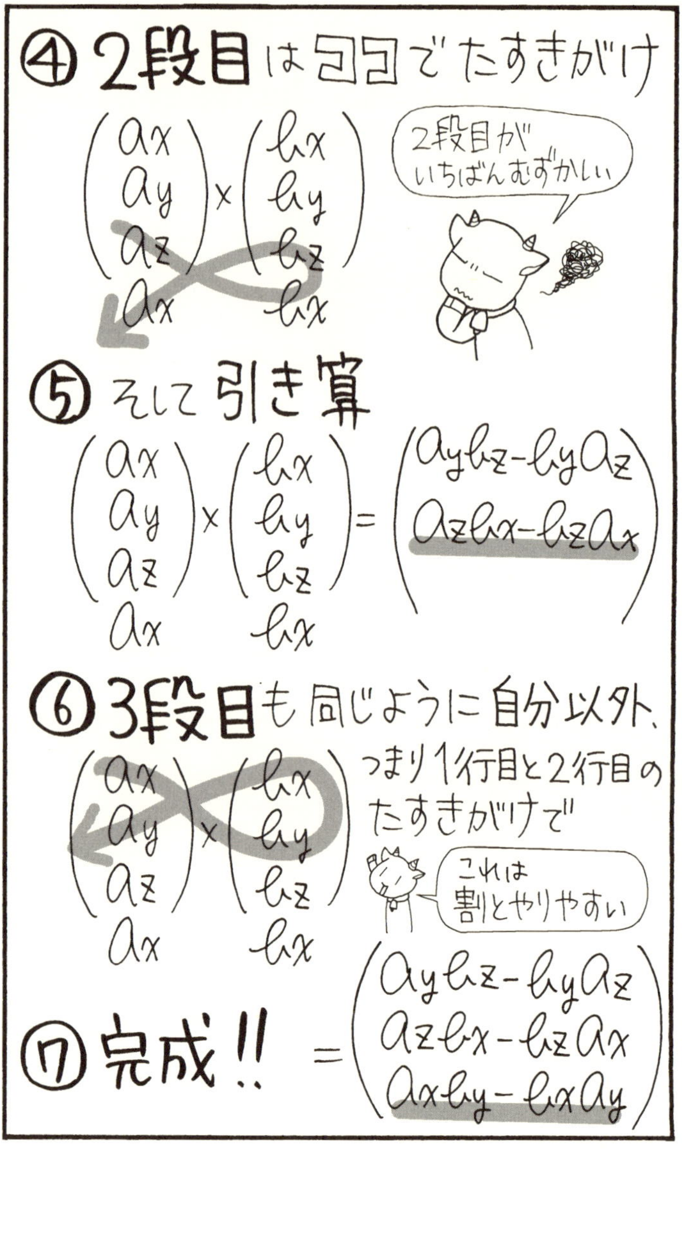
④2段目はヨコでたすきがけ
2段目がいちばんむずかしい
⑤そして引き算
aybz−byaz
azbx−bzax
⑥3段目も同じように自分以外、
つまり1行目と2行目のたすきがけで
これは割とやりやすい
⑦完成!!
aybz−byaz
azbx−bzax
axby−bxay

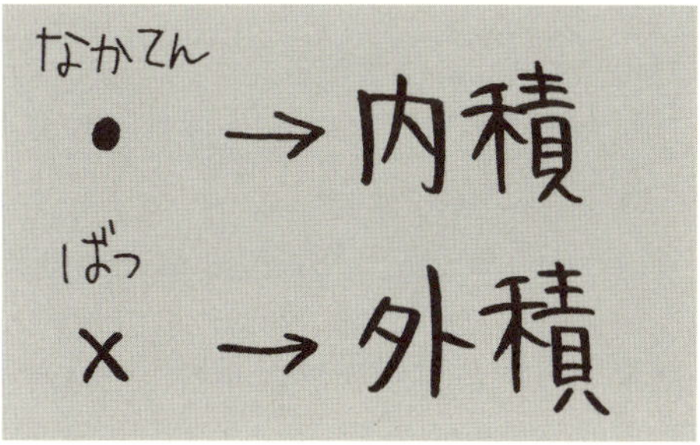
なかてん
• → 内積
ばつ
× → 外積

これは
ベクトルだけの
独自ルールです♡
いいかげんにしろー!!
そりゃそうなるわな
プンスカ

こうして作られたベクトルは、なんと、$\vec{a}, \vec{b}$ に垂直で、その大きさが $\vec{a}, \vec{b}$ で作られる平行四辺形の面積なんだってサ。

ではちょっと問題をやってみよう。

例題

2 つのベクトル $\vec{a} = (1, 3, 0)$, $\vec{b} = (2, -1, 1)$ に垂直なベクトル $\vec{c}$ を求めよ。また、$\vec{a}$ と $\vec{b}$ を 2 辺とする平行四辺形の面積を求めよ。

とりあえず、せっかく習ったんだから外積を使ってみると、

$$\begin{aligned}\vec{c} &= (3 \cdot 1 - 0 \cdot (-1),\ 0 \cdot 2 - 1 \cdot 1,\ 1 \cdot (-1) - 3 \cdot 2) \\ &= (3,\ -1,\ -7)\end{aligned}$$

さてこれは本当に $\vec{a}$ と $\vec{b}$ に垂直だろうか。垂直かどうかの判定は、内積を計算してゼロであることを確かめればいい。

$$\vec{a} \cdot \vec{c} = (1, 3, 0) \cdot (3,\ -1,\ -7) = 3 - 3 + 0 = 0$$

$$\vec{b} \cdot \vec{c} = (2, -1, 1) \cdot (3, -1, -7) = 6 + 1 - 7 = 0$$

確かに両方ともゼロ、すなわち、両方のベクトルと垂直だ。それでは大きさはどうか。

$$|\vec{c}| = \sqrt{3^2 + (-1)^2 + (-7)^2} = \sqrt{59}$$

ええとこれは、別の方法で平行四辺形の面積を求めてみないと、本当に平行四辺形の面積なのかどうかわからんな。

まず、

$$|\vec{a}| = \sqrt{10}$$
$$|\vec{b}| = \sqrt{6}$$
$$\vec{a} \cdot \vec{b} = -1$$

ということは、

$$\cos\theta = -\frac{1}{\sqrt{60}}$$

だから $\sin\theta$ は、

$$\sin\theta = \sqrt{\frac{59}{60}}$$

で、平行四辺形の面積はおおっ！　ちゃんと合ってる！

$$|\vec{a}||\vec{b}|\sin\theta = \sqrt{59}$$

なるほどねー。確かに外積は便利かもね。

外積を使わなくても垂直なベクトルは求められるケド

確かに外積は便利かもしれないが、

それほど有り難がることか？

という気もする。平行四辺形の面積は外積を使わなくても求められたし、2つのベクトルに垂直なベクトルだったら、例えば次のようにして求められる。

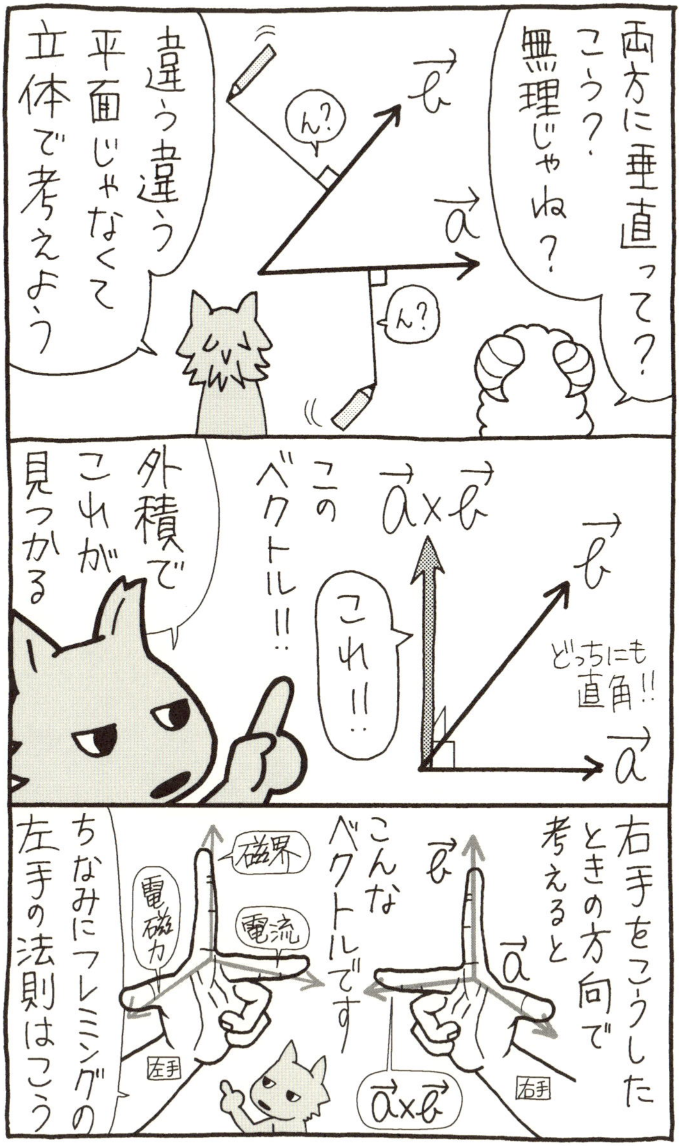

両方に垂直って？
こう？
無理じゃね？
ん？
ん？
$\vec{b}$
$\vec{a}$
違う違う
平面じゃなくて
立体で考えよう
$\vec{a}\times\vec{b}$
このベクトル!!
これ!!
$\vec{b}$
どっちにも直角!!
$\vec{a}$
外積でこれが見つかる
右手をこうしたときの方向で考えると
こんなベクトルです
$\vec{b}$
$\vec{a}$
$\vec{a}\times\vec{b}$
右手
磁界
電流
電磁力
左手
ちなみにフレミングの左手の法則はこう

$\vec{a}=(1,3,0)$，$\vec{b}=(2,\ -1,1)$ に垂直なベクトルは、とりあえず $\vec{a}$ と内積がゼロってことで、

$$\vec{c}=(3,\ -1,k)$$

とおいちゃおう。$\vec{a}$ の z 成分がゼロだからとても簡単における。これが $\vec{b}$ に垂直なのだから、

$$\vec{b}\cdot\vec{c}=6+1+k=0$$

ゆえに、$k=-7$。なんだ。あっさり出るじゃん。

うーん、もしかして今は $\vec{a}$ の z 成分がゼロだったからたまたまラクだったのかしらん。それでは先に「$\vec{b}$ に垂直」というところから入ってみよう。

$\vec{b}$ に垂直であることから $\vec{c}$ は

$$\vec{c}=(0,k,-k)$$

とでもおく。これが今度は $\vec{a}$ に垂直になるようにすると、

$$\vec{a}\cdot\vec{c}=0+3k=0$$

ゆえに、$k=0$。おっと、これだと $\vec{c}=\vec{0}$ じゃん。ダメじゃん。

何がいけなかったのか。

勝手に x 成分をゼロと決めつけたから

だ。やっぱり勝手にゼロにするのはいけなかった。全てを文字にすれば「勝手な決めつけ」はなくなるので、すなおに

$$\vec{c}=(a,b,c)$$

とおこう。そして、$\vec{a},\vec{b}$ に垂直[注41] ということを式にすると、

$$\begin{cases} a+3b=0 \\ 2a-b+c=0 \end{cases}$$

注 41）　垂直と言えば「内積ゼロ」ね。

「未知数３つ、式２本」だから解けはしない[注42]が、a, b, c の比を出すことができる。上式は、なんとなく b で a, c を表してみる[注43]と

$$\begin{cases} a = -3b \\ c = -2a + b = 7b \end{cases}$$

よって、

$$\vec{c} = \begin{pmatrix} -3b \\ b \\ 7b \end{pmatrix} = \begin{pmatrix} -3 \\ 1 \\ 7 \end{pmatrix} \cdot b$$

となる。b が残っているが、それは残っていても構わない。今は「２本のベクトルに垂直」ということで $\vec{c}$ を求めたのだが、「２本のベクトルに垂直」は、「$(-3, 1, 7)$ の定数倍[注44]」でいいはずだ。

というわけで､いずれにしても、「2本のベクトルに垂直なベクトル」は、ちゃっちゃと連立方程式から比を求めればいいだけの話で、わざわざ外積などを持ち出してくる必要はないのである。上では丁寧に書いた関係で長くなってしまったが、それほど大変な作業ではない。

というわけで、ある２つの３次元のベクトル $\vec{a}, \vec{b}$ の外積をとると、「$\vec{a}, \vec{b}$ に垂直で、その大きさが $\vec{a}, \vec{b}$ で作られる平行四辺形の面積であるベクトル」が出てくるわけだが、それを求めるために外積を使うというのは、それほどあまり有難い話ではなかった。

注 42)　連立方程式は、未知数の個数分の独立した式があれば「解ける」。式が１本足らなければ、「１文字だけ残る」。１文字だけ残るということは、例えば a, b, c が全てある同じ文字の式で表されるということになり、それは言い換えると「各文字の比がわかる」ということになる。

注 43)　どれでもいいから、どれか１つの文字で他の２つを表せば、比を求めることができる。ここで b を選んだのは、b ならなんとなく「分数にならなそう」だったから。

注 44)　その定数とはもちろんゼロではだめ。

意味のある「外積」

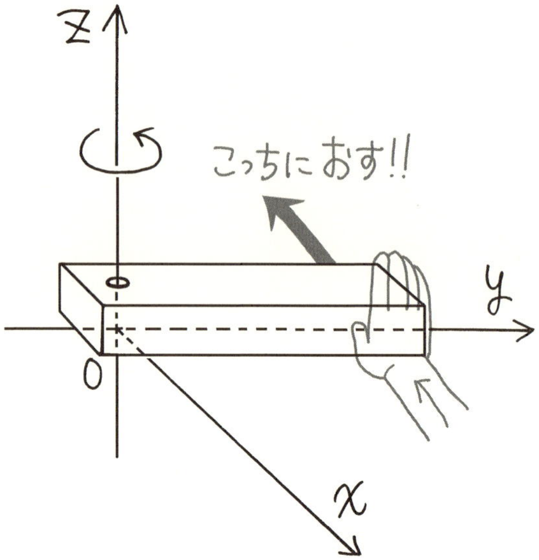

ここでは x 軸に沿って置いてある棒を考えよう。で、原点が固定されていると考える。今、

「棒の $(3, 0, 0)$ の場所を $(0, 1, 0)$ 方向に 10 の力で押す」

ことを考える。力を表すベクトルは、「成分で力の方向を表し、大きさが力の強さを表す」と決めよう。この表し方を使うと、いろいろな方向の力をベクトル１本で表すことができる。この場合は、「$(0, 1, 0)$ 方向に 10 の力で押す」のだから、ズバリ、$(0, 10, 0)$ と書けばよい。

で、「$(3, 0, 0)$ の場所」を「$(0, 10, 0)$ の力」で押す。天下り的だが、この２つのベクトルの外積をとってみよう。

$$(3, 0, 0) \times (0, 10, 0) = (0, 0, 30)$$

こうして計算された $(0, 0, 30)$ を

原点回りのモーメント

と呼ぶことにする。ベクトルをどう読むかは見る人次第であると何度も

述べているが、「場所」と「力」の外積を「モーメント」と呼ぶと決めただけだ。別に不思議なことではない。「長方形のタテの長さ」と「長方形のヨコの長さ」の積を「面積」と呼ぶよね。我々は慣れすぎてしまったために違和感が麻痺しているが、「タテとヨコの長さの積が面積」と同じように、「場所と力のベクトルの外積がモーメント」は

ただの、名前。ただの、取り決め。

複数の数値の並びに、何らかの意味を与えるのは、人間の仕事なのだということである。雲はただ空に浮かんでいるだけで、それがパンに見えるかモスラに見えるかは、人間次第なのだ。ところで「モーメント」って覚えてる？　小学生の理科ででてくるはずで、天秤の釣り合いを考えるときに必要な概念である。モーメントは「回す力」といった意味合いだが、回す場合は「何を軸に回すか」で話が変わってくるので、モーメントの話をするときにはその回転軸を一緒に「x軸まわりのモーメント」とかいう。回転の中心だけを指定して「原点まわりのモーメント」いう言い方もする。ではこの「原点まわりのモーメント$(0, 0, 30)$」をどう考えればいいのだろうか。これは

「ベクトルの方向」が回転軸の方向、
「ベクトルの大きさ」が回転する力[注45)] **を表す**

というように取り決めがなされている。$(0, 0, 30)$ならば「回転軸は$(0, 0, 1)$の方向で、その回る強さは30だ」と読める。

それでは、棒の$(-2, 0, 0)$の場所を押して、この回転を止める（釣り合わせる）ためにはどうすればいいか。必要な力を$\vec{F}$とすると

$$(3, 0, 0) \times (0, 10, 0) = (0, 0, 30) = (-2, 0, 0) \times \vec{F}$$

を解けということである。常識的に$\vec{F} = (0, x, 0)$とすると、

$$(-2, 0, 0) \times (0, x, 0) = (0, 0, -2x)$$

となり、$\vec{F} = (0, -15, 0)$を得る。

注45)　正確には「力」ではなくて、「回転中心からの距離 × 力」。

今はわかりやすく、小学校レベルでも答えが出るような例を出したが[注46]、どこ（$\vec{r}$）をどういう力（$\vec{F}$）で押したらどれだけモーメント（$\vec{N}$）がかかるかを調べるには、

$$\vec{N}=\vec{r}\times\vec{F}$$

と記述されることがわかる。本当に小学校で習うモーメントは「天秤のつりあい」の話で、つまりは２次元の世界である。２次元の世界では回転軸は紙に垂直になるので、回転中心だけを言えば回転軸も指定したことになる（だから支点＝回転中心だけが出てきて、回転軸なんて言葉は出てこない）。天秤では

（モーメント）＝（支点からの距離）×（力）

だったはずだが、つまり、外積は

小学校に習ったことの「拡張」

になっている。小学校の理科では一本の棒にぶら下げたおもり程度のものであったが、ベクトルを使えば自在の方向に自在の強さで押すことができる。なんとうまく対応していることだろうか。

こうやってキレイにうまくいってくれると、ああなるほど、外積ってこのためにあったのか、と思うことができる。やっぱりね、筆者は

「外積を考えついた人の、もともとのアイディアはシンプルだったはずだ」

と読んでいるからだ。そして物理・工学分野では微分とセットにして外積が大活躍することになる。

なお、外積は掛ける順序を変えてはいけない。「(3, 0, 0) の場所」を「(0, 10, 0)の力」で押すのが、

$$(3, 0, 0) \times (0, 10, 0) = (0, 0, 30)$$

だったんだよね。掛ける順序を逆にしたら、「(0, 10, 0)の場所」を「(3, 0, 0)の力」で押したことになってしまう。普通の数値の掛け算は順序を

注46）　そうでないと検証できないからね。

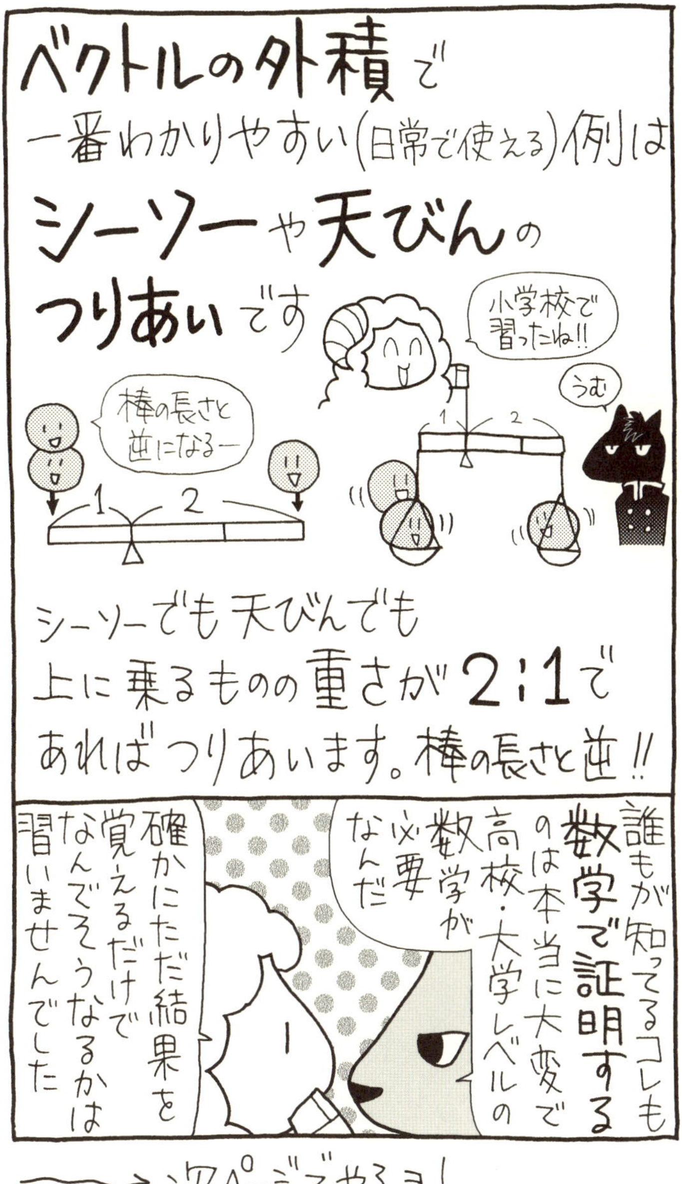
ベクトルの外積で
一番わかりやすい(日常で使える)例は
シーソーや天びんの
つりあいです
小学校で習ったね!!
うむ
棒の長さと逆になるー
1
2
1
2
シーソーでも天びんでも
上に乗るものの重さが2:1で
あればつりあいます。棒の長さと逆!!
誰もが知ってるコレも
数学で証明する
のは本当に大変で
高校・大学レベルの
数学が
必要
なんだ
確かにただ結果を
覚えるだけで
なんでそうなるかは
習いませんでした

→ 次ページでやるヨ!

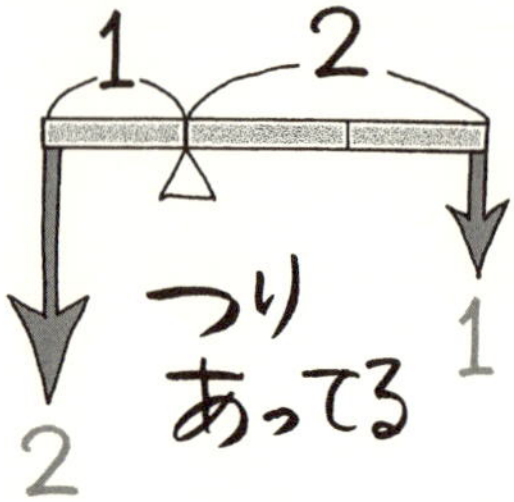

①モーメントの基礎知識

まめちしき

モーメントとは

$\vec{N} = \vec{r} \times \vec{F}$

（モーメント　きょり　ちから）

のこと

②この天びんを**座標**にしてみましょう

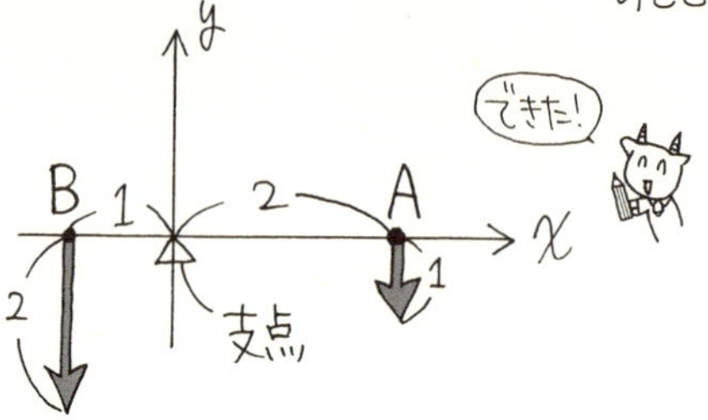

③ 点Aの支点からの**距離**は $\begin{pmatrix} 2 \\ 0 \end{pmatrix}$

点Aにかかる**力**（ちから）は**下方向に1**、つまり $\begin{pmatrix} 0 \\ 1 \end{pmatrix}$

モーメントは**距離×力**（かける　ちから）だから $\begin{pmatrix} 2 \\ 0 \end{pmatrix} \times \begin{pmatrix} 0 \\ 1 \end{pmatrix} = 2-0 = \underline{2}$

④ 点Bの支点からの**距離**は $\begin{pmatrix} -1 \\ 0 \end{pmatrix}$

点Bにかかる**力**（ちから）は**下方向に2**、つまり $\begin{pmatrix} 0 \\ 2 \end{pmatrix}$

モーメントは**距離×力**（かける　ちから）だから $\begin{pmatrix} 0 \\ 2 \end{pmatrix} \times \begin{pmatrix} -1 \\ 0 \end{pmatrix} = 0-(-2) = \underline{2}$

⑤ 点Aと点Bの**モーメント**はどっちも2で等しい！

つまり、釣り合う!!

逆にしても同じ結果になる保証があるが、ベクトルの外積はどうなのか。詳しい話はここではやらないが、結論としては

$$\vec{a}\times\vec{b}=-\vec{b}\times\vec{a}$$

となる。つまり、掛ける順序を逆にしてしまうと、符号が反転してしまうのである。だから、先の$\vec{N}=\vec{r}\times\vec{F}$の掛ける順序は変えてはいけないのだ。

Section 3.6 座標変換の前に…

　座標変換の前に、グラフや式処理について少し書いておく。知ってることも結構あるんじゃないかな。

読者の皆さんの前提知識を揃える

意味で書いていくので、すでにご存知の読者は適当に読み流して欲しい。

式の解釈とグラフの話

　そもそもグラフとは何か。我々は中学時代から数学を調教されすぎているので、

$$y = 3x$$

と書かれると、なんとなく直線のような気がしてしまわないか。なぜ直線のような気がするのかというと、関数$f(x)$を使って$y = f(x)$と書いたときは「xを決めたらyが決まった」みたいな因果があるので、その類推なのだろう。等号には「方向」はないので、本来は「なんだかよくわからない」が正しい。式というものはどうとでも解釈できる。直線の式のように思ってもいいし、yが決まったらそれに対応するようなxを探すんだと思ったっていい。まあ「なんとなく直線のような気がする」ということがすなわち

数学を勉強してきた

ということなのかもしれないんだけどね。

　それでは、$y = 3x + 1$と$3x - y + 1 = 0$はどう違うだろうか。もちろん数学的には何も変わらない。式の見た目でどうか、という話だ。筆者は、同じではないと思う。何が違うって、

醸し出す雰囲気が違う

とでも言おうか。そんなこと知るかって感じだろうが、数学的には違いはないんだからねぇ。優秀な中学生に同じような問題を出すと、興味深い答が得られる。

［質問］ $y = mx + n$ と $ax + by + c = 0$ の違いは何か。

［優秀な答（1）］ $y = mx + n$ は y 軸に平行な直線を表せないが、$ax + by + c = 0$ は表せる。

［優秀な答（2）］ $y = mx + n$ は $ax + by + c = 0$ で $b = 1$ とした特殊な場合である。

いずれも確かにその通りだ。でも

「違い」は説明できてないんじゃないかなあ。

まあこういう質問の仕方で「雰囲気が違う」という回答は期待できないし、そもそも数学的な「違いはない」んだから、中学生は十分に優秀である。中学生をどうこう言うつもりはない。

では筆者が言う「雰囲気の違い」とはなにか。

・$y = 3x + 1$ は関数っぽい印象
・$3x - y + 1 = 0$ は関係っぽい印象

がある。わざと「関数っぽい」とか書いているよ。関数とか関係はあくまでイメージの話なので、$y = 3x + 1$ と $3x - y + 1 = 0$ の違いはと聞かれたら、「数学的に違いはない」というのが正しい答えだからね。そういうことを前提としたうえでの話と思って欲しい。それをふまえて、あえて、イメージの話を続ける。

$y = 3x + 1$ は x が先に決まって y が出てくる、というイメージがある。

（1） x が先に決まる
（2） それに対して、ポンと y が出てくる

つまり、x をだんだん変えていって、対応する y をプロットしていくような感じだ。

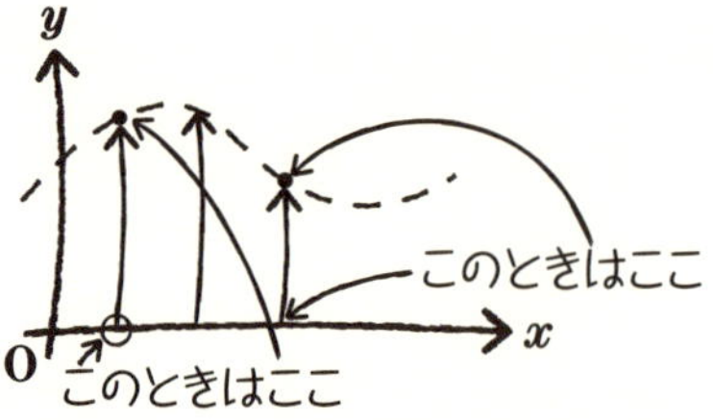

このような、「xのときは、ここ」というものをつないで

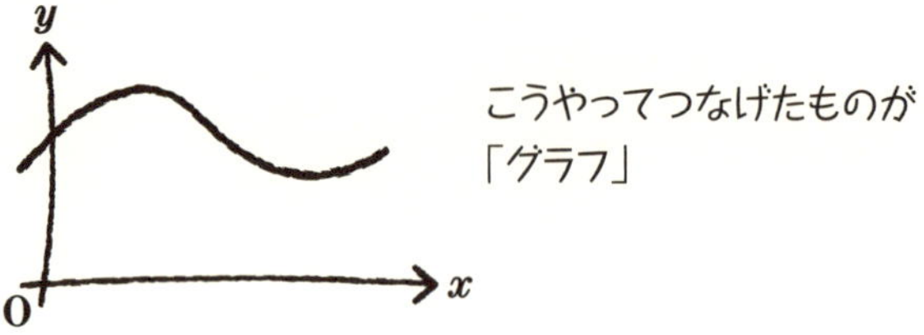

このステップでグラフが描かれるとすると、1つのxに対して複数のyが出てくることは考えにくい。したがって例えば「y軸に平行な直線」は表せないことになる。

一方で、$3x - y + 1 = 0$はどうか。この場合は適当にxやyを入れてみて、それがゼロに等しいかな？　と試すようなイメージである。これは、関数のときのような「あるxを先に決めて、yを求める」という感じではなくて、

平面の点をすべて調べる感じ

になる。$3x - y + 1 = 0$のイコールが成り立つかどうか、例えば(x, y)として$(-4, 4)$はどうか。成り立たない。よってその点は「×」。では$(-3, 4)$は？　$(-2, 4)$は？　と次々と調べていく。もちろんたいていは「×」になる。じゃあ、$(1, 4)$は？　これはイコールが成り立つよね。だからそこには「○」と描く。そうやって全平面について調べて、

マルがついたところがグラフ

と考えるのだ。

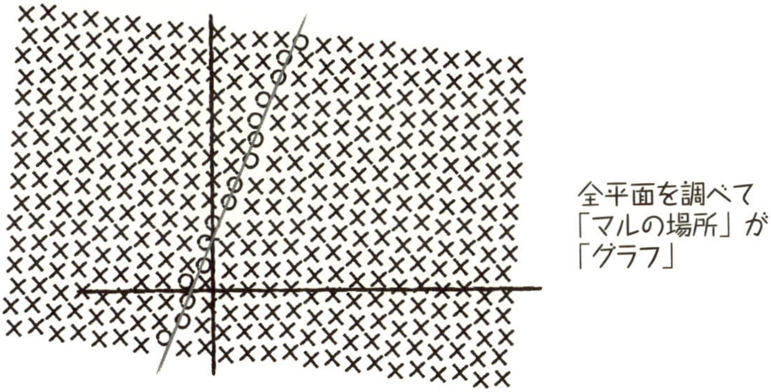

関数と考えたときの「＝」は矢印のようである。

$$y \leftarrow 3x + 1$$

関係と考えたときは「○×判定機」のような役割になっている。

$$3x - y + 1 \boxed{?} 0$$

この「＝」の印象の違いが、$y = 3x + 1$ と $3x - y + 1 = 0$ の違いにほかならない。このタネさえわかってしまえば $y = 3x + 1$ であっても

$$y \boxed{?} 3x + 1$$

と見て全平面について成立かどうかをチェックする、という方法でグラフを描画すれば同じことになる。そもそも2つの式は数学的に同じものなのだから、解釈を工夫すれば同じになる。だからあくまで「印象」の話なのだ。

ところで、

$$3x - y + 1 \boxed{?} 0$$

は、上記のように、

$$y \boxed{?} x + 1$$

でも良いし、

$$3x - y + 2 \boxed{?} 1$$

だろうが、

$$3x - y + 771 \boxed{?} 770$$

だろうが、何でもいいだろう。しかし、次のような応用を考えると、

右辺をわざわざゼロにする意味がある

というものである。

グラフの平行移動

$y=f(x)$と$y=f(x-2)$はどういう関係になるのか。例えば、$y=x^2$と$y=(x-2)^2$の関係はどうなのか。

$y=x^2$は$(x,y)=(3,9)$を入れて「=」が成り立つのに対し、$y=(x-2)^2$ではそんなものを入れても成り立たない。成り立つはずがない。違う式なんだからね。ではいくつだったらいいのだろう。$y=(x-2)^2$に対して、$(3,9)$の代わりに$(3+2,9)$を入れればいいんじゃない。xが$3+2$だったら、「$y=(x-2)^2$」に入れると、「$+2$」のぶんが相殺されるよね…って、よくわからんよね。ここは図を見て欲しい。

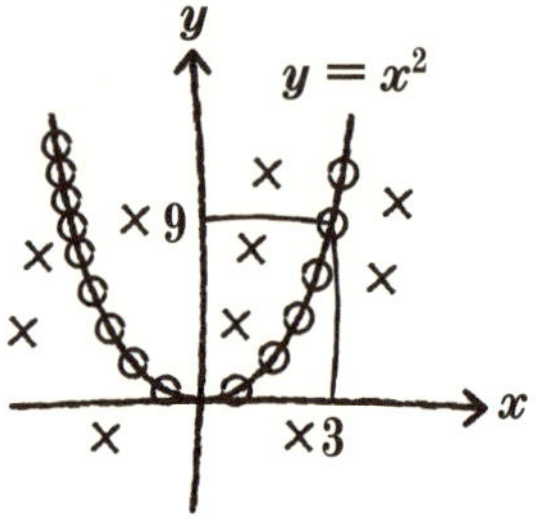

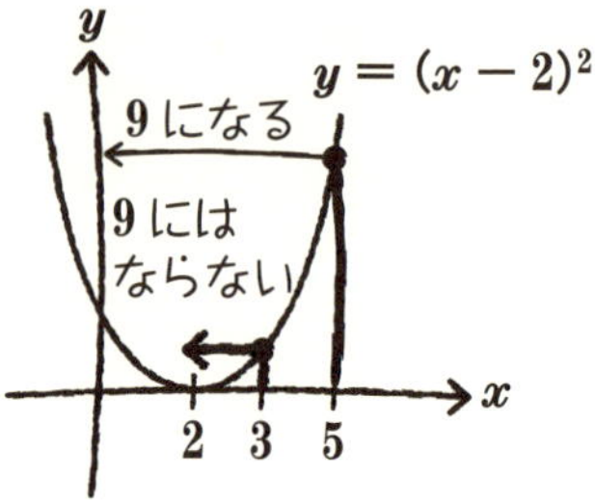

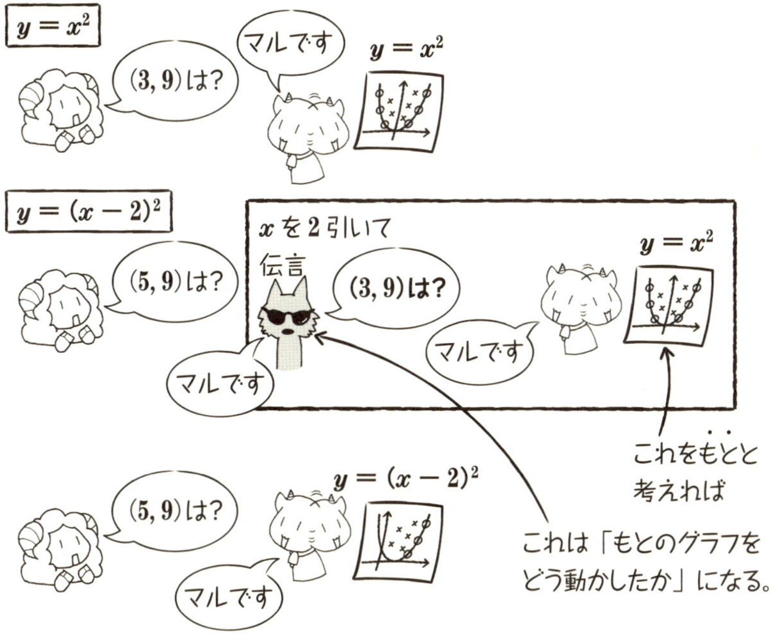
$y = x^2$
(3, 9) は?
マルです
$y = x^2$
$y = (x - 2)^2$
x を 2 引いて
伝言
(5, 9) は?
(3, 9) は?
マルです
$y = x^2$
マルです
マルです
これをもとと
考えれば
これは「もとのグラフを
どう動かしたか」になる。
$y = (x - 2)^2$
(5, 9) は?
マルです

$y = x^2$ が成立	$y = (x-2)^2$ が成立
$(0, 0)$	$(0+2, 0)$
$(1, 1)$	$(1+2, 1)$
$(2, 4)$	$(2+2, 4)$
$(3, 9)$	$(3+2, 9)$

もとの式と、x を $x-2$ に取り替えた式。成り立たせる (x, y) を表にしてみると、

x があらかじめ 2 だけ大きくしておけば、成り立つ。

このことを「グラフが動いた」と考えることができ、グラフの平行移動という。

以上を公式的にまとめると、

「x 方向に 2、平行移動したいときは、x を $x-2$ で置き換える」

となる。

このへんのことを授業で話すと、だいたい女の子から[注47)]次のような質問が来る。

［質問］x 方向に２動かすのに、なんで x を $x-2$ にするんですか？
$x+2$ じゃないんですか？

この子の場合、上の説明がわからないというわけじゃない。こういう子に対して同じ説明を繰り返しても（わかってないのに）「わかりましたー」と言って退却してしまう。この子がウソをついているわけではない。ここでの「わかりました」は「私に数学の才能のないのがわかりました」という意味なのだ。しかし、

そんなことはわからなくていい！

聞いてなかったのならともかく、同じ説明を繰り返しては、その子に対してバカだと言っているようなものである。少なくとも、例として出したものの数値を変えるなりなんなりしないといけない。別の例えができるのなら、それがいいだろう。ここまでの話がまだピンときていない人もいるかと思うけど、あきらめず次の「座標変換」に進んで欲しい。平行移動は座標変換の一部でしかない。「平行移動もわからないのに、座標変換なんて…」と気後れする必要はない。縄跳びでも水泳でも、難しい技の方が先にできるようになっちゃった、という話はいくらでもあるだろう。教える方はわかりやすい順にやっているつもりでも、教わる側にとってそれがわかりやすい順とは限らないのだ。

注47)　偏見だけど。

論理学のお話

突然だが、問題だ。

例題

実数の世界で考えるとき、$AB=0$ だったら、A, B について何が言える?

「$A=0$ または $B=0$」でしょ。では、次。

例題

$ABCD=0$ だったら、A, B, C, D について何が言えるか。

「$A=0$ または $B=0$ または $C=0$ または $D=0$」でしょ。
これをふまえて、次のような問題はどうか。

例題

(1) $(x-y-1)(3x-y+1)=0$
(2) $x^2-y^2+2y=1$

「$AB=0$ なら、$A=0$ または $B=0$」だったよね。ここでの A や B が

どんなに複雑でも負けない

ことが大事である。だから (1) では A が $(x-y-1)$、B が $(3x-y+1)$ と思って、

$$\boxed{x-y-1}\cdot\boxed{3x-y+1}=0$$

と考えよう。そうすると
$$\begin{cases} x-y-1=0 \\ \quad\text{または} \\ 3x-y+1=0 \end{cases}$$

これを図で描くと、

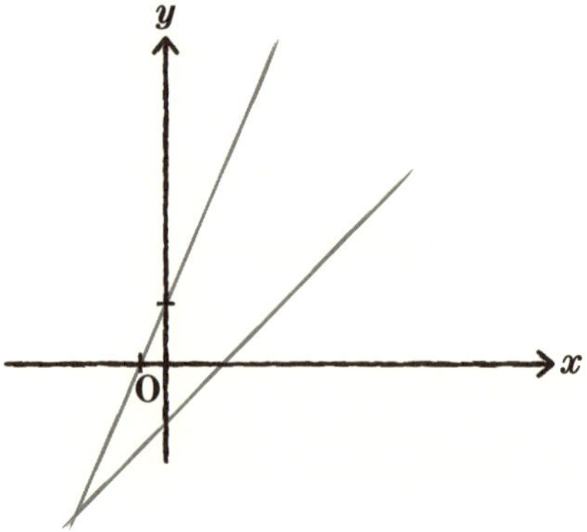

つまり、

$(x-y-1)(3x-y+1)=0$ という式1本で、直線2本を表す

ことになる。

(2)はちょっと見ると、何か2次曲線かしらと思えるが、$x^2-y^2+2y-1=0$ として左辺を因数分解すると、

$$x^2-y^2+2y-1=(x-y+1)(x+y-1)$$

つまり、もとの式は

$$(x-y+1)(x+y-1)=0$$

となるので、

$$\begin{cases} x-y+1=0 \\ \quad\text{または} \\ x+y-1=0 \end{cases}$$

となり、これも「直線2本」を表す。このように

「イコールが成り立つところがマル」というルールのもと、全平面を調べる

と、$(x-y+1)(x+y-1)$ の前半がゼロになったり後半がゼロになったり（交点では両方ともゼロ）して、結果として「直線2本」のところがマルとなることがわかるだろう。

この手をどんどん使ってみる。円の方程式 $x^2+y^2=1$ を x^2+y^2-1

＝0というカタチにして組み合わせて、

$$(x^2+y^2-1)(3x-y+1)=0$$

とすれば、この式のグラフは「円と直線」になる。

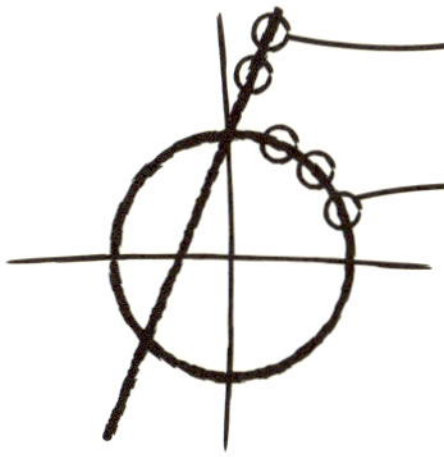
この直線上の点は
$3x-y+1$をゼロにする。
この円上の点は
x^2+y^2-1をゼロにする。
つまりこの「円と直線」の上が
$(x^2+y^2-1)(3x-y+1)=0$を満たす。

こうやって掛け算のままだとまだわかる[注48]が、展開してしまうと次のようになる。

[問題：こうするとわかんないよね]

$3x^3+3xy^2-3x-x^2y-y^3+y+x^2+y^2=1$のグラフを描け。

因数分解自体が難しいっていう議論はさておき、この式を見て「直線と円」だとはなかなか思えないよね。

というわけで、いろいろなグラフの式を「なんとか＝0」のカタチにして掛け合わせることで、1本の式でかなり複雑なグラフを表すことができるようになる。例えばオリンピックのマークなんかも、1本の式で表すことができるのだ。

ここまで説明してきた論理は「$A\cdot B=0$ならば、$A=0$または$B=0$」というものだが、これは数式上で「または」を表現するものだ。論理は「または」と「かつ」が表現できると格段に表現できる範囲が拡がるので、「かつ」の表し方を紹介しておく。2つを並べて書いてみよう。

[基本的な論理]

(1) $A\cdot B=0$なら「$A=0$または$B=0$」

(2) $A^2+B^2=0$なら「$A=0$かつ$B=0$」

注48) 普通の人には掛け算だからって「円と直線」だなんてわからないよ。

これで「または」と「かつ」が表現できるので、およそいろいろなことが式で表現できることになる。もちろんAやBは実数の範囲を想定しているよ。

それでは次の問題をやってみて欲しい。

例題

次の日本語を、数式で表現せよ。

(1) aは4または5である。
(2) (a, b) は (3, 4) か (5, −1) だ。
(3) a, b, cのどれか1つは3だ。
(4) xが3で、yは1か2か7だ。

上の「基本的な論理」を使って式に直せばいいだけだが、日本語を理解して、「かつ」や「または」で表現し直さないといけない。この作業は、日本語と数学語の翻訳と言えるだろう。つまり、どちらかというと言語学の仕事であって、狭義の数学ではない。

(1) $(a-4)(a-5)=0$

(2) ($a=3$かつ$b=4$) または ($a=5$かつ$b=-1$) ということなので、カッコに注意しつつ立式すると、

$$\{(a-3)^2+(b-4)^2\}\times\{(a-5)^2+(b+1)^2\}=0$$

とすればよい。

(3) $a=3$または$b=3$または$c=3$のこと。

$$(a-3)(b-3)(c-3)=0$$

(4) $x=3$かつ ($y=1$または$y=2$または$y=7$) のこと。

$$(x-3)^2+\{(y-1)(y-2)(y-7)\}^2=0$$

ここに挙げた解答は

あくまでも例

である。答えは何通りも有り得るから、自分で解答を作った人は、やすやすとバツにしないで欲しい。答えが正しいかどうかの判定はちょっと難しいが、1つの方法は式変形をしてみることである。式変形により同じ式になれば、自分の立式が正しかったという証明になる。

例えば次の連立方程式はどうだろう。

$$\begin{cases} x - y = 1 \\ 3x + 2y = 13 \end{cases}$$

連立方程式とは、複数の式が「かつ」でつながっているものと考えることができるよね。したがってこれを次のように1本の式にまとめることができる。

$$(x - y - 1)^2 + (3x + 2y - 13)^2 = 0$$

これでもいいのだが、第一項を6倍して

$$6(x - y - 1)^2 + (3x + 2y - 13)^2 = 0$$

とやっても「$x - y - 1 = 0$ かつ $3x + 2y - 13 = 0$」という意味を表すことに変わりはない。なぜ6倍したかはあとでタネあかしする（途中で気がつく人は気がつくだろう）としてこの式を変形する。展開すると

$$\begin{aligned}&(6x^2 + 6y^2 - 12xy - 12x + 12y + 6) + (9x^2 + 4y^2 + 12xy - \\ &78x - 52y + 169) = 15x^2 + 10y^2 - 90x - 40y - 163 \\ &\qquad = 15(x^2 - 6x) + 10(y^2 - 4y) + 175\end{aligned}$$

$(x^2 - 6x)$ みたいなものは、無理矢理カッコの2乗にするのがテクニック。$x^2 - 6x = (x - 3)^2 - 9,\ y^2 - 4y = (y - 2)^2 - 4$ を入れると

$$\begin{aligned}&= 15(x - 3)^2 - 135 + 10(y - 2)^2 - 40 + 175 \\ &= 15(x - 3)^2 + 10(y - 2)^2\end{aligned}$$

というわけで、　$15(x - 3)^2 + 10(y - 2)^2 = 0$

に変形できる。この式は第一項に15、第二項に10が掛け算されているが、足してゼロになるためには「$x - 3 = 0$ かつ $y - 2 = 0$」でなければならないので、係数の15や10は論理の議論においては問題にならない。

「$x-3=0$ かつ $y-2=0$」をもう一度連立方程式のように書き直すと、

$$\begin{cases} x=3 \\ y=2 \end{cases}$$

となって、

普通に解いたような感じ

になる。直線の交点と見てもいいし、$(x,y)=(3,2)$ と見てもいい。「$x=3$ と $y=2$ の交点」と「$(x,y)=(3,2)$」は同じことを違う表現で言っているだけだが、それを式変形した「$(x-y-1)^2+(3x+2y-13)^2=0$」も当然同じで、そうすると、「$x-y-1=0$ と $3x+2y-13=0$ の交点」でも同じである。つまりこのあたりのことは全て

1つの「点」をどう表現するか

という問題なのだ。そしてその表現法は無数にあるのである。例えば

$$\begin{cases} x=3 \\ 3x+2y=13 \end{cases}$$

では、2つの直線として $x=3$ と $3x+2y=13$ を選んだことになる。もともとの連立方程式と比べて、第1式だけが変わっている。

行列の計算のところで、「式は1つずつ処理する。2つ同時にはイジるな」と繰り返したが、連立方程式でいえば、

式を1つずつ別のものと取り替える

ことに相当するのだ。2つ同時にイジってしまって、もし運が悪いと、

同じ直線を選んでしまうかもしれない。

そうなると解けなくなってしまうのだ。ガウスの消去法は間違いが少なくて便利な方法だが、どこかで間違うと

ミスを見つけるのが非常に困難

である。ミスを探すくらいだったら、はじめからやり直した方が早い。だから、途中をミスらないことが至上命題になるのである。そしてその

ための注意が「2つ同時にイジるなよ」だったのだ。

このように、連立方程式を1つのセットと見て[注49]「ある点を表す」という性質を保ちながら「見た目」を変えていく。「連立方程式を解け」は、本質を変えずに人間にわかりやすく見やすいカタチに式を変えなさいよ、ということなのである。

最後にもう1つ練習しよう。

例題

$(y-x^2)^2+(y-1)^2=0$ は何を意味するか。

これを日本語で表すと「$y=x^2$ かつ $y=1$」だよね。

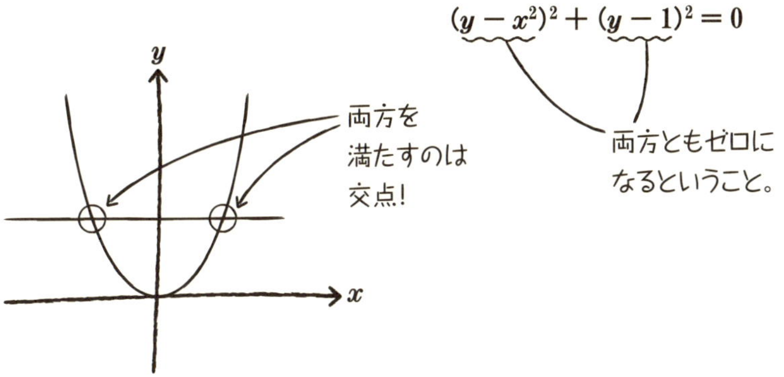

$(y-x^2)^2+(y-1)^2=0$
両方ともゼロになるということ。
両方を満たすのは交点!

$y=x^2$ と $y=1$ の交点だから、$(x, y)=(1, 1), (-1, 1)$ である。答えは簡単だ。これをどう表現するかだが、何通りもある。

- $y=1$ かつ($x=1$ または $x=-1$)
- ($x=1$ かつ $y=1$)または($x=-1$ かつ $y=1$)
- $y=1$ かつ $x^2=1$

などと好きな表し方でいいだろう。今度はこれをそのまま式にすると、

- $(y-1)^2+\{(x-1)(x+1)\}^2=0$
- $\{(x-1)^2+(y-1)^2\}\cdot\{(x+1)^2+(y-1)^2\}=0$
- $(y-1)^2+(x^2-1)^2=0$

注49) もともとセットとみるから連立方程式なのだけど…。

と、それぞれ式にできる。そして、それらは

すべて同じ意味

だということで、式の上でも相互に変形して変換することができるのだ。

このように同じものが同じ式に変形可能というカタチで現れることこそが数学の特徴で、自然言語である日本語との決定的な違いである。違うものは違う、同じものは同じ、と判定されるわけ[注50)]だ。日本語や英語などの「自然言語」に対して、「創られた言語」という意味で、数学のことを「形式言語」というが、形式言語である数学では、日本語に比べて、表現できる領域は少ない。「$a=0$または$b=0$」は数学語にできるが、「一番搾り生ビールが飲みたいな」は訳しにくい。でも、それこそが

数学のいいところ

なのである。

ベクトル方程式

論理の話で手こずってしまった。xとyの式を「関係」ととらえて、その「＝」の成立する点をグラフとみなす、という考え方は非常に重要なので、よく心しておいて欲しい。

平面上の円をあらわす式$x^2+y^2=r^2$と、直角三角形の三辺の関係をあらわす三平方の定理（ピタゴラスの定理）$a^2+b^2=c^2$は

とてもよく似ている

ことがわかる。これは偶然なのだろうか。

偶然のわけはない

と考えるのが自然だ。何かある。あると思うから何かが見える。落としてしまったコンタクトレンズのように、あると思わないと見つけることはできない。

注50）　全てが「簡単に」判定できる、というわけではない。数学を使っても、判定が難しい場合も多い。

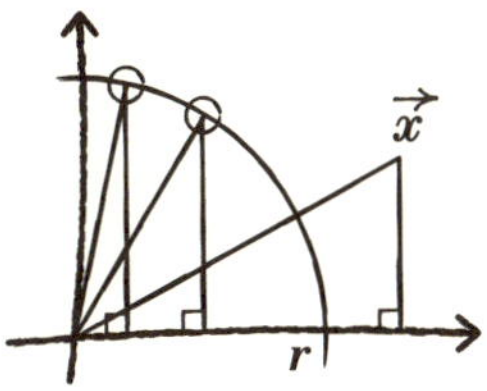

$x^2+y^2=r^2$ を満たす点というのは円上になる。
逆に、円上の点でなければ
$x^2+y^2=r^2$ を満たさない。

グラフを「関数」としてではなく、「全平面を調べて等号が成立するところ」として理解できるようになった読者の皆さんにはもう簡単なことかもしれない。つまり、原点中心の円：$x^2+y^2=r^2$ とは「この等号を成り立たせるような (x,y) のある場所」という意味で、ピタゴラスの定理からしてそれは「原点から距離 r にある点なら等号が成立する」ということが浮かび上がってくる。また、「$x^2+y^2=r^2$」は、どんな x,y でも成り立つというわけではない。成り立つ (x,y) と成り立たない (x,y) がある。(x,y) によって成り立ったり成り立たなかったりする式のことを「方程式」というので、$x^2+y^2=r^2$ は「円の方程式」ということになる。いろいろ書いてきたが、この式は

ある点から「距離が一定 (r)」な点 (x,y) の集合が円である

という、ごく当たり前のことを式で表現したにすぎない。

ところで、座標をベクトルを使って表す「位置ベクトル」を使えば、座標の式をベクトルで書くことができる。ここで、

$$|\vec{x}|=r$$

と書いたとき、この式はどう読めばいいだろうか。絶対値記号はベクトルの大きさを表すので、「ベクトル $\vec{x}$ の大きさが r」と読める。$\vec{x}$ の大きさが r のところというと…、原点が中心で半径 r の円だよね。ベクトルの大きさの定義にしたがえば

$$\sqrt{x^2+y^2}=r$$

となり、いわゆる普通の式に戻る。ベクトルといっても特別なことをしているわけではない。表現方法の違いである。ベクトルは「単に、式を

まとめて書いた」くらいのものであって、ベクトルを使ったから何かが新しいということではない。「中身が見えたほうがわかりやすい」のか、「中身を隠したほうがわかりやすい」のか、ポリシーの差である。方程式にベクトルが含まれる場合、それを「ベクトル方程式」という。

中心を原点以外にするには、中心を表す位置ベクトル $\vec{c}$ を使って次のように書けばよい。

[ベクトル方程式による円]

中心 $\vec{c}$、半径 r の円は、次の式で表される。

$$|\vec{x} - \vec{c}| = r$$

皆さんは段階を追って理解しているので大丈夫だと思うが、この式を予備知識なく見て「円だ」とはなかなか言えないだろう。これは難解な式だと思うよ。本書では教科書で半ページで終わる内容に何ページも使っているけれど、

教科書でわかるんなら、教科書読めばいいんだよ。

逆に言えば、教科書は相当難解なことでもサラっと書いてあったりするから、教科書を読んでわからなくてもバカだということにはならない。書いてあることをわかってからなら、読めると思う。つまりは教科書は入門書じゃないんだ。

ベクトル方程式での直線

$\vec{c}$ を通り $\vec{u}$ に平行な直線は、

$$\vec{x} = \vec{c} + k\vec{u}$$

と書ける。「このように書けるような $\vec{x}$ で表される点の集合」で直線を表したことになるのだ。あーややこしい。あれ、これって、もうとっくにやったことあるじゃん。その通りである。これで $\vec{x}$ が「直線上」ということを式で表現したことになる。以前より理解しやすくなってない？　どう？

Section 3.7
座標変換

やっっっと座標変換にたどり着いた。

ここで扱うのは1次変換による座標変換である。座標を変換すればなんでも座標変換なので、奇妙な座標変換はいくらでも考えられる。例えば全てをある1点に変換するような「ブラックホール」のような変換も、座標変換の1つである。まあでも、おそらく一番応用が広そうな[注51)]「1次変換による座標変換」をこの章のテーマにしたい。

座標変換は、例えばコンピュータ関係の「画面」があったらそれだけで内部的にめちゃめちゃ使われていると思ってよい。ちょっとビデオゲームの電源を入れれば、1秒間に100万回くらいの座標変換が行われているはずだ。画面上で写真やイラストを拡大・縮小・変形するのは、全てここでやる座標変換が基礎技術となっている。すごいでしょ。手計算で人間がやろうとすると、せいぜい三角形を変換するくらいで計算がイヤになってしまうが、そこはそれ、

繰り返し計算はコンピュータの得意技

である。とても人間はコンピュータにはかなわない。しかし、

人間ができないことは、コンピュータにもできない。

「この計算式にしたがって計算しなさいよ」と指示すれば

どばーっ

と計算してくれるけれども、理論的には人間がやってできないことではない。時間の差であって、能力の差ではないのだ。ここでその一端に触れることにしよう。

注51) なんとなくね。

座標変換は、

原点が動くか動かないかで分けて考える。

原点が動くような座標変換は、平行移動しか扱わないことにする。なぜかというと、

(1) 他のも扱おうとすると、個別に「あの場合は」「この場合は」と覚えることが必要。
(2) しかし実は斉次行列というものを使えば、統一的に記述できるのでその努力はほとんど意味なし。
(3) そんな苦労をしなくても、「平行移動」と「原点不動の変換」の組み合わせでやりたいことは全部できる。

というわけで、基本的に(3)の作戦をとることにする。といっても、(1)や(2)の作戦が気になる人もいるだろう。(2)は最後にちょっとくらいはやってみることにするけど、(1)はホントに意味がないのでやらない。やりたい人は自分で調べて欲しい[注52]。

基本ができていれば、他の入門書が読める

はずなので、本書にあることをマスターしてから、広い海に漕ぎ出していってもらいたい。この本で応用のきかない個別的な解説をするのは方向性が違っている気がする。本書は

辞書のひき方を教える本であって、辞書そのものではない

つもりだからだ[注53]。

それではさっそく、平行移動から入ろう。

注52) これから「関係式を作る」という練習をするけど、結局のところ関係式を作ればそれでいいのである。ところが、原点が動く場合にはその関係式が作れなかったり、たまたま思いつかないとできなかったりして、統一的なやり方が存在しないのだ。だから、見つけられるものなら、それでもいっこうに構わないのである。

注53) それでもこれだけの厚さになってしまっているが。まあそれは仕方ないね。入門書というからには丁寧に書かないと意味がない。「わかっている人にしか読めない入門書」って、論理的に、読者がいなくなっちゃう。

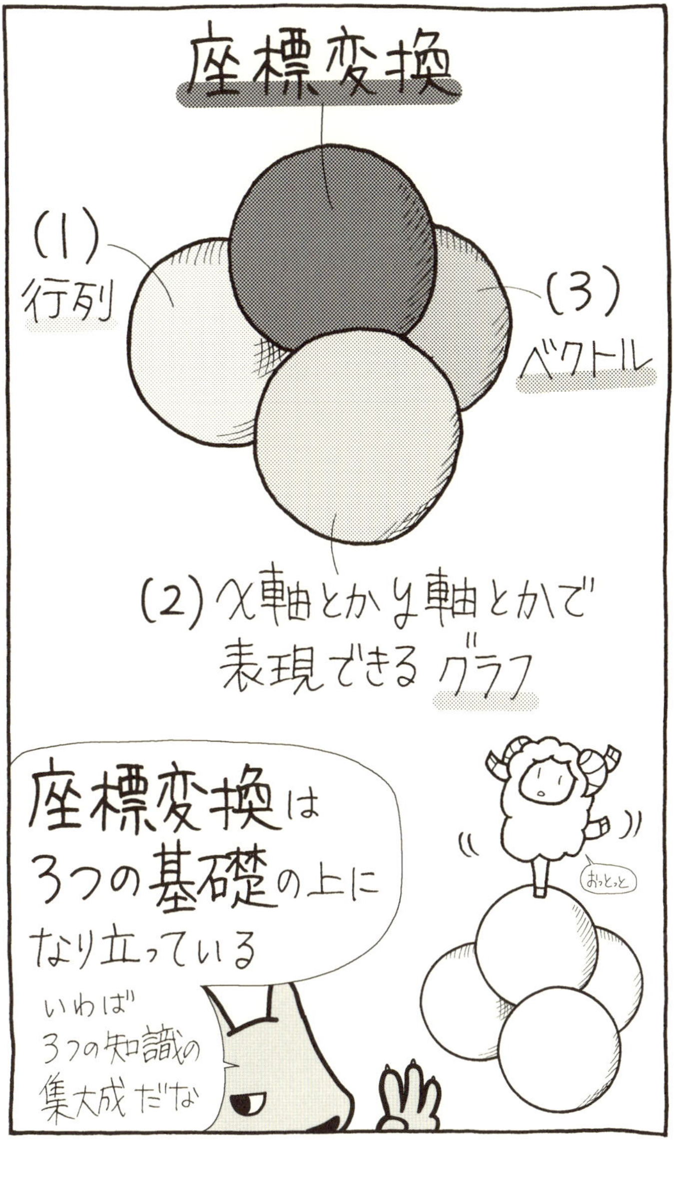
座標変換
(1) 行列
(3) ベクトル
(2) x軸とかy軸とかで表現できるグラフ
座標変換は3つの基礎の上になり立っている
いわば3つの知識の集大成だな
おっとっと

平行移動

とりあえず、問題を見てみよう。

例題

$y = x^2$ のグラフを x 方向に2、y 方向に3平行移動した式を求めよ。

グラフを平行移動しろと言われるとつい、グラフを平行移動したくなるものだ[注54)]が、ここは、

グラフを動かすのではなくて、新たに座標軸を設定する

と考える。

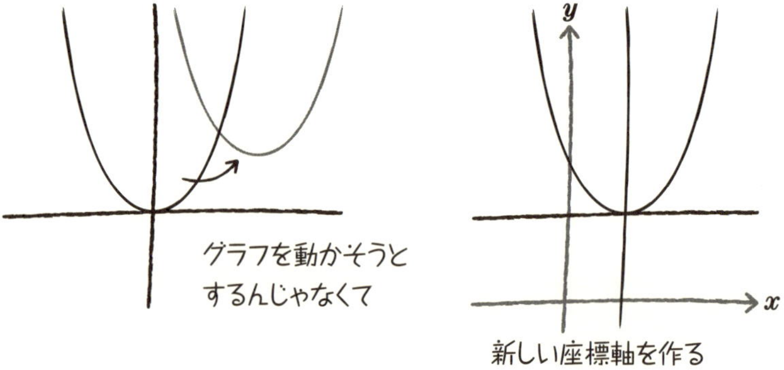

グラフを動かそうと
するんじゃなくて
y
x
新しい座標軸を作る

グラフが x 方向に2、y 方向に3平行移動したように見えるためには、新しい座標軸は図のように設定すればいいはずだ。xy と同じ文字を使うと混乱のもとなので、とりあえず XY で表す。

さてここで、(x, y) と (X, Y) の関係を考えよう。考え方としては、どこか1点をとればいい。例えば $(x, y) = (3, 4)$ をとる。この点は (X, Y) で言うと何にあたるか。XY 平面の住人Aさんなら $(5, 7)$ と言うだろう。つまり、x に2を足して X、y に3を足して Y だということだ。式で書

注54) 当たり前か…。

くと

$$\begin{cases} X = x + 2 \\ Y = y + 3 \end{cases}$$

である。実は

この関係式が作れるかどうか

が座標変換ができるかどうかの分かれ道なのである。

この式が、超重要！

なのだ。

さて、我々にははじめから与えられている式は1つしかなく、

$$y = x^2$$

つまり、もともとの式だ。これに上の関係式を使う。具体的には上の関係式を x, y について解いて、

$$\begin{cases} x = X - 2 \\ y = Y - 3 \end{cases}$$

として代入すると、

$$Y - 3 = (X - 2)^2$$

となる。これは数学的には全く同じ式である。ここで、xy 座標系を消し消ししてみよう。そうすれば誰の目にも「グラフが移動した」としか思えないようになる。こっそりと X を x と書き直せば、誰にも文句は言われない。

これが「平行移動」である。まとめると、

(1) 平行移動したいときは、新たに座標軸を設定する。
(2) 新しい座標軸ともとの座標軸の関係式を出す。
(3) 与えられた式に、代入・整理する。
(4) 必要なら文字を x, y に変えるなどする。

このようにすればよい。

練習してみよう。

例題

$y = x^3 + 2x^2 - 3$ のグラフを x 方向に 2、y 方向に -3 平行移動した式を求めよ。

答えは

$$y + 3 = (x - 2)^3 + 2(x - 2)^2 - 3$$

となる。これを展開する作業は単純でミスも多いところだが、簡単確実に実行する方法がある。それはあとで紹介するので、今はここまででやめておこう。

ところで、答えだけを見ると次のように「公式」にしたくなる気持ちもわからないではない。

［平行移動］

$y = f(x)$ を、x 方向に a、y 方向に b、平行移動したグラフは $y - b = f(x - a)$ である。

教科書はこういうものが説明なしにポンと登場する。いや「説明なしに」は言い過ぎだ。筆者から見て「そんなのは説明してないのと同じだ」というだけで、教科書なりには説明している。いやあ、教科書がわからないという高校生は多いけど、

教科書なんて、わかるわけないんだよ。

どんな便利な道具も、使い方を間違えれば無用の長物になる。教科書はよくまとまってて便利だけど、

予備知識ゼロから教科書で独学しようというのは無謀

と思う。本書の読者の皆さんは、もうこの「公式」の意味はおわかりだろう。

「x 方向に a 動かすような平行移動は、元の式の x を $x - a$ に置き換えろ」ということをそれっぽく書いただけである。この「それっぽく書く」と

いうのは、さりげなく重要な技術で、これができると

公式を覚える手間がかなり軽減される。

世の中には「◯◯ふうの言い回し」というお笑いネタがあるだろう。例えば、ピカチュウを広辞苑ふうに紹介したりできるよね。

> **ピカチュウ【ぴか-ちゅう】** 想像上の動物の一つ。映像作品『ポケモン』において、主人公の指示で「10万ボルト」などの技を用いて闘う。「ピカチュウ、10万ボルトだ！」

このように[注55)]、頭のなかにある情報を我々は状況にあわせて言うことができる。筆者も悪友の結婚式では「いつも人に迷惑ばかりかけやがって」ではなく、「人優しい憎めない性格で」と言ってあげた。そういうふうに自分で「それっぽく」できるようになると、逆に、

それっぽい記述を読み解く

ことができるようになる。某結婚式で、司会の「新郎はたいへん優秀な成績で卒業され」のところで友人テーブルから「ププッ」とこらえ笑いが漏れたりするのはよくある話だが、そのこらえ笑いの意味を理解できるかどうかは

人生経験次第

といったところだろう。数学に慣れた人は「公式」から裏の意味を汲んで「うまいこと言うなあ」と笑うことができる。それができないときは「わかっていない」のだから、中身を理解してから公式を読み直すとよい。公式は

覚えるものではなくて、覚えてしまうもの

である。わかってないときに覚えても仕方がないし、わかってしまえば覚える必要がない。このパターンは今までに何度も出てきているが、ここもまさにそうである。足し算ができない人に掛け算を教えても未来がない。読者の皆さんは公式を覚える前に

注55) いくらでも凝ることができるところだが、このへんで…。

平行移動が、座標軸を移動することだ

ということをぜひ理解して欲しい。

さて今度は入試問題に挑戦してみよう。

問題

> **xy 平面上において、放物線 $y=-3x^2$ を平行移動して、頂点を $x=3$ 上に移し、かつ x 軸と 2 点 A, B で交わって AB $=1$ であるようにするとき、得られる放物線の方程式を求めよ。　　（愛知工大 1999）**

とりあえず図を描こう。で、問題を解釈すると、まず「頂点を $x=3$ 上に移し」とある。$y=-3x^2$ の頂点は明らかに原点だから、x 方向に 3 平行移動ということだ。y 方向はどうしよう。「AB が 1」ということは、$x=\frac{1}{2}$ のときの y を求めて、その分だけグラフを上にあげりゃいいんじゃないの（図を参照ね）。

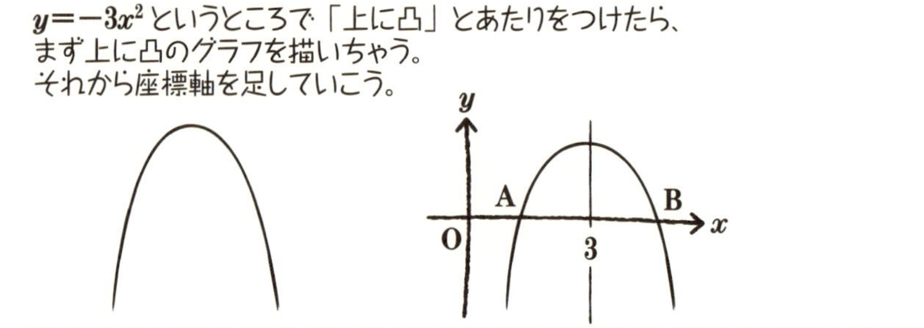

$y=-3x^2$ というところで「上に凸」とあたりをつけたら、
まず上に凸のグラフを描いちゃう。
それから座標軸を足していこう。
y
A
B
x
O
3

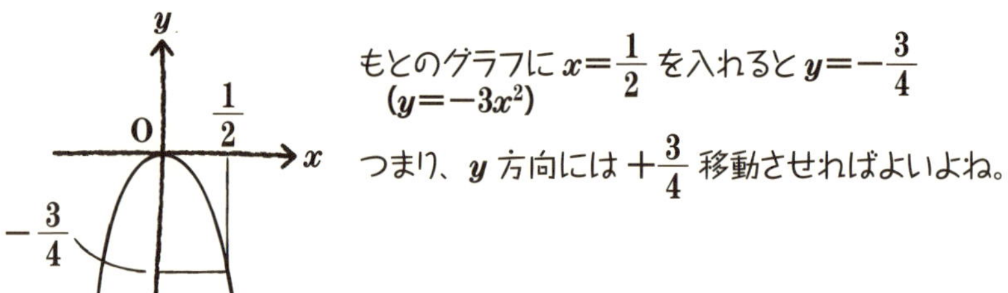

y
O
$\frac{1}{2}$
x
$-\frac{3}{4}$
もとのグラフに $x=\frac{1}{2}$ を入れると $y=-\frac{3}{4}$
$(y=-3x^2)$
つまり、y 方向には $+\frac{3}{4}$ 移動させればよいよね。

というわけで、「x 方向に 3、y 方向に $\frac{3}{4}$ 平行移動しろ」と。$y=$

$-3x^2$ の x に $x-3$、y に $y-\dfrac{3}{4}$ を入れると

$$y-\frac{3}{4}=-3(x-3)^2$$

これを整理すれば答えとなる。平行移動の場合の式変形をもっと簡単にやる方法は後述[注56]するので、今はこの「整理する」という作業は頑張ってやらなくてもよい。

ところでこの問題、平行移動を使わずに解くやり方もいちおう見ておこう。受験生なら両方の方法でできた方がよいからだ。

まず頂点が $x=3$ を通るので、解は $x=3$ を中心に対称になるだろう。そうすると、解から解までの距離が1ということは、

$$解は\ x=3+\frac{1}{2}\ と\ 3-\frac{1}{2}$$

となる。x^2 の係数が -3 であるから（下の式の下線部）、求める方程式は

$$y=\underline{-3}\left(x-3+\frac{1}{2}\right)\left(x-3-\frac{1}{2}\right)$$

となる。ここまでで「答」としてもよい。展開すると、

$$y=-3x^2+18x-\frac{105}{4}$$

となる。展開することに見栄えの調整以外の意味はない。平行移動はここまでにしておこう。

対称移動（軸対称）

ここからは「原点が動かない」変換を扱っていく。ここでも基本は、図形要素でなく座標軸を動かす、だ。

対称には高校生は2通りを知っておけばよい。

(1) 線対称

(2) 点対称

注56） 383ページぐらい。当分先だ。

である。点対称は「180度回転」なので「回転」の方で扱うから、普通「対称変換」と言えば線対称を扱う。よーするに「ある直線に関しての折り返し」である。

例題

> **$y=2x^2+x-3$ を x 軸で折り返した図形を求めよ。y 軸で折り返したらどうか。**

別に難しい話ではなくて、問題の指示通りにやればいいだけだ。平行移動の場合と同様に、

新しい軸を設定する

という方向性でいくことにする。

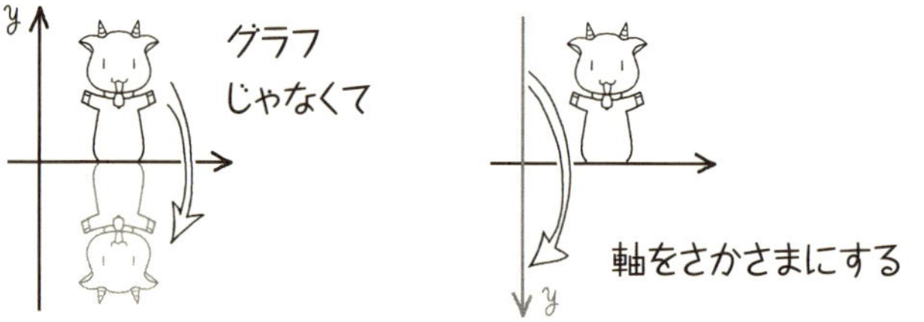

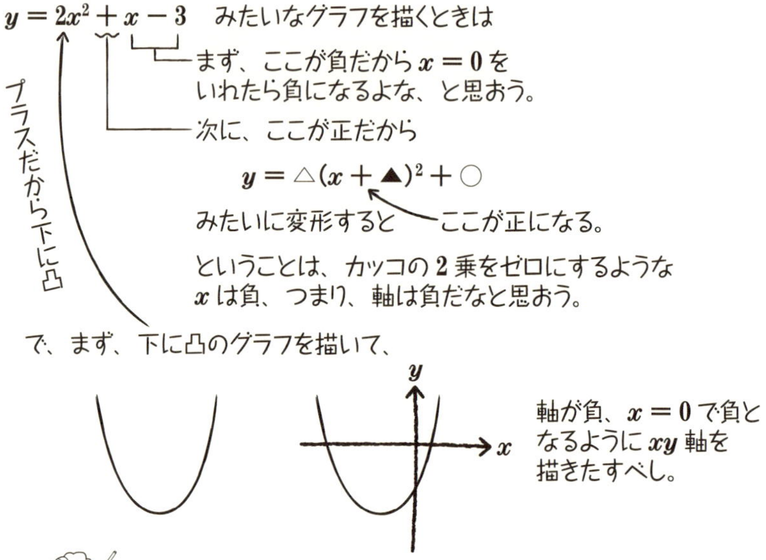

$y=2x^2+x-3$ みたいなグラフを描くときは
まず、ここが負だから $x=0$ を
いれたら負になるよな、と思おう。
次に、ここが正だから
$y=\triangle(x+\blacktriangle)^2+\bigcirc$
みたいに変形すると
ここが正になる。
ということは、カッコの2乗をゼロにするような
x は負、つまり、軸は負だなと思おう。
プラスだから下に凸
で、まず、下に凸のグラフを描いて、
y
x
軸が負、$x=0$ で負と
なるように xy 軸を
描きたすべし。

一番大事な関係式は、

$$\begin{cases} X = x \\ Y = -y \end{cases}$$

である。これまでもそうだったが、この関係式を自分で作れるかどうかが勝負の分かれ道。これさえできれば、あとは、与えられた x, y の式に代入するだけだ。

$$-Y = 2X^2 + X - 3$$

最後に見栄えの問題を調整して、

$$y = -2x^2 - x + 3$$

となる。今は具体例で $y = 2x^2 + x - 3$ を挙げたが、仮に $y = f(x)$ でも $-Y = f(X)$ とするだけである。難しくはない。難しいのは関係式を作り出すところなのだ。

y 軸に関する折り返しは、関係式が

$$\begin{cases} X = -x \\ Y = y \end{cases}$$

とすればよい。必ず自分で図を描いて、関係式の意味を納得しておこう。

任意の直線に関する折り返しは、回転をやったあとにしよう。

45 度の回転

任意の角度に回転する前に、45 度の回転をやってみる。

例題

双曲線 $x^2 - y^2 = 1$ がある。
$(1, -1) \longmapsto (1, 0)$
$(1, 1) \longmapsto (0, 1)$
という変換を施したら双曲線はどうなるか。

例題の関係式を機械的に作ると、

$$\begin{cases} x = X + Y \\ y = -X + Y \end{cases}$$

となる。これを双曲線の式に入れれば

$$(X+Y)^2 - (-X+Y)^2 = 1$$

となる。これを変形して、

$$Y = \frac{1}{4X}$$

とすると、見慣れた「反比例」のグラフになるだろう。反比例のグラフは最も身近な双曲線である。

ところで例題では言われたとおりに変換したが、よく見るとこれは

45 度回転だけではない。

下の図を見て考えて欲しいが、この例題は「45 度の回転」と「$1/\sqrt{2}$倍の拡大」の組み合わせなのである。単に「45 度の回転」だけなら、

$$\left(\frac{1}{\sqrt{2}}, -\frac{1}{\sqrt{2}}\right) \longmapsto (1, 0)$$

$$\left(\frac{1}{\sqrt{2}}, \frac{1}{\sqrt{2}}\right) \longmapsto (0, 1)$$

としないといけない。これで関係式を作れば

$$\begin{cases} x = \dfrac{1}{\sqrt{2}}X + \dfrac{1}{\sqrt{2}}Y \\[2ex] y = -\dfrac{1}{\sqrt{2}}X + \dfrac{1}{\sqrt{2}}Y \end{cases}$$

となる。これが「45 度の回転」を表す関係式だ。

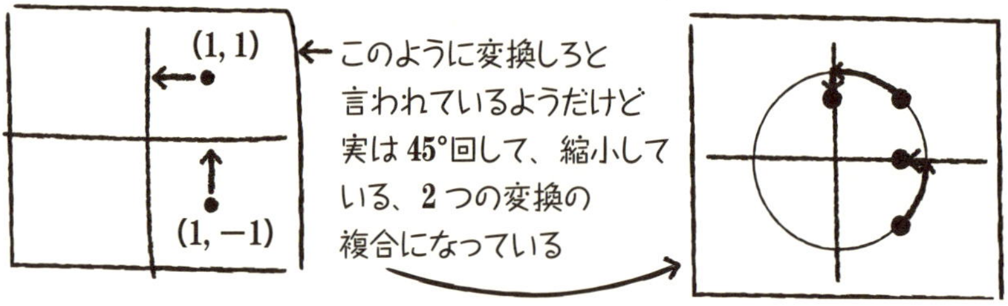

回転

次は60度回してみよう。これも、図形を回転させろ、と言われても素直にやらず、座標軸の方を回すことを考える。「図形を60度時計回りに回せ」と言われたら、「座標軸の方を反時計回りに60度回す」と考えるのだ。

例題

$y = x^2$ を60度回転した図形を求めよ。

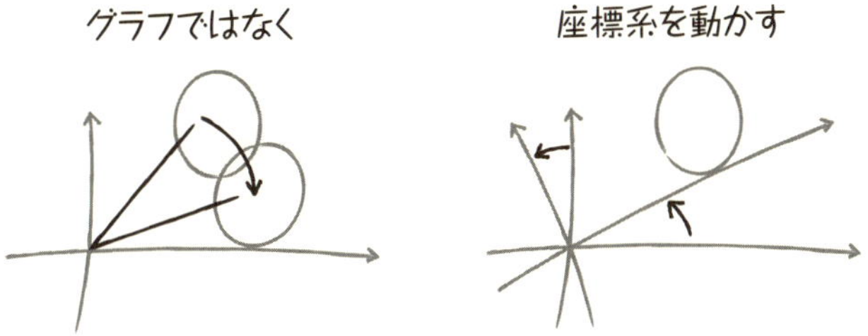

図形を60度回すのだから、座標軸を -60 度回すと考える。やってみればわかるが、回転は関係式を作りにくい。実は今まで関係式は適当な1点を考えてそれを2通りで表す、ということをしていたが、これは

2つのことを同時にやっていた。

「2つのこと」とは、x 座標と y 座標だ。「ある点の動きを考える」とき、その「ある点」は x と y の2つの情報を持っている。だいたいどんなことでも「2つのことを、同時に」やるのは難しい。ピアノだって、両手で弾くのが難しいところは、片手ずつ練習するだろう。難しくなったら一つひとつ攻めていくのが兵法である。この場合はその「ある点」が2つの情報を持たなければよい。具体的にはまず $(1, 0)$ がどこに行くか。次に $(0, 1)$ がどこに行くかを追跡するのだ。分断して個別撃破は問題解決のための常套手段だが、ここでもそれを使っていこう。

xy で $(1, 0)$ は、XY では $(\cos 60°, \sin 60°)$ にあたるだろう。

というわけで関係式は

$$\begin{cases} X = \cos 60° x + \square \cdot y \\ Y = \sin 60° x + \square \cdot y \end{cases}$$

ここまで決まる。□の部分は、今は $(1, 0)$ を考えているから、現時点では何が入るか謎なのである。その□を決めるために、今度は $(0, 1)$ を考える。

xy で $(0, 1)$ は、XY では $(-\sin 60°, \cos 60°)$ にあたる。ここはややこしいところだが、

絶対に手抜きせず、知恵を絞って考えて欲しい。

そして2点の動きがイメージできたら、全平面の動きもイメージできる。

これにより

$$\begin{cases} X = \square \cdot x - \sin 60° y \\ Y = \square \cdot x + \cos 60° y \end{cases}$$

となる。そして、以上2つの式を考え合わせれば

$$\begin{cases} X = \cos 60° x - \sin 60° y \\ Y = \sin 60° x + \cos 60° y \end{cases}$$

となり、これが欲しかった関係式である。行列を使って書くと、

$$\begin{pmatrix} X \\ Y \end{pmatrix} = \begin{pmatrix} \cos 60° & -\sin 60° \\ \sin 60° & \cos 60° \end{pmatrix} \begin{pmatrix} x \\ y \end{pmatrix}$$

のようにも書ける。今は説明の都合上、□とか使ってわざわざ別に書いてあとであわせたけれど、自分で作る場合には空白にしておいてサクサクと作ればいい。

さて、あとはこれを $x =, y =$ というカタチに直して代入するだけだが、実はこの変換が意外とメンドクサイ。やってみればわかる。めんどくさくないという人は自由にやってくれていいが、筆者は面倒なので、ガウス先生の方法を使うことにする。

ガウス先生の方法を使うためには、上の関係式をこのように見る。

$$\begin{cases} X + 0 \cdot Y = \cos 60° x - \sin 60° y \\ 0 \cdot Y + \quad Y = \sin 60° x + \cos 60° y \end{cases}$$

これを行列に載せると、

$$\begin{pmatrix} 1 & 0 & \cos 60^\circ & -\sin 60^\circ \\ 0 & 1 & \sin 60^\circ & \cos 60^\circ \end{pmatrix}$$

だ。最終的にどうなればいいかというと、変形していって

$$\begin{pmatrix} \square & \square & 1 & 0 \\ \square & \square & 0 & 1 \end{pmatrix}$$

となれば、$x =$, $y =$ となるように変形できたことになる。こういう方針でいくのだ。

それではやってみるが、その前に $\sin 60^\circ$ などを数値化しておこう。

$$\begin{pmatrix} 1 & 0 & 1/2 & -\sqrt{3}/2 \\ 0 & 1 & \sqrt{3}/2 & 1/2 \end{pmatrix}$$

第２行を$\sqrt{3}$倍して、

$$\begin{pmatrix} 1 & 0 & 1/2 & -\sqrt{3}/2 \\ 0 & \sqrt{3} & 3/2 & \sqrt{3}/2 \end{pmatrix}$$

第２行を第１行に足し込むと、

$$\begin{pmatrix} 1 & \sqrt{3} & 2 & 0 \\ 0 & \sqrt{3} & 3/2 & \sqrt{3}/2 \end{pmatrix}$$

今度は第１行を$\dfrac{3}{4}$倍して、

$$\begin{pmatrix} 3/4 & 3\sqrt{3}/4 & 3/2 & 0 \\ 0 & \sqrt{3} & 3/2 & \sqrt{3}/2 \end{pmatrix}$$

第２行から第１行を引くと、

$$\begin{pmatrix} 3/4 & 3\sqrt{3}/4 & 3/2 & 0 \\ -3/4 & \sqrt{3}-3\sqrt{3}/4 & 0 & \sqrt{3}/2 \end{pmatrix}$$

これでだいたいオッケー。あとは第１行に$\dfrac{2}{3}$、第２行に$\dfrac{2}{\sqrt{3}}$を掛けてやれば、

$$\begin{pmatrix} 1/2 & \sqrt{3}/2 & 1 & 0 \\ -\sqrt{3}/2 & 1/2 & 0 & 1 \end{pmatrix}$$

となり、これで関係式

$$\begin{cases} x = \dfrac{1}{2}X + \dfrac{\sqrt{3}}{2}Y \\ y = -\dfrac{\sqrt{3}}{2}X + \dfrac{1}{2}Y \end{cases}$$

が得られた。あとはこれを $y=x^2$ に代入してやればいい。

$$-\frac{\sqrt{3}}{2}X+\frac{1}{2}Y=\left(\frac{1}{2}X+\frac{\sqrt{3}}{2}Y\right)^2$$

となる。この式はこれ以上きれいにはならない。XY を xy に変えると少しくらいは見栄えがよくなるが、ここまで苦労してきて申し訳ないが、変換してみたものの、こんな式ではワケがわからなくて、

できているんだか、できていないんだか。

これは、読者の皆さんには申し訳ないが、「その前に $\sin 60^\circ$ などを数値化しておこう」が悪かった。いや「数値化」が必ずしも悪いわけじゃないんだ。数値のような「具体的なもの」にすると、タイミングにより、わかりやすくなったり、わかりにくくなったりする。じゃあどのタイミングがいいのかというと、ある程度は

やってみるしかない。

今回は数値化のタイミングが早かった。

$$\begin{pmatrix}1 & 0 & \cos 60^\circ & -\sin 60^\circ \\ 0 & 1 & \sin 60^\circ & \cos 60^\circ\end{pmatrix}$$

ここから再び変形していってみる。

第1行を $\cos 60^\circ$ 倍、第2行を $\sin 60^\circ$ 倍して、

$$\begin{pmatrix}\cos 60^\circ & 0 & \cos^2 60^\circ & -\sin 60^\circ\cos 60^\circ \\ 0 & \sin 60^\circ & \sin^2 60^\circ & \sin 60^\circ\cos 60^\circ\end{pmatrix}$$

第2行を第1行に足し込むと、

$$\begin{pmatrix}\cos 60^\circ & \sin 60^\circ & 1 & 0 \\ 0 & \sin 60^\circ & \sin^2 60^\circ & \sin 60^\circ\cos 60^\circ\end{pmatrix}$$

第1行第3列は $\cos^2 60^\circ+\sin^2 60^\circ$ だから、うまく足して1になる。このあたり、「これはうまくいきそう…」という感じがしてくるよね。今度は第1行に $\sin^2 60^\circ$ を掛けて、

$$\begin{pmatrix}\cos 60^\circ\sin^2 60^\circ & \sin 60^\circ\sin^2 60^\circ & \sin^2 60^\circ & 0 \\ 0 & \sin 60^\circ & \sin^2 60^\circ & \sin 60^\circ\cos 60^\circ\end{pmatrix}$$

第2行から第1行を引くと、

$$\begin{pmatrix} \cos 60^\circ \sin^2 60^\circ & \sin 60^\circ \sin^2 60^\circ & \sin^2 60^\circ & 0 \\ -\cos 60^\circ \sin^2 60^\circ & \sin 60^\circ (1-\sin^2 60^\circ) & 0 & \sin 60^\circ \cos 60^\circ \end{pmatrix}$$

これでだいたいオッケー。あとは第1行を元に戻して（$\sin^2 60^\circ$ で割って）、第2行を $\cos 60^\circ \sin 60^\circ$ で割れば、

$$\begin{pmatrix} \cos 60^\circ & \sin 60^\circ & 1 & 0 \\ -\sin 60^\circ & \cos 60^\circ & 0 & 1 \end{pmatrix}$$

となる。これで関係式

$$\begin{cases} x = \cos 60^\circ X + \sin 60^\circ Y \\ y = -\sin 60^\circ X + \cos 60^\circ Y \end{cases}$$

となる。数値化するならここで数値化ですよ（数値化すると結果は同じはず）！　でも数値化しないで考えよう。これで正しいのかどうかを確認する、他の方法がある。

それはですな、ここまでの式変形をよーく眺めてみよう。「60°」って関係なくね？　つまり、

$$\begin{pmatrix} 1 & 0 & \cos\theta & -\sin\theta \\ 0 & 1 & \sin\theta & \cos\theta \end{pmatrix}$$

からスタートして、同じ変形で

$$\begin{cases} x = \cos\theta \cdot X + \sin\theta \cdot Y \\ y = -\sin\theta \cdot X + \cos\theta \cdot Y \end{cases}$$

になるじゃん。ということは、

これで任意の回転を表したことになる

はずなのだ。すばらしい。ということは、前項で「45度の回転」を求めているので、θ に45度を入れて検証してみよう。一致するはずだ。これは読者の皆さんにお任せしよう。

例題

(1) 直線 $y=0$ を60度回転させたらどこに行くか。

(2) 円 $(x-1)^2+y^2=1$ はどうか。

(3) 円 $x^2+y^2=1$ ではどうか。

我々はもう任意の角度の関係式を求めてしまっている。60度回転なんて楽勝だぜ。先の関係式を使ってやってみよう。楽ちん。

(1)は、

$$-\frac{\sqrt{3}}{2}X+\frac{1}{2}Y=0$$

になる。変形して、

$$Y=\sqrt{3}X$$

確かにこれは $y=0$ を60度回転したものだろう。
(2)は、

$$\left(\frac{1}{2}X+\frac{\sqrt{3}}{2}Y-1\right)^2+\left(-\frac{\sqrt{3}}{2}X+\frac{1}{2}Y\right)^2=1$$

になる。これを変形していくと、

$$\left(X-\frac{1}{2}\right)^2+\left(Y-\frac{\sqrt{3}}{2}\right)^2=1$$

になるはずだ。まあ、意味を考えれば当然である。中心が $(1, 0)$ だったのだからねぇ。しかしそれが

式変形からも示される

のである。この式変形は結構複雑だが、

できると感動する。

ぜひ自分でトライして、感動を味わって欲しい。
(3)は、回転しても同じ、という結論は見えている。関係式を代入してみると、

$$\left(\frac{1}{2}X+\frac{\sqrt{3}}{2}Y\right)^2+\left(-\frac{\sqrt{3}}{2}X+\frac{1}{2}Y\right)^2=1$$

となるが、バラして計算し直せばちゃんと

$$X^2+Y^2=1$$

という見慣れた円の式になる。

関係式を作る作業

慣れると関係式の xy と XY を変換するのはそれほど手間ではなくなるので、筆者はテキトーにやっているが、はじめから $X=, Y=$ のカタチで関係式を作りはじめる方法もある。先の 60 度回転の場合だと、(X, Y) での $(1, 0)$ と $(0, 1)$ が、(x, y) で何にあたるかということを考えればいい。本編ではわざわざ $X=, Y=$ で関係式を作ってから $x=, y=$ のカタチに変換したが、これなら、一発で $x=, y=$ の関係式が得られることになる。

「だったら常に $X=, Y=$ のカタチで作り始めればいいじゃん」と思うかもしれないが、いやぁ、$X=, Y=$ のカタチを作りにくいこともあるんだよ。xy と XY を変換するのは（慣れれば）間違えにくいが、関係式を作るってのは（慣れても）間違えやすい作業なので、関係式を作るときには xy や XY にこだわらず「わかりやすさ優先」で処理するのが良いと思う。

対称移動（原点を通る任意の直線）

任意の直線に関する対称移動だ。ここまでくると、解説することも少なくなってくる。

いくつか作戦があって、

(1) ベクトル 2 本を考えて、1 本を逆にする作戦。
(2) 回転→軸対称変換→逆回転

他にもあるかもしれない。何が言いたいのかというと、

方法はいろいろ考えられる

ということなのだ。道具が使えるようになったらあとはアイディア次第である。

ここでは(1)の作戦を見てみよう。

例題

円 $(x-3)^2+(y-1)^2=1$ を $y=2x$ に関して対称に移動せよ。

この問題の答えが知りたいだけなら、中心を対称移動して、半径は1のまま、とすればいいのだから、20秒で解けるね。

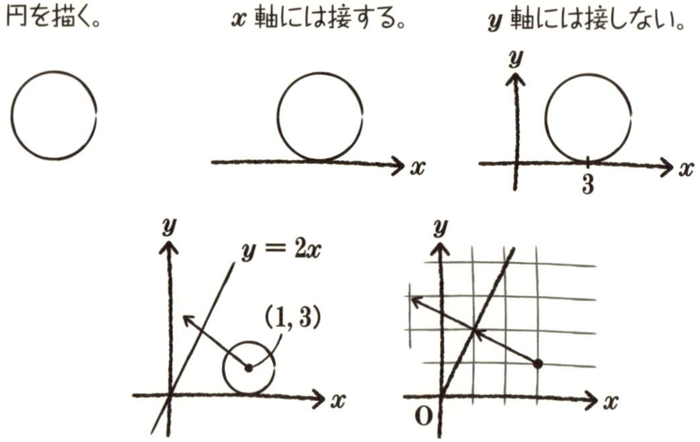

$y=2x$ は、x が1進んだら y は2上がる。
それに垂直になるには、「x が -2 進んだら y が1上がる」ようにする。
$y=2x$ に対して対称な位置は、$(-1, 3)$ だ。
つまり、$(-1, 3)$ が中心、半径1ということで

$(x+1)^2+(y-3)^2=1$ だ。

さて、「ベクトル2本を考えて、1本を逆にする作戦」とは、対称軸方向とそれに垂直方向の2本のベクトルを考えるやり方である。

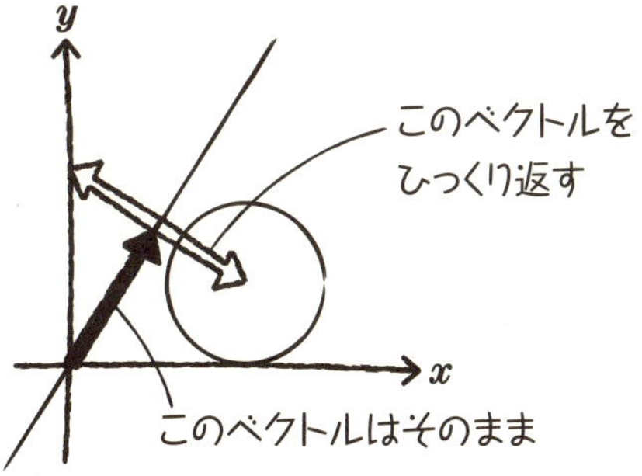

軸方向のベクトルは(1, 2)、それに垂直なベクトルは(－2, 1)とする。これらは別に方向さえあっていればいいので、軸方向のベクトルとして例えば(－3, －6)なんてのを採用しても構わない。ここでは(1, 2)としておくよ。

で、対称移動するからには、軸方向のベクトルがそのまま。垂直方向のベクトルが反転、と変換されるようにすればいいだろう。

このとき、関係式は…、よくわからない。一発で作れるとは限らないのだ。

そこで、とりあえず、

$$\begin{cases} x = a \cdot X + b \cdot Y \\ y = c \cdot X + d \cdot Y \end{cases}$$

とおく。普通の場合と(X, Y)，(x, y)が逆だが、これはあとで、関数を移動する（つまり、xにX, Yの式を入れる）ことを見込んでのことである。どうせ連立方程式で求めるのならはじめから欲しい関係式の形式にしておけばいい。

(x, y)として(1, 2)を入れてみよう。入れた結果も(1, 2)のはずだから、

$$\begin{cases} 1 = a + 2b \\ 2 = c + 2d \end{cases}$$

今度は(x, y)として(－2, 1)を入れてみよう。入れた結果は反転して（2, －1）のはずだから、

$$\begin{cases} -2 = 2a - b \\ 1 = 2c - d \end{cases}$$

というわけで、式が4本でてきた。4本といっても二組の連立方程式だ

から普通に解けばいい。もちろんあくまでも行列を使ってもいいが。

よーするに、解ければいい

ので、好きな方法でやればいい。

$$a=-\frac{3}{5},\ b=\frac{4}{5},\ c=\frac{4}{5},\ d=\frac{3}{5}$$

となる。これで関係式ができた。この関係式を、問題文の円 $(x-3)^2+(y-1)^2=1$ にブチ込もう。

$$\left(-\frac{3}{5}\cdot X+\frac{4}{5}\cdot Y-3\right)^2+\left(\frac{4}{5}\cdot X+\frac{3}{5}\cdot Y-1\right)^2=1$$

こんなのを変形して、ちゃんと出るのだろうか。とりあえず両辺に 25 を掛けたりしてガンバッテみると確かに

$$(X+1)^2+(Y-3)^2=1$$

になる。x と y に書き直して

$$(x+1)^2+(y-3)^2=1$$

となり、うまくいった。

正射影

正射影は今までとちょっと毛色が違うが、同じやり方でできる。

例題

点 $(1,3)$ から x 軸に下ろした垂線の足の座標を求めよ。

すぐに $(1,0)$ じゃん、とわかってしまうが、あえて

関係式を求める

ということをやってみよう。まあ、簡単で、

$$\begin{cases} X = 1 \cdot x + 0 \cdot y \\ Y = 0 \cdot x + 0 \cdot y \end{cases}$$

というだけだ。

ところで、この関係式はいつものように逆に解いて $x = \cdots, y = \cdots$ というカタチにすることができない。これを「当たり前だ」と思える？

これはさりげなくとても大事なところなのだ。これまで、スライド（平行移動）させたり、裏返したり、歪めたり、回したり、いろいろと変換をしてきたが、この「正射影」と大きく違うことがある。正射影は不可逆、他のは可逆だ。裏返したのなら、もう一度裏返せば元に戻る。回したのなら、逆に回せば元に戻せる。ところが「正射影」は、やってしまうともう元には戻せない。情報が落ちてしまうのだ。立体から影絵を作るのはできても、影絵から立体を作れるとは限らない。アタリマエのことだが、その「アタリマエ」が数式上「逆に解いて $x = \cdots, y = \cdots$ というカタチにすることができない」という現象になって、我々の目の前に現れているのである。

平行移動以外の変換の式処理

さて、これまでいろいろと変換を見てきたが、これだけやればその組み合わせで

かなりいろいろな変換ができることになった

ことになる。例えばこんなのはどうか。

例題

点 $(1, 3)$ から $y = \sqrt{3}x$ に下ろした垂線の足の座標を求めよ。

わざわざ座標変換を使わなくても求める方法はいくらでもあるよ。でも、あえて座標変換で求めるにはどうすればいいかを考えよう。今は問題を解いて答えを出すことが目的ではなくて、新しい道具の使い方を練習するのが目的なんだからね。

例えば次のような方法はどうだろう。

(1) まず、－60度回転する。

(2) x 軸に正射影する。

(3) 60度回転する。

このステップなら座標変換だけで垂線の足を求めることができるはずだ。もちろん他の方法もある。他の方法はまた次の項で考えよう。

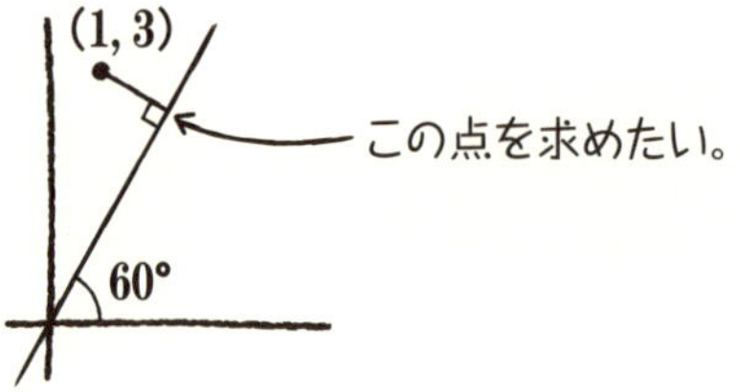

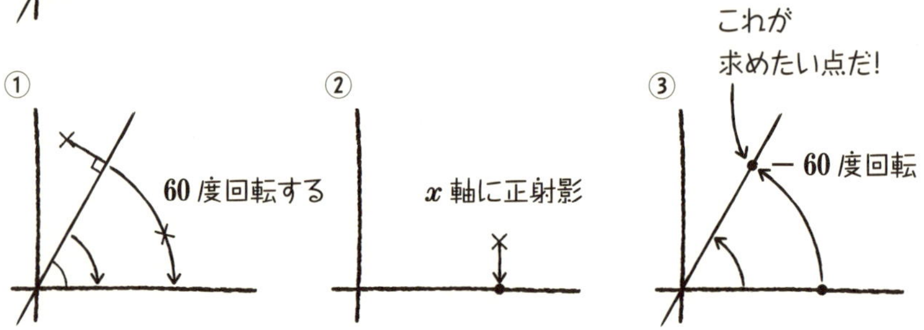

ここでもともとの(x, y)の動きはどうなるのか。

(1)で(X_1, Y_1)になり、(2)でその(X_1, Y_1)が(X_2, Y_2)になり、(3)でその(X_2, Y_2)を(X_3, Y_3)にする。そしてこの(X_3, Y_3)が求める答えとなる。関係式で言うと、はじめは

$$\begin{cases} x = (X_1, Y_1 \text{ の式}) \\ y = (X_1, Y_1 \text{ の式}) \end{cases}$$

このあと、ここで出てきたX_1, Y_1を次の関係式に入れることになるわけだが、そのためには上の式を$X_1 = \cdots, Y_1 = \cdots$に解き直さなければならない。それならば関係式を求める段階から逆に

$$\begin{cases} X_1 = (x, y \text{ の式}) \\ Y_1 = (x, y \text{ の式}) \end{cases}$$

としておけば手間が減る。そうしたら今度はこのX_1, Y_1を

$$\begin{cases} X_2 = (X_1, Y_1 \text{の式}) \\ Y_2 = (X_1, Y_1 \text{の式}) \end{cases}$$

に入れる。さらにこの X_2, Y_2 を

$$\begin{cases} X_3 = (X_2, Y_2 \text{の式}) \\ Y_3 = (X_2, Y_2 \text{の式}) \end{cases}$$

に入れる。このようなカタチで順繰りに計算していけば求められる…はずなのだが、

この計算、なんとかならんのか

という感じだろう。

これをサクっと書くのが行列

である。今の全ての式を行列形式で書いてみよう。

$$\begin{pmatrix} X_1 \\ Y_1 \end{pmatrix} = \begin{pmatrix} \square & \square \\ \square & \square \end{pmatrix} \begin{pmatrix} x \\ y \end{pmatrix}$$

この書き方、覚えてる？　連立方程式の省略記法のところでやったよね。もし忘れてたらちょっと206ページを参照して欲しい。残り2つも、

$$\begin{pmatrix} X_2 \\ Y_2 \end{pmatrix} = \begin{pmatrix} \blacksquare & \blacksquare \\ \blacksquare & \blacksquare \end{pmatrix} \begin{pmatrix} X_1 \\ Y_1 \end{pmatrix}$$

$$\begin{pmatrix} X_3 \\ Y_3 \end{pmatrix} = \begin{pmatrix} \blacktriangle & \blacktriangle \\ \blacktriangle & \blacktriangle \end{pmatrix} \begin{pmatrix} X_2 \\ Y_2 \end{pmatrix}$$

こうやって書いて何が嬉しいのか。左辺のベクトル (X_2, Y_2) がそのまま

次に代入できそう

でしょう。できるのである。

$$\begin{pmatrix} X_3 \\ Y_3 \end{pmatrix} = \begin{pmatrix} \blacktriangle & \blacktriangle \\ \blacktriangle & \blacktriangle \end{pmatrix} \begin{pmatrix} \blacksquare & \blacksquare \\ \blacksquare & \blacksquare \end{pmatrix} \begin{pmatrix} X_1 \\ Y_1 \end{pmatrix}$$

さらに、

$$\begin{pmatrix} X_3 \\ Y_3 \end{pmatrix} = \begin{pmatrix} \blacktriangle & \blacktriangle \\ \blacktriangle & \blacktriangle \end{pmatrix} \begin{pmatrix} \blacksquare & \blacksquare \\ \blacksquare & \blacksquare \end{pmatrix} \begin{pmatrix} \square & \square \\ \square & \square \end{pmatrix} \begin{pmatrix} x \\ y \end{pmatrix}$$

ここまで行ける。今度は行列の計算ルール、覚えてる[注57)]？　忘れた人は、205ページをちょっと見直して欲しい。これを使うと、途中の行列が1つにまとまるのである[注58)]。

では、原理がわかったら実際にやってみよう。

$$\begin{pmatrix}X\\Y\end{pmatrix}=\begin{pmatrix}\cos60^\circ & -\sin60^\circ\\ \sin60^\circ & \cos60^\circ\end{pmatrix}\begin{pmatrix}1&0\\0&0\end{pmatrix}\begin{pmatrix}\cos-60^\circ & -\sin-60^\circ\\ \sin-60^\circ & \cos-60^\circ\end{pmatrix}\begin{pmatrix}x\\y\end{pmatrix}$$

前半の行列部分を計算しよう。計算の仕方は、忘れたならば連立方程式に戻すのが基本[注59)]。とりあえず前半は、

$$\begin{pmatrix}\cos60^\circ & -\sin60^\circ\\ \sin60^\circ & \cos60^\circ\end{pmatrix}\begin{pmatrix}1&0\\0&0\end{pmatrix}=\begin{pmatrix}\cos60^\circ & 0\\ \sin60^\circ & 0\end{pmatrix}$$

さらにこの結果から、

$$\begin{pmatrix}\cos60^\circ & 0\\ \sin60^\circ & 0\end{pmatrix}\begin{pmatrix}\cos-60^\circ & -\sin-60^\circ\\ \sin-60^\circ & \cos-60^\circ\end{pmatrix}$$
$$=\begin{pmatrix}\cos60^\circ\cos-60^\circ & -\cos60^\circ\sin-60^\circ\\ \sin60^\circ\cos-60^\circ & -\sin60^\circ\sin-60^\circ\end{pmatrix}$$

となる。これでいいのだが、三角関数の知識を使って、一応最後の結果を簡単にしておこう。

$$\begin{pmatrix}\cos^2 60^\circ & \cos60^\circ\sin60^\circ\\ -\sin60^\circ\cos60^\circ & \sin^2 60^\circ\end{pmatrix}$$

となる。というわけで、変換のキモとなる「関係式」は、こうなる。

$$\begin{pmatrix}X\\Y\end{pmatrix}=\begin{pmatrix}\cos^2 60^\circ & \cos60^\circ\sin60^\circ\\ -\sin60^\circ\cos60^\circ & \sin^2 60^\circ\end{pmatrix}\begin{pmatrix}x\\y\end{pmatrix}$$

cosなどを数値にすると、

注57)　覚えてなくて普通だと思ってるので気にしないこと。必要に応じて、そのページを参照すればいいだけだよ。そしてその「必要」というのが今だ。

注58)　こうしたことができるのは、行列の計算が結合法則を満たすからである。結合法則とは $(a+b)+c=a+(b+c)$ のように順序を前後させても結果が同じになる性質のこと。行列A, B, Cにつき $(AB)C=A(BC)$ である。

注59)　詳しくは209ページ。

$$\begin{pmatrix} X \\ Y \end{pmatrix} = \begin{pmatrix} \dfrac{1}{4} & \dfrac{\sqrt{3}}{4} \\ -\dfrac{\sqrt{3}}{4} & \dfrac{3}{4} \end{pmatrix} \begin{pmatrix} x \\ y \end{pmatrix}$$

　こいつを使って、点$(x, y) = (1, 3)$が(X, Y)だとどこに行くのかを追跡しよう。関係式のx, yに点$(1, 3)$を入れると、

$$\begin{cases} X = \dfrac{1}{4} + \dfrac{3\sqrt{3}}{4} \\ Y = -\dfrac{\sqrt{3}}{4} + \dfrac{9}{4} \end{cases}$$

これで求まったんだけど、

さーて、あってんのかいな?

では、普通のやり方で試してみよう。

　垂線だから$y = \sqrt{3}x$に対して垂直なのは

$$y = -\frac{1}{\sqrt{3}}x + \boxed{}$$

のカタチ。これが点$(1, 3)$を通るとすると、(x, y)にそれを代入して$\boxed{}$のつじつまを合わせると、

$$3 = -\frac{1}{\sqrt{3}} + \boxed{\frac{1}{\sqrt{3}} + 3}$$

となる。よって、点$(1, 3)$を通り$y = \sqrt{3}x$に対して垂直な直線は、

$$y = -\frac{1}{\sqrt{3}}x + \frac{1}{\sqrt{3}} + 3$$

これと$y = \sqrt{3}x$の交点は、

$$\begin{cases} x = \dfrac{1 + 3\sqrt{3}}{4} \\ y = -\dfrac{\sqrt{3} + 9}{4} \end{cases}$$

となり、

おお、ズバリ一致しとるやんけ!

さーて、ご苦労さま。こんなの手作業でやってられんよね。やはり人間がやるなら普通に垂線の足を求めた方が簡単かもしれん。ただね、

人間が簡単な方法と、機械が簡単な方法は、異なることがある。

人間と機械では得意分野が違うのだから、あたりまえだ。ここで紹介したやり方は、機械（コンピュータ）にとって簡単な方法なのである。でも！　仕事はコンピュータにやらせるとしても、自分で一回はやってみないとね。企業でも軍隊でも、およそどこの組織も、どんな幹部候補生であっても必ず「現場」は研修させるだろう。現場を知らなければ指示も出せない。今紹介したやり方で一番大事なことは、

単純な繰り返し計算で、機械的に答えが求まる

ということだ。そして繰り返し計算はコンピュータの超得意分野。つまり、本当はこれはコンピュータの仕事なんだよね。人の仕事じゃない。でもそれを一度は経験しておくことは、とても意味のあることなのである。

垂線の足とか求めてみる

ここまで「回転」だの「正射影」だの、いろいろな変換を紹介してきたが、全て

よーするに、2本のベクトルがどこに動くか

から作られてきた。もともとの2本のベクトルが、「長さ不変、お互いの角度不変」で動けば「回転」になるし、「片方がゼロ」になるなら「射影」になる。もともとの2本のベクトルが直交していて、かつ、片方がゼロになれば「正射影」だ。

それをふまえて、先の問題をもう一度考えてみる。

例題

点$(1,3)$から$y=\sqrt{3}x$に下ろした垂線の足の座標を求めよ。

普段よくみる座標系は直交座標系で、その基本となる 2 つのベクトルは $(1,0)$ と $(0,1)$ だろう。それぞれを $\overrightarrow{e_x}, \overrightarrow{e_y}$ とすると、ある点 (x,y) は、$(x, y)=x\overrightarrow{e_x}+y\overrightarrow{e_y}$ ということになる。ここで、そういう座標系ではなく、例えば $(1,\sqrt{3})$ と（それに垂直な）$(-\sqrt{3},1)$ を基本とする座標系を導入しよう。直交座標系での (x,y) がこの座標系で (X,Y) になるとすると、次の式のようになるはずである。

$$\begin{cases} x = X-\sqrt{3}Y \\ y=\sqrt{3}X+Y \end{cases}$$

数学的にはこれで全てなのだが、このあと $(x,y)=(1,3)$ を入れて X,Y を求めたいので、これを変形して $X=,Y=$ のカタチにしておく。

$$\begin{cases} X=\dfrac{\sqrt{3}}{4}x+\dfrac{\sqrt{3}}{4}y \\ \\ Y=-\dfrac{\sqrt{3}}{4}x+\dfrac{1}{4}y \end{cases}$$

としておこう。

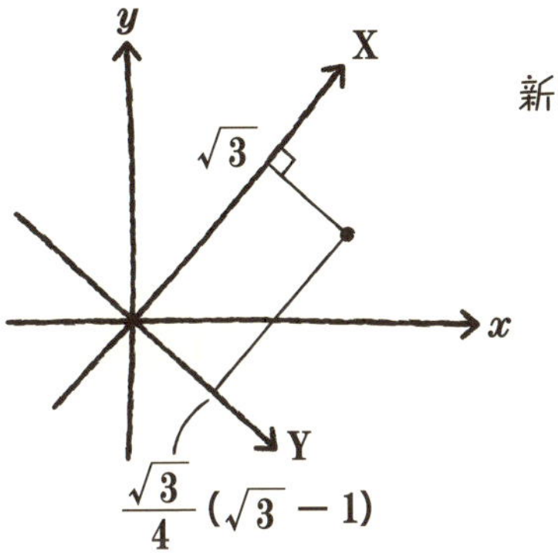

新しい軸 XY を作る

ここで点 $(x,y)=(1,3)$ を入れてみると、

$$\begin{cases} X=\sqrt{3} \\ \\ Y=\dfrac{\sqrt{3}}{4}(\sqrt{3}-1) \end{cases}$$

となるので点 $(x,y)=(1,3)$ とは、XY 座標系では $\left(\sqrt{3}, \dfrac{\sqrt{3}}{4}(\sqrt{3}-1)\right)$

になる。欲しい垂線の足はこのYをゼロにすればよく、XY座標系で$(\sqrt{3}, 0)$のこと。XY座標系での$(\sqrt{3}, 0)$をxy座標系に戻すには最初の関係式を使うとよい。

$$\begin{cases} x = \sqrt{3} \\ y = 3 \end{cases}$$

となる。

平行移動も含めるには

平行移動は

$$X = x + \underline{3}$$

みたいに、定数が入るのだが、前項で紹介したように行列の掛け算でゴンゴンと変換していく方法では「定数」の入りこむ余地がない。すなわち、平行移動を含められない。平行移動が含められないとなると、例えば、

「点$(1, 2)$を中心に、60度回転」

がいきなりできないことになる。回転は原点中心にしかできないので、「点$(1, 2)$を中心に」ってのを実現するためには前後に平行移動を加えて、

(1) －1, －2平行移動
(2) 60度回転
(3) 1, 2平行移動

というステップを踏めば「点$(1, 2)$を中心に、60度回転」となるはずだが、原点が動かない計算は行列の計算でまとめられるのに、平行移動はまとめられない。行列を連続して計算させるのはコンピュータの得意技なのに、平行移動がはいるとその流れが途切れてしまう。

コンピュータは単純労働を好む。

平行移動のときは特別の処理が必要となると能率的でない。そこでどうするかというと、やはりその解決法もコンピュータらしい方法をとる。それは、平面（2次元）を扱っているのに

わざわざ3次元のベクトルで考える

のだ。いやあ、次数を上げるなんて、人間には計算がめんどくさくてとても無理だ。でもコンピュータならできる。というか

コンピュータにはその方が易しい。

3次元にすると平行移動まで含められるから不思議だ。タネは3番めのパラメータにある。平行移動を表現するために、普通に (x, y) ではなくて、$(x, y, 1)$ という3次元のベクトルで考えるのである。これなら例えば

$$\begin{pmatrix} X \\ Y \\ 1 \end{pmatrix} = \begin{pmatrix} 1 & 0 & -1 \\ 0 & 1 & -2 \\ 0 & 0 & 1 \end{pmatrix} \begin{pmatrix} x \\ y \\ 1 \end{pmatrix}$$

とすると、

$$\begin{cases} X = x - 1 \\ Y = y - 2 \end{cases}$$

という平行移動を表したことになる。

さてこの3次元のベクトルの3番めの「1」は何だったっけ？　z 座標？

違うっつーの！

3次元ベクトルで3番めだから z 座標だと思い込んではいけないよ。ベクトルの何番めがどういう意味かは

定義次第

で決まると何度も何度も書いているが、それでも「3次元」ときたら (x, y, z) と思いたいのが人情だよね。まあ気持ちはわかるけど、

そうじゃないんだよ。

平行移動を表すために、都合良くなるように付け加えた数字だったよね。つまり、前の2つは x 座標、y 座標を表しているけど、第3の数字には

座標としての意味はない

のである。我々はもうそんなことには慣れっこのはず。だってもう6次

元とか10次元とか20次元を扱ってきたじゃないか。つまり、ここでの3次元ベクトルは、我々のいる空間の「3次元」ではなくて、「パラメータが3つの世界」（＝ 平面の2次元 ＋ 計算調整用のパラメータ1つ）という意味の3次元なのだ。

ベクトルは

次元が上がっても、同じように計算できる

ことが特徴だった。というか、そうなるように頑張って決めたんだ。したがってここでやったような回転や射影は3次元でも4次元でもほぼ同様にできる。今そこここで目にする3次元CGの処理は、3次元のデータを移動したり回転したりして、最終的にモニター画面（2次元）に射影して映し出しているのだ。2次元のときにそうであったように、3次元データを回転したり移動したりするとき、3次元のままで処理すると平行移動を表すことができない。そこで2次元のときと同様に、

もう1次元付け加える

ということをする。つまり、4次元のベクトルデータにする。いわゆる3次元CGは、すべてコンピュータ上では4次元のデータとして処理されているのである。

平行移動の式処理

最後に、平行移動の式処理を考えよう。ここで使うのは

組立除法

である。

題材としては354ページで計算が面倒だという理由でそのままになっていた「$y = x^3 + 2x^2 - 3$ を x 方向に2、y 方向に -3 平行移動しろ」という問題を扱おう。

$$y + 3 = (x - 2)^3 + 2(x - 2)^2 - 3$$

の計算が面倒で保留になっていたはずだ。

結論を先に述べると、平行移動の式処理にあたり、「$(x+2)$で連続して割り算するという作戦が非常に有効なのである。これはどういうことか。まずは日常的な場合から見てみよう。

数値の場合

さしあたり60進法の計算をやってみよう。

例題

200000秒は、何時間何分何秒か？

以下では異常にバカ丁寧にやっているが、これと全く同じ手順を多項式に応用したいからである。読者をバカにしているわけではないので、誤解なきよう。

まず、60で割る。3333分と、余りは20秒だ。余りの「20秒」の部分はもうそこで処理終了。「3333分」の部分はまだ処理する必要がある。そこで次は3333を60で割る。55時間と、余りは「33分」。「33分」はもう処理終了。残りの「55時間」はどうするか。24で割って、「2日と、余り7時間」としてもよいし、「55時間」は「55時間」のままでもよかろう。このあたりは表記上の問題であまり本質的ではない。ともかく答えは「55時間33分20秒」ということにしておく。人によっては、「時間」から先に求めたいと思うかもしれない。それならそれでいい。1時間は3600秒だから、200000を3600で割って「55時間と2000秒」。余りの2000秒を60で割って「33分と20秒」。これでもいい。

これを式変形で書くと、次のようになる。

$$200000 = 55 \times 60^2 + 33 \times 60 + 20$$

右辺は「$55x^2+33x+20$のxに60を代入したもの」と読める。ここがミソである。係数だけを取り出すと「55：33：20」となる。普通の10進数と違って桁がわからなくなるから、間に「：」を入れているが、これは「(60進数で) 3桁の数」と考えて欲しい。

くどいかもしれないが、もう1つ問題をやってみよう。

例題

300 を 8 進数で表すとどうなるか。

300 を 8 で割る。37 余り 4 だから、まず下一桁は「4」。次は 37 を 8 で割る。4 余り 5 だから、下二桁目は「5」。次は 4 を 8 で割ると、0 余り 4 だから、次の桁は「4」。というわけで、300 は 8 進数では「454」になる。

これを式変形で書くと、次のようになる。

$$300 = 4 \times 8^2 + 5 \times 8 + 4$$

右辺は「$4x^2 + 5x + 4$ の x に 8 を代入したもの」と読める。係数だけを取り出すと「454」である。

では 10 進数で「454」と言えばいくつだろうか。…って、何も考える必要はない。

$$454 = 4 \times 10^2 + 5 \times 10 + 4$$

である。もちろんこの 4, 5, 4 は「次々と 10 で割った余り」であるだろう。

8 進数の 454 は、「$4 \times 8^2 + 5 \times 8 + 4$」

10 進数の 454 は、「$4 \times 10^2 + 5 \times 10 + 4$」

この 2 行をじっと眺めてもらいたい。

つまり、「$4 \times x^2 + 5 \times x + 4$」は、見ようによっては「$x$ 進数」と見ることができる。係数だけを取り出して計算する手法は第 1 章でもやったが、強調しておきたいのは、それは

10 進数でいつもやっている

ことであるということだ。そして、10 進数から N 進数への変換に対応するのが、x 進数から $(x+2)$ 進数への変換であり、これはそのまま、x の多項式から $(x+2)$ の多項式への変換と全く同じなのである。

多項式の場合の実際

そんなわけで、数値を次々に60で割っていけば60の多項式になったように、xの多項式を次々に$(x+1)$で割っていけば$(x+1)$の多項式に、$(x+2)$で割っていけば$(x+2)$の多項式に変えることができるのだ。

$y=x^3+2x^2-3$を次々に$(x+2)$で割るというと大変そうだが、

組立除法の繰り返し演算はとてもラクである。

試しに$f(x)=x^3+x^2+3x-2$を$(x+3)$で繰り返し割ってみよう。

$$
\begin{aligned}
f(x) &= (x+3)(x^2-2x+9)-29 \\
&= (x+3)\{(x+3)(x-5)+24\}-29 \\
&= (x+3)^2(x-5)+24(x+3)-29 \\
&= (x+3)^2((x+3)-8)+24(x+3)-29 \\
&= (x+3)^3-8(x+3)^2+24(x+3)-29
\end{aligned}
$$

となる。こうやって書くととても面倒っぽいが、

組立除法の繰り返し演算はとてもラク

である。以下の計算例を見ていただきたい。

▼連続しての割り算

$f(x)=x^3+x^2+3x-2$　を$x+3$で連続して割る。

1	1	3	−2	−3
	−3	6	−27	
1	−2	9	−29	
	−3	15		
1	−5	24		
	−3			
1	−8			

$$f(x)=1\cdot(x+3)^3-8(x+3)^2+24(x+3)-29$$

▼連続しての割り算（続き）

$f(x)=x^3+2x^2-3$　をどんどん $x+2$ で割る。

1	2	0	−3	−2
	−2	0	0	
1	0	0	−3	
	−2	4		
1	−2	4		
	−2			
1	−4			

$$f(x)=1\cdot(x+2)^3-4(x+2)^2+4(x+2)-3$$

$y=x^4-3x^2+x-1$　を $x+3$ で連続して割る。

位取り注意

1	0	−3	1	−1	−3
	−3	9	−18	51	
1	−3	6	−17	50	
	−3	18	−72		
1	−6	24	−89		
	−3	27			
1	−9	51			
	−3				
1	−12				

$$y=(x+3)^4-12(x+3)^3+51(x+3)^2-89(x+3)+50$$

そして平行移動

それではこれが平行移動にどう役に立つというのだろう。

$y=x^3+2x^2-3$ は連続した割り算によって、

$$y=(x+2)^3-4(x+2)^2+4(x+2)-3$$

と書き換えられた。これは単なる「書き換え」であって、

どちらも同じもの

だということを強く認識しておいて欲しい。

さて、「x 方向に 2 平行移動」は「x のところに『$x-2$』を入れる」ことだったが、

どちらも同じ式なので、どちらに入れても同じ

である。だったら

後者に入れた方が圧倒的にラク

だろう。やってみよう。

$$y=(\underline{x-2}+2)^3-4(\underline{x-2}+2)^2+4(\underline{x-2}+2)-3$$

2 が相殺されるってのがミソである。

そのための $x+2$ での割り算だったのだ。

例題

> **$y=x^3+2x^2-3$ のグラフを x 方向に 2、y 方向に -3 平行移動した式を求めよ。**

与式は

$$y=(x+2)^3-4(x+2)^2+4(x+2)-3$$

と書き換えることができる。これを x 方向に 2、y 方向に -3 平行移動する（x に $x-2$ を、y に $y+3$ を入れる）と、

$$y=x^3-4x^2+4x-6$$

を得る。

このようにサクッと答案が書けてとても気分がいい。もちろんこの「書き換えることができる」というところに、どこかの計算用紙でちまちま

と組立除法の計算をしたことが隠れているのである。しかしそれを答案に書く必要はないし、むしろ書いてはいけない。

例題

$y = x^4 - 3x^2 + x - 1$ のグラフを x 方向に 3、平行移動した式を求めよ。

与式は

$$y = (x+3)^4 - 12(x+3)^3 + 51(x+3)^2 - 89(x+3) + 50$$

と書き換えることができる。これを x 方向に 3、平行移動（x に $x-3$ を入れる）すると、

$$y = x^4 - 12x^3 + 51x^2 - 89x + 50$$

を得る。

「x 方向に 3」平行移動するのだから、あとで x に $x-3$ を入れることになる。よってそれを見越してあらかじめ $(x+3)$ の多項式に変えておくのだ。

元の式の x を $(x-3)$ に書き換えてから展開するという方法でもできる。できるんだけど、4 乗の展開計算をするかと思うと正直うんざりだ。組立除法なら手計算でもやる気モチベーションは保たれるんじゃないかな。

ここで筆者が言いたいことは、

ほ〜ら、こんなテクニックがあるよ〜

という安っぽいことではない。小手先のテクニックは、面白いが大事ではない。そうじゃなくて、言いたいのは、

組立除法のような基礎技術の応用の広さ

である。全く違う世界の住人のように見える 10 進数と多項式が、

一段上の視点から見れば同じ

になったりするのは、とても不思議なことじゃないだろうか。長い一本道かと思った道は、螺旋（らせん）を描いて登っているのだ。遠く離れた内容が、上下を見ればすぐそこなのかもしれない。そして

学問の螺旋を外から見る

ような経験をふむと、基礎の重要性がわかってくる。

なにごとも基礎は大事

ということに異論がある人はいないだろうが、だがしかし、基礎練習をやっているときには、こんな応用があるなど気づくはずもないし、そもそも

基礎練習はつまらない

んだよね。筆者は、とくに学生は、どんどん背伸びしていいと思う。基礎が十分でないと、いつかきっと伸び悩むだろう。そのときに

「基礎は応用の応用」

というセリフを思い出してくれればいい。基礎は、基礎ばかりやるものではなく、応用の次にあるものである。応用を見てから基礎をやると、基礎のやり方が違うし、基礎の見方が違う。基礎は最初に頑張りすぎるものじゃなくて、熟達してからこそ大事にするものだ。自分の知識がどれだけ増えても世界の全てを知ることはできない。だからいつまでも、学問に対する謙虚さと、できる限りの力でどこまでやれるかを考える姿勢、この2つは大切である。どんなに熟達しようが偉くなろうが地位が上がろうが関係ない。どちらかだけではダメである。遠い目標を持つのは大事だが、目の前の問題が解決できないのでは困る。目の前の問題ばかりに気を取られ、夢や野望を失ってはいけない。明日の試験のために教科書を最初から勉強しなおしたのではとても間に合わないが、いつも手持ちの知識だけで闘って、その知識がいつまでも増えないのは問題だ。このことは皆さんだけの問題ではない。筆者もこれからも勉強していきたいと思う。本書に皆さんの数学の力を向上させる力はないが、本書で皆さんに数学を面白いと思ってもらえるといいな。どんなことでも上達

のキモは

面白いと思えるかどうか

である。好きこそものの上手なれ。これからも数学を楽しんで欲しい。

小脳に記憶せよ

ヒトの脳には「小脳」と呼ばれる部分がある。うなじの下あたりだ。ここは専門的には「姿勢制御とプログラム運動の中枢」と言われる。中枢というのは、大脳がメイン・コントロール・センターだとすると、サブにあたるところで、つまり、

意識せずに、勝手にやってくれる

ということなのだ。では何をやってくれるのか。まず姿勢制御。我々が鼻歌を歌いながら自転車に乗れるのも、微妙なバランス制御を勝手に小脳がやってくれるからである。もう1つはプログラム運動だ。プログラム運動とは、いわゆる

体で覚える

というヤツである。ピアノでもサッカーでも、練習によって「意識せずに」できるようになるから不思議だが、これは小脳が大脳に代わって仕事を引き受けてくれているのだ。最初は「ああやって、こうやって」と手順を覚える必要がある。しかし上達に伴い手順を「忘れて」いう。そのうちに「なぜできるのか、自分でもわからない」という境地になるはずだ。ん？　自分はそんな境地に立ったことはない？　そんなことはないだろう。歩けるでしょ。日本語読めるでしょ。できることたくさんあるでしょ。意識してないだけ、忘れちゃってるだけなんだよ。「なぜできるのか、自分でもわからない」だけじゃなくて、「できてることすら、忘れちゃう」んだ。知識は少なくてもいい。そのかわり最大限に応用することである。むしろ応用を考えることこそが重要といってもいい。それが数学の思想に触れる第一歩だ。数学の思想に触れずに受験を超える

と後には疲労感しか残らない。公式を覚えたところで、5年もたてばキレイさっぱり忘れてしまうだろう。「こんなこと、何のためにやってるんだろう」という青春にありがちな疑問に、そのときに納得できるだけの答えをあげることはできないが、将来自分で答えを出せるようにしてあげることはできる。その布石が、これだ。

公式は覚えなくていい。手順を「やってみろ」。

知識とは、記憶しただけでは役に立たない。記憶していないのと同じである。記憶したものを脳から取り出して使って、はじめて意味をなすのである。数学の思想は、人生において決して無駄ではない。数学は「複雑なものをいかに簡単に扱うか」という「方法」と「方法論[注60)]」の学問である。数学を勉強すればするほど、人間はこれほど単純なことしか考えられないのか、と痛感するようになるだろう。少し難しくなるとすぐにわけがわからなくなる。複数の数字を扱うためにベクトルという表記法を使えば、少し複雑なことが扱えるようになって、少しだけ前に進むことができる。でも人生には数学より複雑な場面などクサるほど存在するのだ。そういうときに、習ったそのままも数学の「方法」は役に立たないが「方法論」はきっと役に立つ。自転車の乗り方を忘れないように、道具として使い方に慣れると、その使い方は忘れにくい。知識の学習は一般に大脳に記憶されるが、「慣れ」系の学習は、小脳に記憶されることが知られている。数学は「技術」であるから、訓練を積んで小脳に記憶せよ。したがって覚えることは実はごくわずかでいい。修練すべきは「使い方」なのだ。

注60) 「方法論」という言葉が聞き慣れないかもしれないが、「どういう方法が適切か、『方法』を探る学問」という意味で、たとえば「代入して試してみる／成り立たないと仮定してみる／表にしてみる」などがあるだろう。

Section 3.8 付録

重心と加重平均（303ページ）

本編の問題を解く算数的な手法が存在するので紹介しようと思うが、その前にまず「重心」とは何かを考える。

重心はcenter of gravityの訳だから、まあたぶん、物理の用語だろう。で、「全体の重さがかかっているとしたらここだ！」という場所のことである。「全体の重さがかかる」とはどういうことか。30kgの物体の重さは30kgに決まっている。そういう問題ではない。厳密な定義ではないことを承知であえて書くと、重心とは

ここを支えれば回転しない

という場所のことである。

まず2点の場合。例題を見て欲しい。

例題

棒の左端に3kg、右端に2kgのおもりがある。どこを持てば棒は回らないか。ただし棒の重さは無視する。

こういった問題は、モーメントという概念を使って考えるのが常道だ。モーメントは「距離掛ける重さ」につけられた名前で、ここでは「棒を回そうとする力」と考えてくれて構わない[注61)]。棒を持って棒が回らない場所を仮に「点G」としよう。点Gから左右のモーメントが等しけ

注61）モーメントは、棒を回そうとする力と「考えてくれて構わない」、という微妙な書き方をしているのは、もちろん、厳密にはモーメントは棒を回そうとする力ではないからである。「力」という言葉には物理では別の定義が与えられている。厳密なことを言い出したらモーメントはモーメントとしか言いようがない。長さ掛ける長さに面積という言葉を与えたように、重さ掛ける距離にモーメントという言葉を与えたの。

れば、左右が釣り合って、棒は回らない。

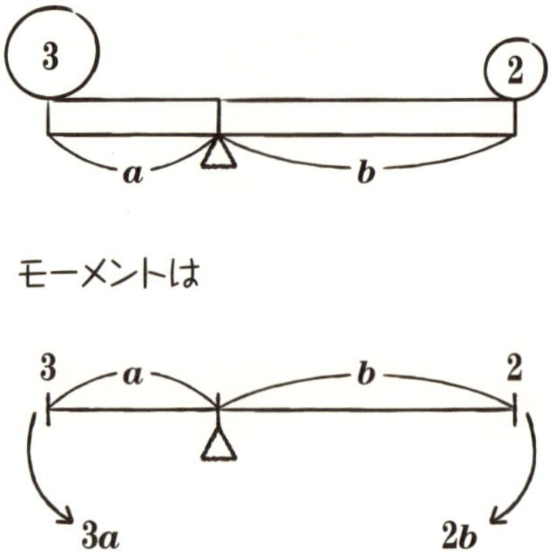

点Gからの距離が左右それぞれa, bとすると、「左右のモーメントが等しい」というのは

$$3a = 2b$$

ということである。$a : b = 2 : 3$であるような点を持てば棒は回らない。おもりの重さの比が3：2なのに対して、点Gからの距離の比が2：3になるので、これを算数では「逆比になる」とか言ったりするが、どうでもいい。とにかく「モーメントを考える」ということがこの手の問題を解くための方法である。こうして求めた点Gは「棒を持って回らない場所」である。これを「重心」という。

おもりの総量は5kgだが、重心を持てば棒は回らないので、持った手には5kgの重さがかかる。

えっ、5kgのモノを持てば5kgの重さがかかるに決まってるじゃん

と考えるのは正しくない。重心を支えないような持ち方をした場合には、5kgより大きな負荷がかかる。日常生活でも、持つ場所によってモノの重さが違って感じることはあるよね。手を掛ける場所を間違うと、持てるはずのものも持てないことがある。なぜ持てないのかというと、

持つ場所が悪いと、モノが回ってしまう

からだ。持ち上げるというのは、モノの重さを支える力の他に、モノを回さないための力が要るんだね。重心から離れたところを持たざるをえないものや、軟体状態で重心をつかめないものは、安定を保つ（回らない）ための力を余計に必要とする。「寝た子は重い」は決して気のせいではないのだ。

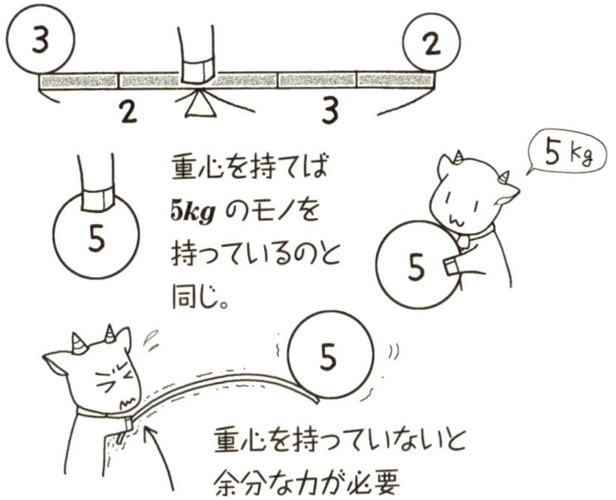
3
2
2
3
重心を持てば
5kg のモノを
持っているのと
同じ。
5
5 kg
5
5
重心を持っていないと
余分な力が必要

そう考えると、おもりの総量が 5kg のとき、どこかを持ってちゃんと 5kg として感じるというのは、むしろ意外に特別なことなのだ。その「どこか」というのはもちろん重心のこと。つまり

重心とは「おもりがまとまってどこかにあるとすれば、ここ」という場所

のことなのである。

それでは 3 点以上の場合。

2 点のとき、重心は「おもりがまとまってどこかにあるとすれば、ここ」という場所であった。

この作業をすると 2 点が 1 点になる。

ということは、3 点以上の場合、「どこか適当な 2 点を選んでその 2 点の重心を求め、そこに 2 つのおもりがまとまってあると思う」というこ

とを繰り返していけばいい。するとどんどん点が減ることになるので、最終的に１点にまでなれば、それが全体の重心ということになる。

具体的に、絵でやってみよう。

平面上に「12, 8, 1, 3」の４点があるとする。どれでもいいんだけど、まず「1, 3」に注目しようか。１と３だから、距離３：１のところがその２点の重心。そこに総量４（＝１＋３）のおもりがあると考える。続いて「8, 4」に注目する。距離１：２の場所に総量12（＝８＋４）のおもりがあると考える。最後に12と12の中点に総量24のおもりがあると考える。

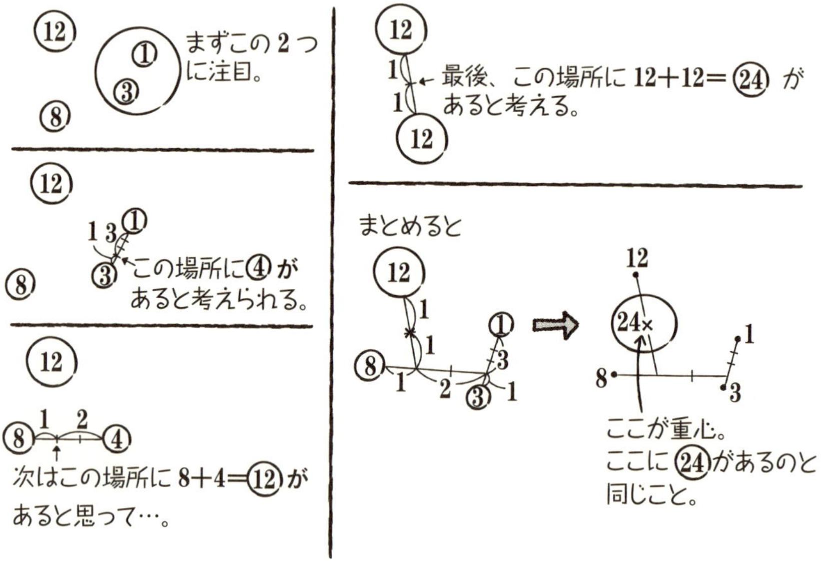

おー、重心ってこんなふうに図を描いて解けるんだね。このように、重さの比に応じて距離の比を変える手法を「加重平均」という。

それでは本編の問題ではどうなっているのか、というと、「Ａに－７、Ｂに11、Ｃに13」のおもりがあると思えばよい。えっ、おっと、「－７のおもり」ってなんだよ。

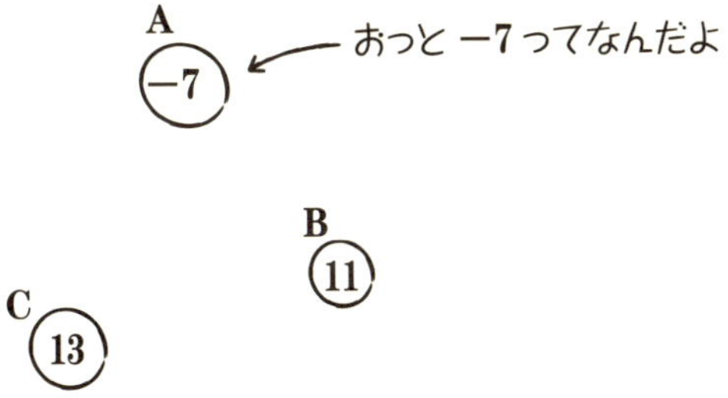

「負のおもさ」なるものをどう処理するのがよいのか。ここではとりあえず

ヘリウムガスでも思い浮かべて

モーメントを使って考えよう。支点を A と B の間に求めなければ説明できる。「−7という重さ」を「−7の力で浮かすことができる」と考えると、重心を図のように AB の外側にとれば「釣り合い」を見つけることができるだろう。

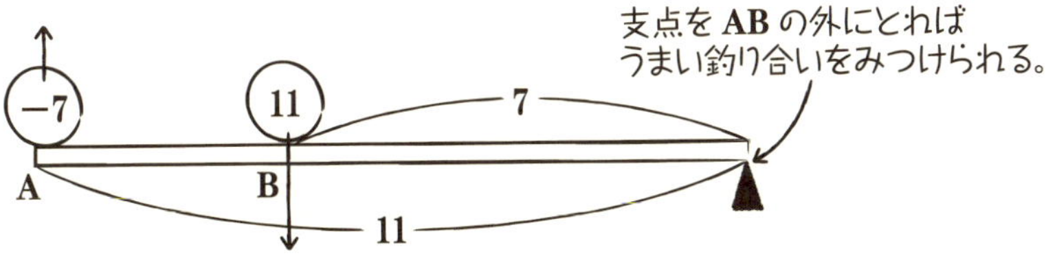

支点を AB の外にとれば
うまい釣り合いをみつけられる。
−7
11
7
A
B
11

※支点を A と B の間にとるとどうしても回ってしまう。

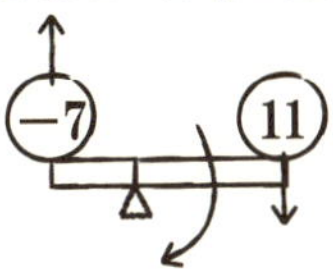

モーメントは

- 7 × 11 で時計回り
- 11 × 7 で反時計回り

となって、釣り合う。

とまあ、このようにいちいち浮かす力とか時計回りとか考えてもいいんだけど、計算途中では実は何も考えず「重さの比の逆比が距離の比になる」という格言通り、ABの距離の比が「11：－7」になったと思って考えてしまってよい。どの順でもいいのだがここではB, Cから先に処理することにすると、BCを11：13に分ける点Qを求めて、今度はそのQとAを24：－7に内分する点を求めれば、それがPになる。

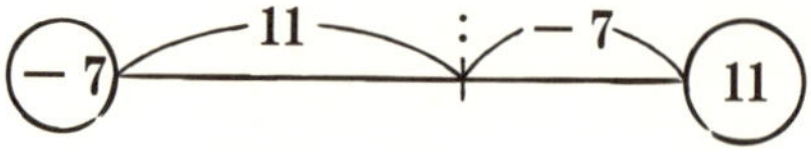

距離の比を　11：－7　ということにする。

今の手順を式に直すと、

$$\text{BC を } 13:11 \text{ に内分する点 Q は } \overrightarrow{OQ}=\frac{11}{24}\overrightarrow{OB}+\frac{13}{24}\overrightarrow{OC}$$

次に、

$$\text{A と Q を } 24:-7 \text{ に内分する点 P は } \overrightarrow{OP}=-\frac{7}{17}\overrightarrow{OA}+\frac{24}{17}\overrightarrow{OQ}$$

と、このようになる。くれぐれも言っとくけど、「24：－7に内分する」という言い回しはここだけの話だからね。そんなのを何の前提もなしに数学の先生やお友達に話したら「はぁ？」という顔をされるからね。

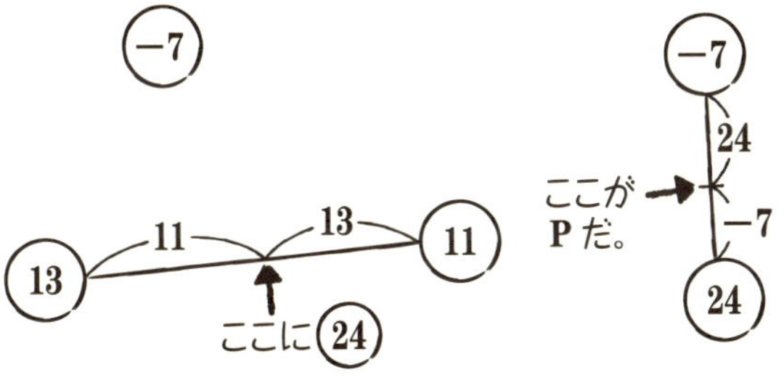

このようにすればよい。

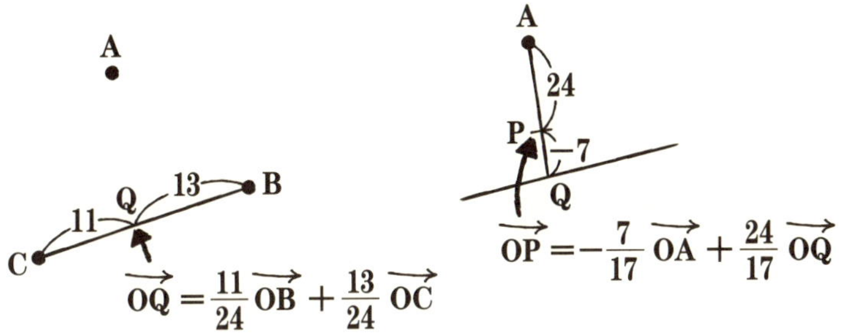

$\overrightarrow{OQ}$を代入処理して書き直すと、

$$\overrightarrow{OP} = -\frac{7}{17}\overrightarrow{OA} + \frac{11}{17}\overrightarrow{OB} + \frac{13}{17}\overrightarrow{OC}$$

となる。本編の結果とばっちり一致しているだろう。すばらしい。

せっかくの方法なので、今のを文字でやってみる。Aにa、Bにb、Cにcのおもりがあるとして、

$$\overrightarrow{OQ} = \frac{b}{b+c}\overrightarrow{OB} + \frac{c}{b+c}\overrightarrow{OC}$$

として、次に、

$$\overrightarrow{OP} = \frac{a}{a+b+c}\overrightarrow{OA} + \frac{b+c}{a+b+c}\overrightarrow{OQ}$$

とすればよい。これは容易に変形できて、

$$\overrightarrow{OP} = \frac{a}{a+b+c}\overrightarrow{OA} + \frac{b}{a+b+c}\overrightarrow{OB} + \frac{c}{a+b+c}\overrightarrow{OC}$$

となる。文字で見るとうまくバランスとれている感じがすると思うがどうだろうか。

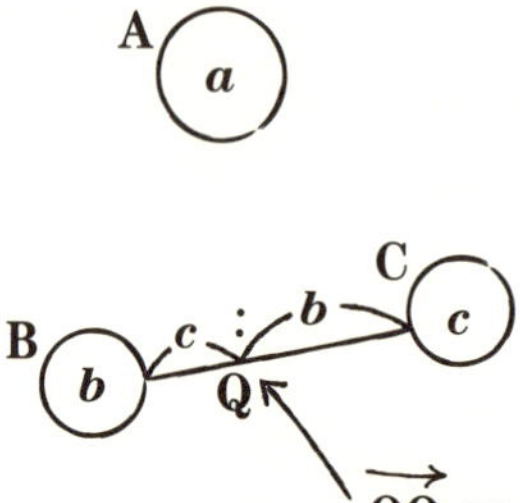

$$\overrightarrow{OQ} = \frac{b}{b+c}\overrightarrow{OB} + \frac{c}{b+c}\overrightarrow{OC}$$

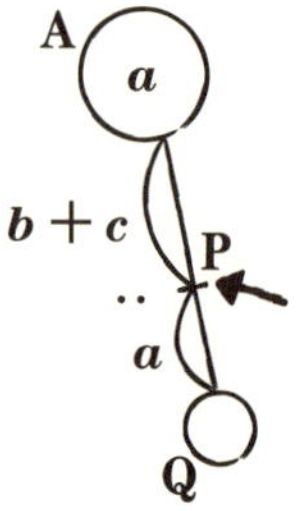

$$\overrightarrow{OP} = \frac{a}{a+(b+c)}\overrightarrow{OA} + \frac{b+c}{a+(b+c)}\overrightarrow{OQ}$$
$$= \frac{1}{a+b+c}\left(a\overrightarrow{OA} + b\overrightarrow{OB} + c\overrightarrow{OC}\right)$$

ここで、上の式で $a = b = c = 1$ とすると、

$$\overrightarrow{OP} = \frac{1}{3}\left(\overrightarrow{OA} + \overrightarrow{OB} + \overrightarrow{OC}\right)$$

となる。これはつまり、各ベクトルに重みの差がないとすると、単純にベクトルを 3 本足して、3 で割ればそれが重心になることを意味する。これはベクトルが何本あっても同じこと。つまり、10 本のベクトルの重心なら、その 10 本を全部足して 10 で割ればいい。

なんて簡単なんだ！　JAPAN！

そうしたら、そもそも「a という重みのベクトル」と考えるんじゃなくて、「重さ 1 のベクトルが a 本集まってる」と考えたらどう？

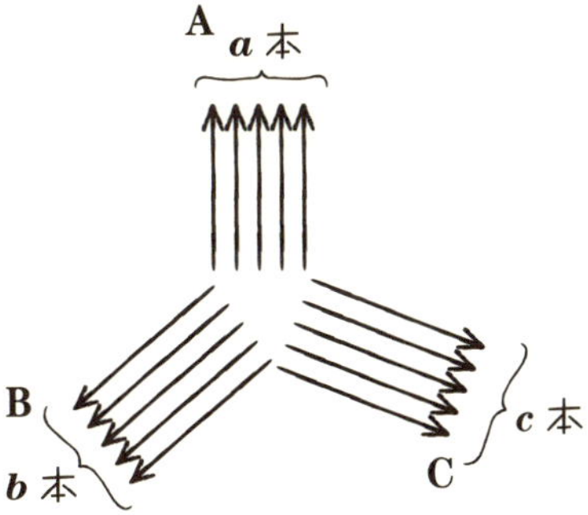

$\overrightarrow{OA}$ が a 本, $\overrightarrow{OB}$ が b 本, $\overrightarrow{OC}$ が c 本 } 全部足して $a+b+c$ で割ると重心 $\overrightarrow{OG}$

$$\overrightarrow{OG}=\frac{1}{a+b+c}\left(a\overrightarrow{OA}+b\overrightarrow{OB}+c\overrightarrow{OC}\right)$$

Aのところにはa本、Bのところにはb本、Cのところにはc本。この全部で$a+b+c$本のベクトルで重心を考えても同じく

$$\overrightarrow{OP}=\frac{a}{a+b+c}\overrightarrow{OA}+\frac{b}{a+b+c}\overrightarrow{OB}+\frac{c}{a+b+c}\overrightarrow{OC}$$

を出すことができる。この説明のほうが単純でわかりやすいような気もするけど、ただ、これだと

a, b, c に入るのは0または正の整数が想定される

という点では、ちょっとスキがあるかもしれない。まあこれは1つの理解の方便と考えておこう。ベクトルで考えるときの「重心」は、そのベクトルの重みを考慮して

とにかく全部のベクトルを足して、総量で割る

ということだ。

モーメントの追記（326ページ）

モーメントを考えるときの「力」は、接線方向の「力」を問題にする。たとえば次ページの図のようにナナメ60度でひっぱった場合には、その半分の力しかモーメントには寄与しない。

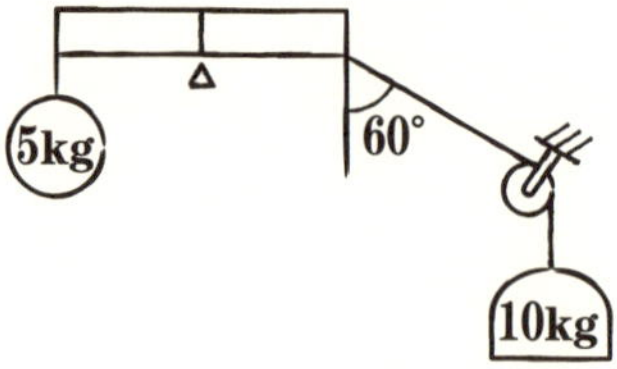

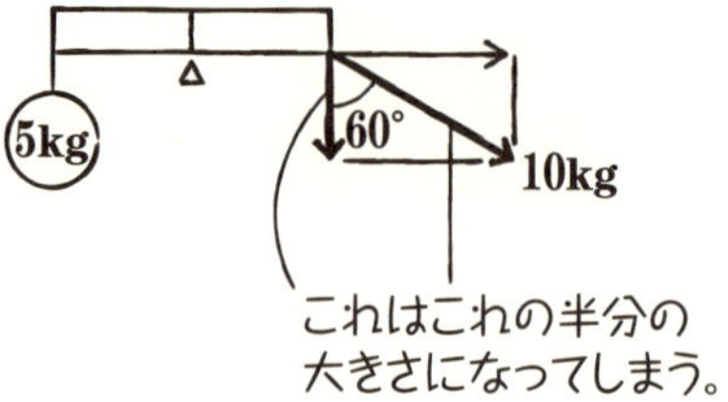

小学校ではこのような、力をベクトル分解しないといけないような例は扱わない。また、小学校では負の数を扱わないので、時計まわり／反時計まわりのモーメントとして処理するが、大人はそういうのメンドクサイので、時計まわりか反時計まわりかのどちらかを「正の方向」と決めて、「全部足してゼロになれば『釣り合い』である」と考える。

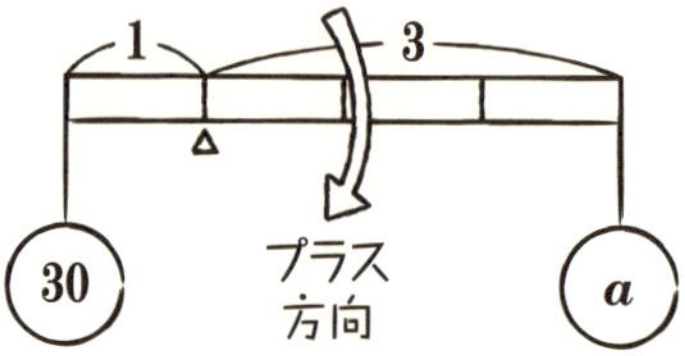

例えば時計回りを正の方向と決めれば、左腕に30（距離1）、右腕に a（距離3）ならば、$3a-30=0$ で、$a=10$ となる。

平行四辺形の面積計算（280ページ）

これは、人生で一度だけやっとけばいい計算である。

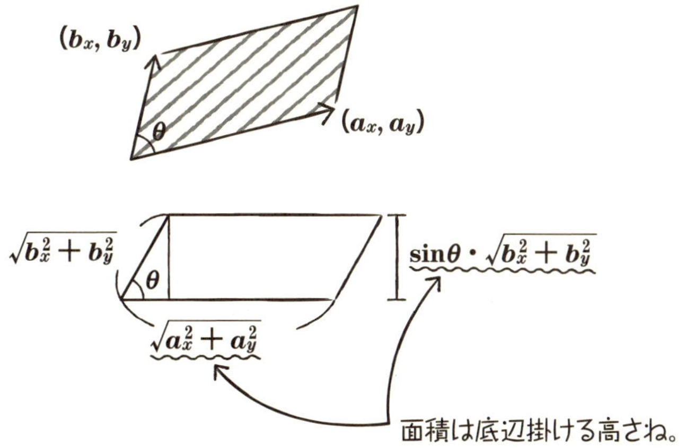

$\sin\theta = \sqrt{1-\cos^2\theta}$ であり、$\cos\theta$ は内積の式

$$a_x b_x + a_y b_y = \sqrt{a_x^2 + a_y^2}\sqrt{b_x^2 + b_y^2}\cos\theta$$

から求める。ということは面積 S は、

$$S = \sqrt{a_x^2 + a_y^2}\sqrt{b_x^2 + b_y^2}\sqrt{1 - \left(\frac{a_x b_x + a_y b_y}{\sqrt{a_x^2 + a_y^2}\sqrt{b_x^2 + b_y^2}}\right)^2}$$

じゃじゃーん！

さあこの式を変形してキレイにできるものなのでしょーか。

まずルートの中身を整理して

$$= \sqrt{(a_x^2 + a_y^2)(b_x^2 + b_y^2) - (a_x b_x + a_y b_y)^2}$$

ここで「けっこう消える項があるはず」と思いながら展開。

$$= \sqrt{a_x^2 b_x^2 + a_x^2 b_y^2 + a_y^2 b_x^2 + a_y^2 b_y^2 - a_x^2 b_x^2 - a_y^2 b_y^2 - 2a_x b_x a_y b_y}$$

$a_x^2 b_x^2$ と $a_y^2 b_y^2$ は消えて、

$$= \sqrt{a_x^2 b_y^2 + a_y^2 b_x^2 - 2a_x b_x a_y b_y}$$

これ、ややこしいけど、$(a_x b_y)$ と $(a_y b_x)$ をまとめて考えて因数分解。

$$= \sqrt{(a_x b_y - a_y b_x)^2} = |a_x b_y - a_y b_x|$$

これでできたー。

角の二等分って？（257 ページ）

「ひし形は対角線が角の 2 等分線になる」という性質を使う。このことさえわかっていればいい。

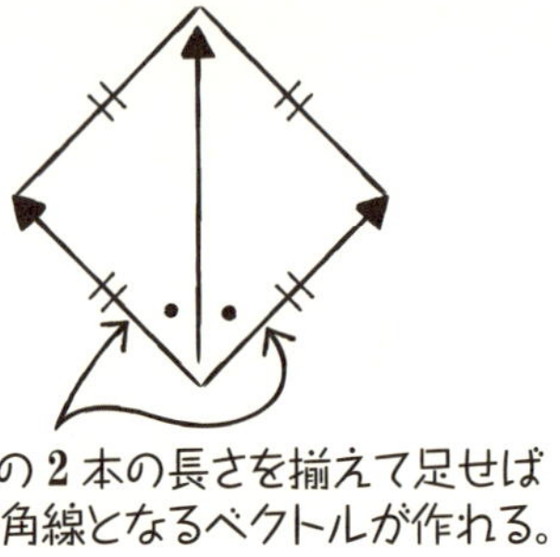

この 2 本の長さを揃えて足せば
対角線となるベクトルが作れる。

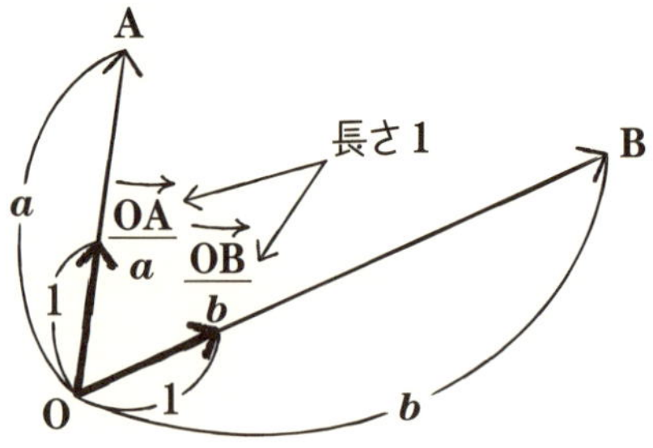

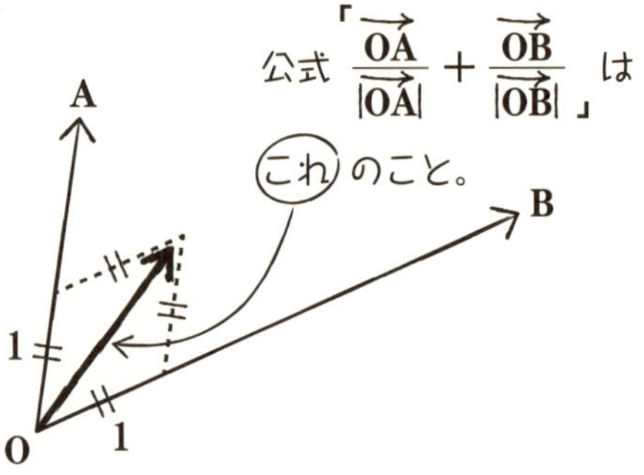

$\overrightarrow{OA}$ と $\overrightarrow{OB}$ がどんな長さでも、それ自身の大きさで割っちゃえば「もとのベクトルと同じ方向で長さは1のベクトル」を作ることができる。長さが揃うので、その2本でひし形を作っちゃえばいい。公式 $\dfrac{\overrightarrow{OA}}{|\overrightarrow{OA}|}+\dfrac{\overrightarrow{OB}}{|\overrightarrow{OB}|}$ はそのように考えて作られている。

しかし筆者は割り算が嫌いなのだ。計算をミスるから。ベクトルの長さがわかってしまっていることも多いので、それならば

わざわざ1に揃えず、適当な公倍数で揃えりゃいいんだよ。

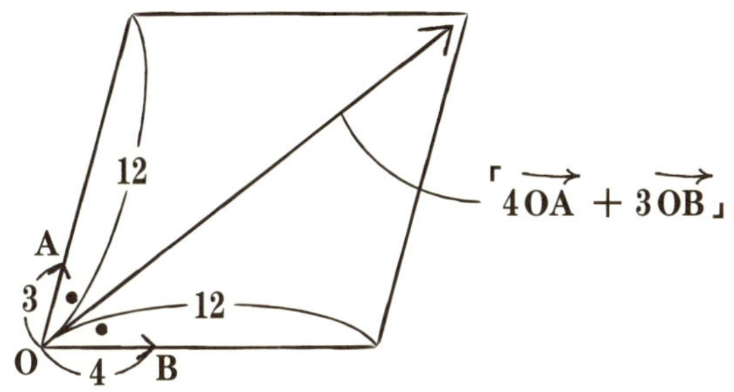

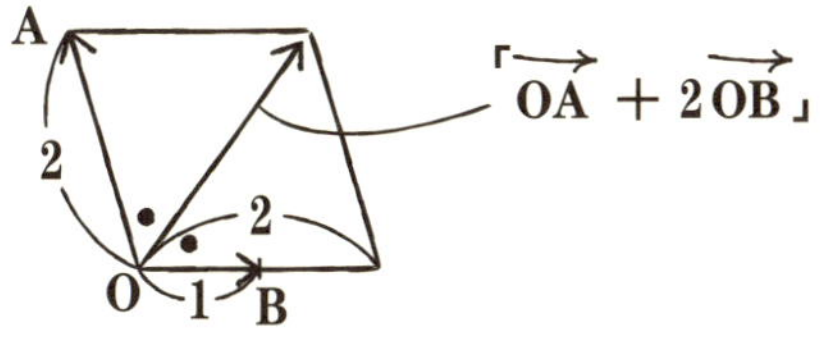

角の二等分線は三角形の底辺をどう割る？（257 ページ）

名前がないと不便なので、図の「二等分線が辺 AB と交わる点」を P としておく。

P は角の二等分線上だ。角の二等分線は「長さを揃える」と考えれば、OA を 4 倍、OB を 3 倍して足せばいい。つまり、

$$\overrightarrow{OP} = k(4\overrightarrow{OA} + 3\overrightarrow{OB})$$

となる。ところで P は AB 上にあるはずだが、AB 上にある点ってのは

$$a\overrightarrow{OA} + b\overrightarrow{OB}$$

のように書いたとき「$a + b = 1$ である」という性質があったよね。ということはこの P について、$4k + 3k = 1$ となるような k ならば P が AB 上になるはずだ。ゆえに $k = \frac{1}{7}$ となり、

$$\overrightarrow{OP} = \frac{4}{7}\overrightarrow{OA} + \frac{3}{7}\overrightarrow{OB}$$

これを少し書き直すと、

$$\overrightarrow{OP} = \overrightarrow{OA} + \frac{3}{7}\overrightarrow{AB}$$

となる。つまりだ、角の二等分線は、辺の比が $a : b$ なら底辺を $a : b$ に割る、ということなんだね。なるほどねー。

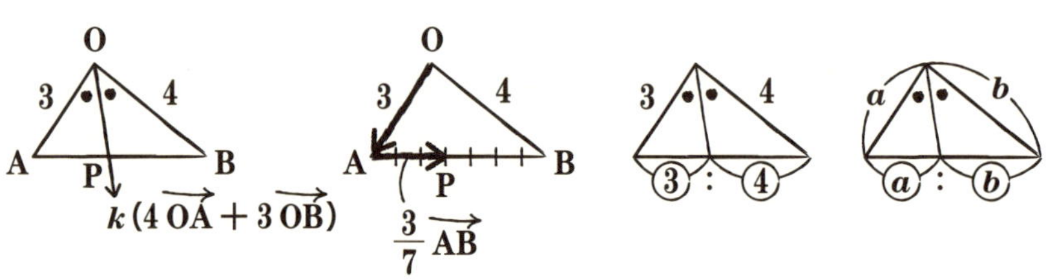

まあ、覚えていれば少しはトクがあるかもしれないけど、べつにこんなことは覚えなくてもいい。

共通一次試験 1989 の問題の式変形（302 ページ）

$$\begin{cases} \overrightarrow{CH} \cdot \overrightarrow{AB} = 0 \\ \overrightarrow{BH} = k\overrightarrow{BR} \end{cases}$$

これらと前問の

$$\begin{cases} \overrightarrow{BR} = -\overrightarrow{AB} - \dfrac{3}{10}\overrightarrow{AC} \\ \\ \overrightarrow{AB} \cdot \overrightarrow{AC} = -\dfrac{15}{2} \end{cases}$$

をあわせれば解けるはず。しかしこの計算が簡単じゃない。読者の皆さんはやらなくてもいい（笑）。

とりあえず $\overrightarrow{AH}$ を求めたいので、$\overrightarrow{AH}$ から $\overrightarrow{BH}$ につなげていく。

$$\overrightarrow{AH} = \overrightarrow{AB} + \overrightarrow{BH}$$

$\overrightarrow{BH} = k\overrightarrow{BR}$ なので、

$$\overrightarrow{AH} = (1-k)\overrightarrow{AB} - \frac{3}{10}k\overrightarrow{AC}$$

次は $\overrightarrow{CH} \cdot \overrightarrow{AB} = 0$ を使う。$\overrightarrow{CH} = \overrightarrow{AH} - \overrightarrow{AC}$ として、

$$\begin{aligned} & (\overrightarrow{AH} - \overrightarrow{AC}) \cdot \overrightarrow{AB} = 0 \\ \Longleftrightarrow\quad & \overrightarrow{AH} \cdot \overrightarrow{AB} - \overrightarrow{AC} \cdot \overrightarrow{AB} = 0 \\ \Longleftrightarrow\quad & (1-k)|\overrightarrow{AB}|^2 - \frac{3}{10}k\overrightarrow{AC} \cdot \overrightarrow{AB} - \overrightarrow{AC} \cdot \overrightarrow{AB} = 0 \\ \Longleftrightarrow\quad & 9(1-k) - \left(\frac{3}{10}k + 1\right)\left(-\frac{15}{2}\right) = 0 \\ \Longleftrightarrow\quad & 9 - \frac{27}{4}k + \frac{15}{2} = 0 \end{aligned}$$

ゆえに

$$k = \frac{22}{9}$$

となる。しかし…、うーん、$k = \dfrac{22}{9}$ かぁ。このまま計算するといかに

も間違えそうだな…。で、$\overrightarrow{AH}$ の式にいれると

$$\overrightarrow{AH} = -\frac{13}{9}\overrightarrow{AB} - \frac{11}{15}\overrightarrow{AC}$$

となり、答えは出たけど

あってんのか間違ってんのか…。

これはキビシイ…。時間制限のきつい試験で、これを答えとして自信を持って書くのはたいへんだ。もう少し図形的に攻めないとダメだろう。そうはいっても、図をキレイに描くにもテクニックが要る。なかなかたいへんな問題だ。

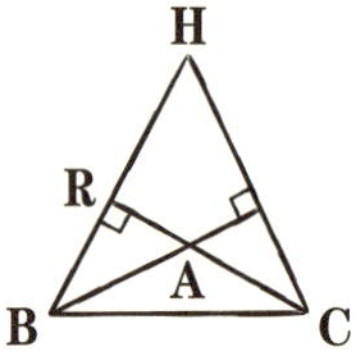

三角形に垂直があったら
「直角」を目印に
相似をさがそう!

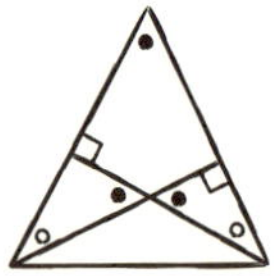

等しくなる角度に目印をつけて
考えると…

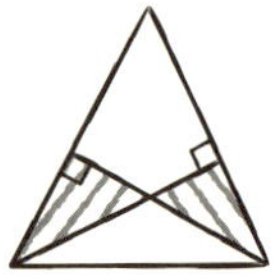

これも
相似だが、

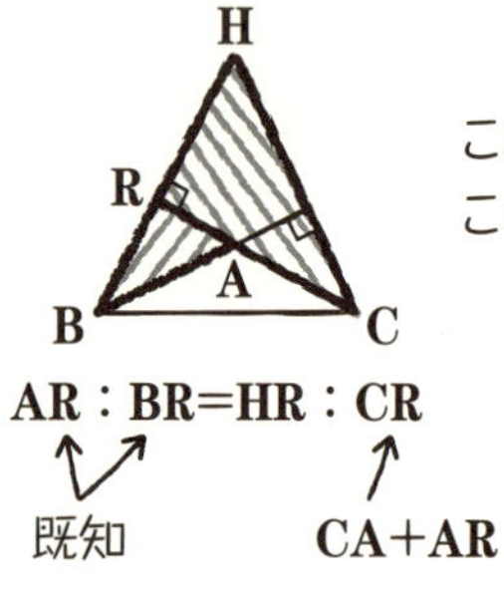

これも相似になる。
これを使おう!

図からうまく相似をみつけると、AR : BR = HR : CR より

$$\frac{3}{2} : \frac{3}{2}\sqrt{3} = HR : 5 + \frac{3}{2}$$

となるので、

$$\frac{3}{2}\sqrt{3}\cdot \mathrm{HR}=\frac{3}{2}\left(5+\frac{3}{2}\right)$$

より

$$\mathrm{HR}=\frac{13}{6}\sqrt{3}$$

$\mathrm{BR}=\frac{3}{2}\sqrt{3}$だから

$$\mathrm{BH}=\frac{13}{6}\sqrt{3}+\frac{3}{2}\sqrt{3}=\frac{11}{3}\sqrt{3}$$

ということは

$$\overrightarrow{\mathrm{BH}}=\frac{22}{9}\overrightarrow{\mathrm{BR}}$$

となって、これで$k=\frac{22}{9}$が出てくる。

中学入試対策の知識を総動員して解いてみたが、式変形で押すのとどちらがラクかねぇ？　本問はそれほど差はないように思う。図形（幾何）の知識が「センター試験の裏ワザ！」みたいに紹介されることも多く、実際、幾何で解くとズバッと解けることもあり、そういうのを見つけると気持ちいいので筆者はいつも狙っているわけだが、それはともかく、以前は「そんなのずるいよ！」と抗議する高校生に同調して「大学入試に幾何で解けるような問題ってイマイチでは？」と思っていた。しかしそのあたり、最近わりとどうでもよくなった。自分の脳が衰えて硬くなってきている昨今、裏ワザだろうがなんだろうが、適切な場面で適切な道具を使える能力って大事だし、それがうまくハマったのなら、他人よりトクしてしかるべきじゃないかな、と。どんなときも大事なのは柔軟な思考で、それは数学に限ったことではない。

柔軟な思考

につながるのなら、動機がなんだろうとそれは些細なことだ。簡単に得点したいでも、別解を示して彼女をびっくりさせたいでも、利用できるものはなんでも利用したらよい。筆者はベクトルの問題のときには「幾何で解く方法ないかな」といつも狙っていると述べたが、狙おうと思うことこそが、もしかすると一番大事なのかもね。

内分点と外分点（222 ページ）

「ある 2 点からの距離が $m:n$ なる点」の集合は、実は円になる。

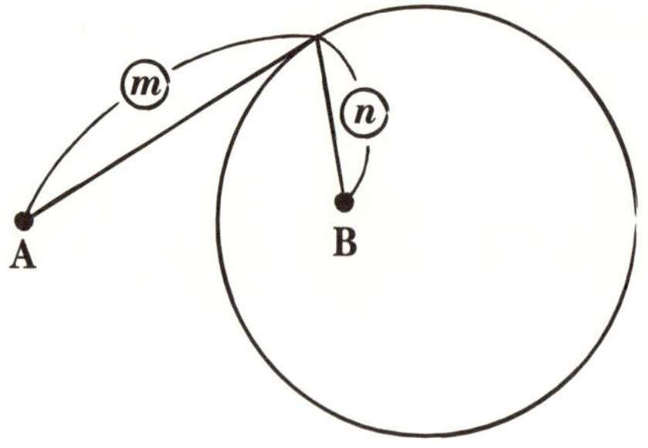

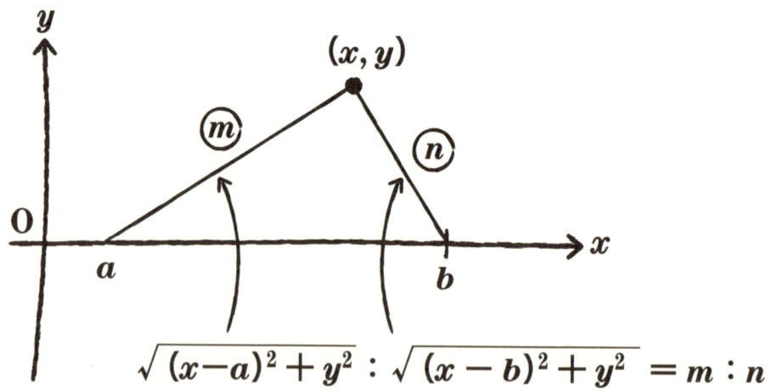

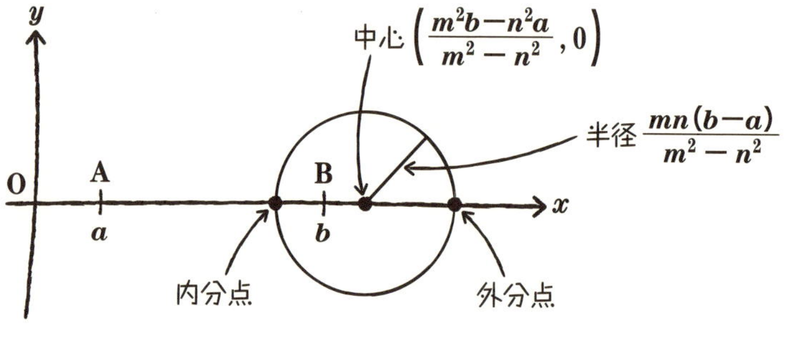

いちおう $a<b$ として、点 $(x,\ y)$ と $\mathrm{A}(a,\ 0)$、$\mathrm{B}(b,\ 0)$ の距離の比が

$$\sqrt{(x-a)^2+y^2}:\sqrt{(x-b)^2+y^2}=m:n$$

とすると、

$$m^2\{(x-b)^2+y^2\}=n^2\{(x-a)^2+y^2\}$$

これは

$$(m^2-n^2)x^2-2(m^2b-n^2a)x+(m^2-n^2)y^2+m^2b-n^2a=0$$

そして

$$\left(x-\frac{m^2b-n^2a}{m^2-n^2}\right)^2+y^2=\left(\frac{mn(b-a)}{m^2-n^2}\right)^2$$

つまり、中心は $\left(\dfrac{m^2b-n^2a}{m^2-n^2}, 0\right)$、半径は $\dfrac{mn(b-a)}{m^2-n^2}$ であるような円となる。

この円と直線 AB の交点のうち、AB の間にあるものを内分点、AB の外にあるものを外分点と言ってるんだね。

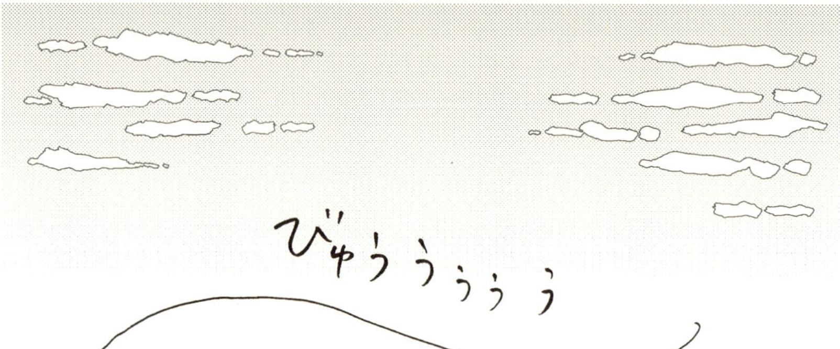

夏の終わり

イラスト兼まんが担当：

森皆ねじ子 Morimina Nejiko

旧『4次元の林檎』あらため『ワナにはまらないベクトル・行列』にイラストとまんがを描きました。私が日ごろたいへんお世話になっている、CG（コンピュータ・グラフィックス）における画像の回転・縮小・拡大などはすべて行列の計算で処理されていることをこの本ではじめて知りました。手計算じゃとてもできません。

科学の力ってすげー!!

次は『ワナにはまらない高校数学』なのかな？楽しみにしております。

BGV：Berryz工房ラストコンサート2015

『Berryz工房行くべぇ～！』 今までありがとうベリーズ!!

あとがき

本書を読み終えた皆さんも、まだだけど先にあとがき読んでいる皆さんも、お疲れさま！

本書は『4次元の林檎』という本の再版なんだけど、その改訂作業は簡単ではなかった。というより、はっきり言って

はじめから書くよりタイヘンだったよ、ママン！

まあねー、最初の読みが甘かったんだ。通じにくくなった時事ネタをちょっと書き直せば出版できるだろ、という

お気楽な目論見

は、数ヶ月で絶望的な状況になった。改訂にあたり一番ダメージ大きかったのは高校数学のカリキュラムの変更である。「授業で習ったと思うけど」みたいな記述が全く通じない。いやでも、それならちょっとその解説を加えればいいじゃんと思うでしょ。筆者も当然そう思ったんだ。しかし「ここでこれを説明するなら、あれも説明しておかないと」ということが生じる。そうすると今度は「あれを説明しちゃうと、話のオチも変えないと」となる。小説の執筆では「この時点のこの登場人物は、ここまで知っててこれは知らない」ということを常に意識しなければならない。だから安易に「ある事件の発生を前にずらす」と、「ここで彼はこの事実を知るはずだから…」となって、ときに影響が物語全体に波及し、

下手をすると物語自体が成立しなくなる。

本書は小説ではないはずなのだが、一時期、まさにその状況に陥った。

再版なんだから原稿はほぼ揃ってるのに、どうしてもうまく組み合わせることができない。ゲラを並べて切ったり貼ったり。その姿はもはや執筆者ではなく、ただのパズラーであった[注a)]。

複雑に絡み合った可読性の低いソースコードをスパゲッティ・プログラムという。最近はそういうコードを書く人が減ったため、この言葉自体が死語になりつつあるが、『4次元の林檎』の再版改訂はまさにスパゲッティをほどく不毛な作業であった。この問題は結局、章立てを全部新たに作り直し、アウトラインプロセッサを使って「再利用できる原稿は再利用、存在しない章は書き下ろす」という方法をとって、ようやくカタチにすることができた。多くの原稿を再利用したけど、書き下ろしも結構な量で、

それってもはや新しい本

だよね、もう。

本当は旧原稿の再利用さえしない方が簡単だったかもしれない。でも旧原稿には実は今はもう書けないような「勢い」があった。勢いのもとは「筆者の若さ」としか言いようがない。これは本当に困ったことだ。いやあ、やっぱり

若いっていいよね。

例外を知らないうちは「◯◯である」と断言できることも、そうじゃない例を知ると「◯◯であるこ<u>ともある</u>」と弱くなる。もちろん後者の方が叙述としては正確なのだが、でも、どちらが読者の役に立つのだろう。どこまで説明するかは読者のレベルに依存する。体に流れる血液に関して、子どもには「酸素と栄養を全身に運ぶ」と断言していいし

むしろ断言することが必要

と思われるが、医学生にはそれでは不十分である。昔に比べたら、こんな私でも成長してしまった。自分では意識していなかったが

注a) 『燃えよペン』(島本和彦)でそういうシーンがあって、読んだときは笑ってたんだけど、まさか自分がそんな目に遭うとは…。

丸くなったし、怖がりになったし、おとなしくなったようだ。

断言や罵倒を簡単にはできなくなった。しかしそれでは面白くない。しかたがないので、歴史的建造物を補修する際に古い建材をわざわざ再利用するがのごとく、古い原稿を再利用した。再利用しなければならなかった。もともとの本が持っていた勢いを出すにはそれしかなかったのだ。そうしてようやくできあがった改訂版を読み直すと、なぜこんな改訂にこんな時間かかるのよと思える。また、そもそも全然たいしたことのない本にも思える。数学のできる人なら3日で書けるような内容だ。でもでもでもでも！　本書は

「当社比で最大級に魂を削った作品」

になった。

とまあ、ここまで筆者の苦労話、というかもはや愚痴のレベルの話に付き合ってくれてありがとう。読者の皆さんにとってそんな苦労話なんかどうでもいいよね。読む側は

作品が面白いかどうかが全て

であって、映画でもなんでも

「メイキングの苦労話を喧伝するような作品」にろくなものはない。

それでもいちおう書いたのは、本書の出版を待ってくれていた読者さん（と編集者さん）への言い訳と、あとは「先生」たちへのメッセージだ。本書のように、「既存の数学の分野」で考えると全てにおいて中途半端な内容でも、1つのストーリーになれば語っていいんだよ[注b)]。ん、いいのか？いやきっといいんだよ。数学（算数）の授業は小学校から大学まで続いて、習った順序が近いものには関連性を強く感じるだろう。それはそれで間

注b)　本書と比較するのもおこがましいが、『数学ガール』（結城浩）ってそれだよね。ジャンルの壁を超えた自由な発想での数学トーク。おすすめ。筆者なんかミルカさんにはコテンパンにやられそう。

違いではないが、カリキュラム的に離れていても内容が近いという事柄もたくさんある。それはもちろん、学校の授業は数学という山の、1つの登山ルートにすぎないからだ。本当は登山ルートは無数にある。大学生の家庭教師アルバイトやご子息ご令嬢に数学を教えているお父様お母様まで含めれば、日本に「数学の先生」はかなりの数が存在するが、個人的には「先生」の数だけ、登山ルートがあっていいと思う。本というカタチにまではならなくても、「先生」なりに各分野の関連をみつけ、それをつなげる話をぜひ「学生」に語ってもらいたい。きっと「学生」は、ステージをワープする土管を見つけたがごとく、ちょっとしたエクスタシーを感じると思う。そして数学の各単元の有機的なつながりを知るだろう。公式を適用して問題を解いて、100点を喜ぶのが数学ではない。

数学はもっと自由で創造的でエキサイティング

なのだ。

まえがきにも書いたけれど、本書はおそろしく中途半端な本だ。どこをとっても「もっと深く掘り下げる」ことができる。ただ読者の皆さんが「頑張って」それを掘り下げる必要はない。読者の皆さんが数学を学んでいけば、各分野で自然に本書よりも深い内容を知ることになるだろう。だから安心して本書の内容は忘れていい。入門書は

踏み越えられてこそ本望

である。本書を踏み台にして、ぜひ数学をもっと楽しんで欲しい。

本書を制作するにあたり校正・校閲・多様な助言を下さった梵天ゆとり先生、私の最初の著作『4次元の林檎』の制作と版権の移譲にご尽力くださった旧荒地出版社の椎野八束さんと酒井直行さんに感謝いたします。そして、遅い原稿を根気よく待っていただいた技術評論社書籍編集部、とくに担当編集の佐藤丈樹さんには感謝の気持ちこの上ありません。この場を借りてお礼申し上げます。

2015年8月21日 大上丈彦

[著者プロフィール]

大上丈彦（おおがみ・たけひこ）
プログラマー、ディレクター、予備校講師などを経て、現在医師。とある入門書のわかりにくさに辟易し「メダカカレッジ」を設立。自らの原稿執筆のほか、総合わかりやすさプロデューサーとして書籍や雑誌記事の企画・構成も行なっている。著書は『マンガでわかる微分積分』『マンガでわかる統計学』（サイエンスアイ新書）など。

森皆ねじ子（もりみな・ねじこ）
医学生時代からイラストレーターとしての活動を開始。卒業後、病院に勤務しつつ医学生向け月刊誌等でマンガやコラムを執筆。著書は『ねじ子のヒミツ手技』シリーズ（SMS）、『人が病気で死ぬワケを考えてみた』（主婦と生活社）など。『マンガでわかる微分積分』『マンガでわかる統計学』（サイエンスアイ新書）ではマンガ部分を担当。ブラックジャックもいいけれど、むしろ手塚治虫先生に憧れる女医兼マンガ家。

メダカカレッジについて
「入門者の目線での入門書を作る」を基本コンセプトに掲げた企画編集プロダクション。2000年設立。現在は数名のライターが所属し、「難解な教科書が難解な概念を伝えているわけではない」「難しい概念を幼児語で説明しても簡単にはならない」「わかりやすい説明ができないのは、説明者がわかってないからだ」を合言葉に活動中。

本書へのご意見、ご感想は、以下のあて先で、書面またはFAXにてお受けいたします。
電話でのお問い合わせにはお答えいたしかねますので、あらかじめご了承ください。
〒162-0846　東京都新宿区市谷左内町21-13
株式会社技術評論社　書籍編集部『ワナにはまらないベクトル行列』係　FAX：03-3267-2271

ブックデザイン　加藤愛子（オフィスキントン）
カバー・本文イラスト　森皆ねじ子
DTP　明昌堂
校正・校閲　梵天ゆとり（メダカカレッジ）

ワナにはまらないベクトル行列

2015年10月25日　初版　第1刷発行

著　者　大上 丈彦
発行者　片岡 巌
発行所　株式会社技術評論社
東京都新宿区市谷左内町21-13
電話　03-3513-6150 販売促進部
03-3267-2270 書籍編集部
印刷／製本　株式会社加藤文明社

定価はカバーに表示してあります。

ISBN 978-4-7741-7635-2 C7041　Printed in Japan